U0297006

工程监理

樊 敏 宋世军 ◎ 编 著

西南交通大学出版社
·成 都·

图书在版编目（ＣＩＰ）数据

工程监理 / 樊敏，宋世军编著. 一成都：西南交
通大学出版社，2019.2
ISBN 978-7-5643-6736-7

Ⅰ. ①工… Ⅱ. ①樊… ②宋… Ⅲ. ①建筑工程 – 监
理工作 – 高等学校 – 教材 Ⅳ. ①TU712

中国版本图书馆 CIP 数据核字（2019）第 017717 号

工程监理

	责任编辑／姜锡伟
樊 敏　宋世军／编　著	助理编辑／王同晓
	封面设计／何东琳设计工作室

西南交通大学出版社出版发行
（四川省成都市二环路北一段 111 号西南交通大学创新大厦 21 楼　610031）
发行部电话：028-87600564　028-87600533
网址：http://www.xnjdcbs.com
印刷：四川森林印务有限责任公司

成品尺寸　185 mm×260 mm
印张　17.75　字数　432 千
版次　2019 年 2 月第 1 版
印次　2019 年 2 月第 1 次

书号　ISBN 978-7-5643-6736-7
定价　45.00 元

前　言

　　建设工程监理制度自 1988 年开始实施以来，对加强工程建设管理，保证工程建设质量和控制投资成本发挥了重要的作用，并取得了显著的成效。30 年来，我国工程监理工作的发展，一直得到党和国家的高度重视。但是，在总结工程监理经验的同时，还应该清醒地看到当前工程监理面临的机遇和挑战，重视工作中存在的突出问题，才能更好地把握机遇，应对挑战，促进工程监理工作的健康发展。为此，国家不断出台新的相关法律、法规、规范、标准，以完善监理制度，健全监理法制体系，促进监理行业健康发展。建设工程监理对于实现建设工程质量、进度、投资目标控制和加强建设工程安全生产管理发挥了重要作用。

　　本书根据工程管理相关专业的教学要求，依据我国现行建设工程监理的相关法律、法规、规范、标准编写，力求反映我国建设工程监理理论研究的新成果和监理行业的新发展动态，尽量较全面系统地阐述建设工程监理的基本理论、内容和方法。

　　全书共 13 章，包括建设工程监理概述，建设工程监理工作程序，建设工程监理单位与项目监理机构，监理工程师与监理人员，建设工程质量控制，建设工程投资控制，建设工程进度控制，建设工程合同管理，建设工程风险管理，建设工程健康、安全，环境管理，建设工程监理信息管理，建设工程监理与项目管理一体化，全过程工程咨询。全书内容紧跟时代步伐，全面反映了当前建设工程环境对监理工作的最新要求。本书可作为土木工程、工程管理、工程监理、施工技术等专业及相关专业的教材，也可作为建设单位、监理单位、勘查设计单位、施工单位从事管理、技术工作的人员参考或自学使用。

　　由于作者的水平有限，本书在内容和编写方法上难免有不妥之处，恳请广大同行和读者批评指正。

编著者

2018 年 11 月 16 日

目　录

第1章　建设工程监理概述 ……………………………………………………………… 1

　　第1节　建设工程监理概述 ………………………………………………………… 1

　　第2节　基本建设程序与建设工程监理相关制度 ………………………………… 6

　　第3节　建设工程监理相关法律法规和规范 ……………………………………… 11

　　第4节　建设工程监理的作用与实施原则 ………………………………………… 13

　　第5节　建设工程监理的工作依据与内容 ………………………………………… 15

　　本章小结 …………………………………………………………………………… 17

　　思考题 ……………………………………………………………………………… 17

第2章　建设工程监理工作程序 ……………………………………………………… 18

　　第1节　建设工程监理委托合同 …………………………………………………… 18

　　第2节　建设工程监理工作计划 …………………………………………………… 21

　　第3节　建设工程监理实施程序 …………………………………………………… 29

　　第4节　建设工程监理各阶段工作任务 …………………………………………… 29

　　第5节　建设工程监理服务收费 …………………………………………………… 31

　　本章小结 …………………………………………………………………………… 34

　　思考题 ……………………………………………………………………………… 35

第3章　建设工程监理单位与项目监理机构 ………………………………………… 36

　　第1节　建设工程监理单位 ………………………………………………………… 36

　　第2节　建设工程项目监理机构 …………………………………………………… 55

　　第3节　建设工程项目监理组织 …………………………………………………… 57

　　第4节　建设工程监理的组织协调 ………………………………………………… 68

　　本章小结 …………………………………………………………………………… 71

　　思考题 ……………………………………………………………………………… 71

第 4 章　　监理工程师与监理人员 ··· 72

　　第 1 节　监理工程师的概念 ··· 72

　　第 2 节　监理工程师的素质与职业道德 ··· 74

　　第 3 节　监理工程师的职责 ··· 76

　　第 4 节　监理工程师执业资格 ··· 78

　　本章小结 ··· 82

　　思考题 ··· 83

第 5 章　　建设工程质量控制 ··· 84

　　第 1 节　建设工程质量概述 ··· 84

　　第 2 节　工程勘查设计阶段的质量控制 ··· 86

　　第 3 节　工程施工阶段的质量控制 ··· 89

　　第 4 节　设备采购与制造安装的质量控制 ··· 95

　　第 5 节　工程施工质量验收 ··· 99

　　第 6 节　工程质量问题与质量事故的处理 ··· 102

　　第 7 节　工程质量管理标准化 ··· 107

　　本章小结 ··· 114

　　思考题 ··· 114

第 6 章　　建设工程投资控制 ··· 115

　　第 1 节　建设工程投资 ··· 115

　　第 2 节　建设工程投资控制主要工作 ··· 120

　　第 3 节　工程变更的投资控制 ··· 122

　　第 4 节　投资控制监理工作基本程序 ··· 126

　　第 5 节　工程费用索赔的控制 ··· 129

　　第 6 节　价值工程的投资控制应用 ··· 133

　　本章小结 ··· 138

　　思考题 ··· 139

第 7 章　　建设工程进度控制 ··· 140

　　第 1 节　建设工程进度控制概述 ··· 140

　　第 2 节　建设工程进度控制计划体系 ··· 144

　　第 3 节　建设工程进度计划的表示方法和编制程序 ·· 146

　　第 4 节　建设工程进度计划实施中的监测与调整 ··· 155

　　第 5 节　建设工程进度控制的措施 ··· 163

本章小结 ·· 167

思考题 ··· 167

第8章　建设工程合同管理 ··· 168

第1节　建设工程合同的基本概念 ································· 168

第2节　建设工程勘查设计合同管理 ···························· 182

第3节　建设工程施工合同管理 ································· 188

第4节　建设工程物资采购合同管理 ···························· 194

第5节　建设工程监理合同管理 ································· 196

第6节　建设工程索赔管理 ····································· 197

本章小结 ·· 202

思考题 ··· 202

第9章　建设工程风险管理 ··· 203

第1节　建设工程风险管理概述 ································· 203

第2节　建设工程风险管理 ····································· 206

第3节　建设工程风险识别 ····································· 210

第4节　建设工程风险评价 ····································· 212

第5节　建设工程风险决策 ····································· 215

第6节　建设工程风险对策 ····································· 218

本章小结 ·· 220

思考题 ··· 220

第10章　建设工程健康、安全、环境管理 ······················· 221

第1节　职业健康安全管理体系 ································· 221

第2节　建设工程施工现场安全管理 ···························· 227

第3节　建设工程环境管理 ····································· 230

本章小结 ·· 233

思考题 ··· 233

第11章　建设工程监理信息管理 ····································· 234

第1节　建设工程监理信息管理概述 ···························· 234

第2节　建设工程监理信息管理内容 ···························· 236

第3节　建设工程监理工作总结 ································· 245

本章小结 ·· 247

思考题 ··· 247

第 12 章　建设工程监理与项目管理一体化 ································ 248

　　第 1 节　项目管理与工程监理的区别 ································ 248

　　第 2 节　工程项目管理和监理一体化 ································ 249

　　第 3 节　EPC 模式下的工程监理 ································ 251

　　第 4 节　装配式建筑工程监理 ································ 253

　　第 5 节　BIM 技术下的工程监理 ································ 257

　　本章小结 ································ 260

　　思考题 ································ 261

第 13 章　全过程工程咨询 ································ 262

　　第 1 节　工程咨询概述 ································ 262

　　第 2 节　国内外工程咨询现状 ································ 263

　　第 3 节　全过程工程咨询服务 ································ 264

　　第 4 节　工程监理行业转型升级创新发展 ································ 268

　　本章小结 ································ 270

　　思考题 ································ 271

参考文献 ································ 272

第1章 建设工程监理概述

第1节 建设工程监理概述

1. 建设工程监理的概念

根据现行国家标准《建设工程监理规范》(GB/T 50319)的规定,工程监理是指接受建设单位的委托,依据法律法规、相关文件和合同,在工程施工阶段进行"三管三控一协调"(质量控制、进度控制、造价控制,合同管理、信息管理、安全管理,工程建设界面协调)的服务活动。

国内外对工程监理中"监理"的含义尚存有争议,大部分学者和业内人士将其阐述为"监督管理",事实上,工程监理方作为独立的第三方介入,主要工作内容是组织协调建设单位、承建方及其他有关部门的工作关系,在国家法律、法规允许的前提下,促进建设单位和承建方的委托合同得以全面履行。而管理是承建方的工作重点,从组织协调的角度出发,监理的含义为"监督理顺"更为合理,监理工作的主要任务就是做好协调与协作工作,使各个方面的力量向着科学、合理、高效的方向发展。

协调是重要的监理策略之一,是实现项目目标控制必不可少的方法和手段。协调工作贯穿于工程项目建设的全过程,是监理实践的重要工作。因此,监理工程师需要熟悉协调的基本工作内容、要求和方法,具有熟练组织协调能力和相关技能,保证总体项目目标的实现。

建设工程监理是一项具有中国特色的工程建设管理制度。工程监理单位要依据法律法规、工程建设标准、勘查设计文件、建设工程监理合同及其他合同文件,代表建设单位在施工阶段对建设工程质量、进度、造价进行控制,对合同、信息进行管理,对工程建设相关方的关系进行协调,即"三控两管一协调",同时还要依据《建设工程安全生产管理条例》等法规、政策,履行建设工程安全生产管理的法定职责。

2. 我国建设工程监理制度发展历程

(1)改革开放不断深化,工程监理制度应运而生。

1978年12月中国共产党十一届三中全会,拉开了中国改革开放的大幕,为社会经济注入了强劲动力。改革开放前,我国大部分地区的工程项目管理主要有两种方式:一般工程是由建设单位自行管理;重点工程则组建工程建设指挥部进行管理,当工程项目完成后,指挥部就会解散。这两种模式在当时有限的资源的条件下，对建立工业和国民经济体系起到了不可磨灭的作用，但是其弊端也比较明显。比如，由于工程建设指挥部是临时机构，负责人和员工无须承担项目风险，再加上管理人员的工程项目专业知识和经验水平有限，使工程项目的投资、进度都很难保证，经常发生质量问题。这些现象和问题的不断发生引起了社会各方和管理部门的关注。随着改革开放的不断深化，市场经济体制的逐步建立，投资主体多元化，建筑市场国际化，倒逼建设工程行业改变计划经济自筹、自建、自管的传统模式，促使建设工程管理向社会化、市场化、专业化方向发展。在改革开放的形势下，借鉴国际规则并结合中国国情建立的工程监理制度，成为我国改革工程建设管理模式、融入国际工程咨询行业的必由之路。

1987 年建设的京津塘高速公路工程按照世界银行要求，在我国首次采用了（咨询）工程师管理模式，成功地控制了工程质量、建设投资和工期，使（咨询）工程师管理模式逐步为我国工程建设领域所了解和认同。（咨询）工程师管理模式在京津塘高速公路工程中的成功实践孕育了工程监理制度的诞生。

1988 年，建设部发布《关于开展建设监理工作的通知》，提出要建立具有中国特色的建设监理制度，标志着我国工程监理制度的正式建立。

（2）工程监理制度强制推行，法律地位得到确立。

1988 年，建设部印发《关于开展建设监理试点工作的若干意见》，决定在北京、上海、南京等八市和公路与水电行业试点推行工程监理制度。1989 年发布的《建设监理试行规定》明确，建设监理包括政府监理和社会监理两个层面，后者即为当今工程监理的基本要求。1995年，建设部与国家计委发布的《工程建设监理规定》进一步明确了工程监理服务内容："控制工程建设的投资、建设工期和工程质量；进行工程建设合同、信息管理，协调有关单位间的工作关系。"

1998 年 3 月 1 日开始施行的《中华人民共和国建筑法》（以下称《建筑法》）明确规定，国家推行工程监理制度，工程监理制度的法律地位从此确立。

国务院于 2000 年和 2003 年先后颁布的《建设工程质量管理条例》和《建设工程安全生产管理条例》，明确了强制实施监理的工程范围，规定了工程监理单位及监理工程师在工程质量和安全生产管理方面的责任，进一步夯实了工程监理制度的法律地位。

为了深化我国工程项目组织实施方式的改革，培育发展专业化的工程项目管理和工程总承包企业，建设部先后印发《关于培育发展工程总承包和工程项目管理企业的指导意见》《建设工程项目管理试行办法》《关于大型工程监理单位创建工程项目管理企业的指导意见》等文件，有力地指导和推动了我国工程监理行业的改革发展。

面对建设工程监理发展中遇到的新问题和市场的新需求，工程监理企业开始拓展服务领域，从纵向和横向延伸业务范围，不断提高工程项目综合管理咨询服务水平。

（3）工程建设高质量发展，需要进一步发挥工程监理作用。

2016 年，国务院发布的《关于进一步加强城市规划建设管理工作的若干意见》指出："强化政府对工程建设全过程的质量监管，特别是强化对工程监理的监管。"2017 年，国务院办公厅发布的《关于促进建筑业持续健康发展的意见》、住房城乡建设部发布的《关于促进工程监理行业转型升级创新发展的意见》等文件，鼓励投资咨询、勘查、设计、监理、招标代理、造价等企业采取联合经营、并购重组等方式发展全过程工程咨询，培育一批具有国际水平的全过程工程咨询企业，都昭示着国家对工程监理的重视，给监理行业发展注入了新活力，带来了新机遇。

工程建设向高质量发展，创新是动力，质量是基础，工程监理是工程建设高质量发展的有力保障。近几年，住房和城乡建设部接连发文，开展监理单位向政府主管部门报告工作的试点，充分发挥监理单位在质量控制中的作用，鼓励有条件的监理单位开展全过程工程咨询试点，要求监理单位对危险性较大的分部分项工程施工实施专项巡视检查。这表明政府主管部门对工程监理的期望和信任，对工程监理在质量控制中作用的肯定，以及对行业创新发展的支持。

3. 国外建设工程监理现状与发展

从 16 世纪开始，随着欧洲的一些建设单位对土木工程建造技术要求的不断提高，一部分建筑师转向为建设单位提供管理咨询服务，18 世纪中叶，英国推出了工程总承包制度和招标投标制度，要求建设单位采用招投标的形式将工程项目的施工发包给总承包商。这时许多项目的建设单位的自身能力已不能全面管理项目建设活动，因此，通过合约的形式聘请建筑师、工程师、测量师协助自己进行招标文件的编制，在施工阶段承担监督和管理的任务，同时负责参建各方的合约管理。此时，工程建设项目形成了三方责任主体，这是工程监理的最早形态。同时，由于当时处于产业革命阶段，欧洲城市化进程的加快，极大地促进了工程建设行业的发展与繁荣，再加上英联邦国家数量众多，工程监理制得到了快速的推广，产生了较大的影响，为后续以建筑师、工程师为代表的工程监理行业的快速发展打下坚实的基础。

第二次世界大战后，西方发达国家在重建过程中加快了现代化的进程，工程项目的投资规模、技术难度和风险系数越来越高。这些投资额度高、技术难度大的项目迫使建设单位越来越重视工程项目的科学管理，此时，不仅在项目立项与前期决策阶段需要雇佣聘请专业人士进行分析并论证，而且在施工阶段也需要相关专业人士进行监督与管理，实现工程项目的全过程管理，这些专业人员就被称为咨询工程师。1913 年成立的国际咨询工程师联合会（FIDIC），针对需要独立的工程师进行工程监理颁发的国际通用的土木工程施工合同文件，较集中地反映了国际上工程监理实施的情况。国际工程管理惯例认为，一个国家的工程咨询业水平直接反映了该国建设管理的水平。

20 世纪 80 年代以来，西方等工业发达国家的工程监理制度逐渐向法制化、程序化、标准化的方向发展，美国、日本等通过法律、法规对工程监理的内容、标准、方法及行业协会等进行了具体细致的规定。工程监理已经成为工程项目管理体系一个重要的组成部分，并形成了建设单位、施工单位和监理单位三方责任主体。在此背景下，部分发展中国家和地区在借鉴的同时，结合自身实际情况开始引进工程监理制度。世界银行（World Bank）、亚洲开发银行（Asian Development Bank，ADB）、非洲开发银行（African Development Bank，ADB）等国际金融机构为了投资效益都把实行工程监理制度列为发放贷款的条件之一。因此建设工程监理制度成为建设工程领域工程通行和必备的制度之一。

4. 建设工程监理的性质

建设工程监理的性质体现在以下四个方面：

（1）服务性。

建设工程监理具有服务性，是从它的业务性质方面定性的。工程监理企业既不直接进行设计，也不直接进行施工；既不向建设单位承包造价，也不参与承包商的利益分成。工程建设监理是监理人员利用自己的工程建设知识、技能和经验为建设单位提供管理服务的一种高智能、有偿技术性活动。

建设监理的主要方法是规划、控制、协调，主要任务是控制建设工程的投资、进度和质量，最终应当达到的基本目的是协助建设单位在计划的目标内将建设工程建成投入使用。在工程建设中，监理人员利用自己的知识、技能和经验、信息以及必要的试验、检测手段，为建设单位提供监督、管理等系统化、专业化的服务。这些就是建设工程监理的管理服务的内涵。

（2）科学性。

科学性是由建设工程监理要达到的基本目的决定的。建设工程监理以协助建设单位实现其投资目的为己任，力求在预定的投资、进度和质量目标内完成工程项目。

随着工程项目规模日益增大，功能、标准要求越来越高，新材料、新工艺、新技术不断涌现，参加组织和建设的单位也越来越多，市场竞争越来越激烈，风险也越来越大，只有不断采用更新的更加科学的思想、理论、方法、手段才能更好地完成监理任务。相对而言，承担设计、施工、材料设备的供应的都是社会化、专业化的单位，这些单位在技术和管理方面已经达到了一定的水平，如果监理工程师没有更高的专业素质和管理水平，是无法对被监理企业进行较好的监督和管理的。

科学性主要表现在：

① 工程监理企业应当由组织管理能力强、工程建设经验丰富的人员担任领导。

② 应当有足够数量的有丰富的管理经验和应变能力的监理工程师组成的骨干队伍。

③ 要有一套健全的管理制度。

④ 要有现代化的管理手段。

⑤ 要掌握先进的管理理论、方法和手段，要积累足够的技术、经济资料和数据。

⑥ 要有科学的工作态度和严谨的工作作风，要实事求是地、创造性地开展工作。

总之，只有用科学的思想、理论、方法、手段才能圆满完成监理任务。

（3）独立性。

所谓独立，是指不依赖外力，不受外界束缚。工程监理企业是依法成立的经济实体，监理企业与项目建设单位、承建单位之间的关系是平等的。在监理活动中，项目建设单位和监理企业之间并不存在隶属关系，项目建设单位在业务上不能领导或指挥监理企业。监理企业必须有自己独立的意志，主要依靠自己掌握的方法和手段，根据自己的判断，结合实际，独立地开展工作。工程监理企业如果没有独立性，便无从谈起公正性，工程监理的独立性是公正性的基础和前提，对监理工程师独立性的要求也是国际惯例。

建设监理工程师职业道德守则明确规定，监理工程师不得在政府部门和施工、材料设备的生产供应单位兼职。工程监理企业和监理工程师必须与某些行业或单位断绝人事上的依附关系以及经济上的隶属关系，这些是保证建设工程监理行业独立性的重要前提。

（4）公正性。

公正性是建设工程监理活动应当遵循的重要准则，是监理企业和监理工程师的基本职业道德准则，也是咨询监理业的国际惯例。

5.　建设工程监理的特点

现阶段建设工程监理主要有以下特点：

（1）建设工程监理的服务对象具有单一性。

在国际上，建设项目管理按服务对象主要可分为为建设单位服务的项目管理和为承建单位服务的项目管理。而我国的建设工程监理规定，工程监理企业只接受建设单位的委托。它不能接受承建单位的委托为其提供管理服务。

（2）建设工程监理属于强制推行的制度。

我国的建设工程监理从一开始就是作为对计划经济条件下所形成的建设工程管理体制改革的一项新制度提出来的，也是依靠行政手段和法律手段在全国范围推行的。为此，不仅在各级政府部门中设立了主管建设工程监理有关工作的专门机构，而且制定了有关的法律、法规和规章，明确提出国家推行建设工程监理制度，并明确规定了必须实行建设工程监理的工程规范。

（3）建设工程监理具有监督功能。

我国的工程监理企业有一定的特殊地位，它与建设单位构成委托与被委托关系，与承建单位虽然无任何经济关系，但根据建设单位授权，有权对其不当建设行为进行监督，或者预防，或者指令及时改正，或者向有关部门反映，请求纠正。不仅如此，在我国的建设工程监理中还强调对承建单位施工过程和施工工序的监督、检查和验收，而且在实践中又进一步提出了旁站监理的规定。

（4）市场准入的双重控制。

我国对建设工程监理的市场准入采取了企业资质和人员资格的双重控制。要求专业监理工程师以上的监理人员取得监理工程师资格证书，不同的资质等级的工程监理企业至少要有一定数量的取得监理工程师资格证书并经注册的人员。

6.　FIDIC 简介

国外监理行业发展历时百余年，业务覆盖了工程建设的全过程，能够完成全方位的监理（咨询）任务。国外监理工程师、咨询工程师通常能熟练运用 FIDIC 制订的权威性国际通用的范本和国际惯例。

FIDIC 是国际咨询工程师联合会（Fédération Internationale Des Ingénieurs-Conseils），法文名称的五个单词第一个字母的大写，中文一般译为"菲迪克"，类似于我国的"中国工程咨询协会"，于 1913 年在英国成立。第二次世界大战结束后 FIDIC 发展迅速起来。至今已有 60

多个国家和地区成为其会员。中国于 1996 年正式加入。FIDIC 是世界上多数独立的咨询工程师的代表，是最具权威的咨询工程师组织，它推动着全球范围内高质量、高水平的工程咨询服务业的发展。

FIDIC 下设 2 个地区成员协会：FIDIC 亚洲及太平洋成员协会（ASPAC）；FIDIC 非洲成员协会集团（CAMA）。FIDIC 还设立了许多专业委员会，用于专业咨询和管理。如业主/咨询工程师关系委员会（CCRC）、合同委员会（CC）、执行委员会（EC）、风险管理委员会（ENVC）、质量管理委员会（QMC）、21 世纪工作组（Task Force 21）等。FIDIC 总部机构现设于瑞士洛桑。

1999 年以前，FIDIC 出版的合同条件有：

（1）《土木工程施工合同条件》（1992 年修订第 4 版，简称红皮书）；

（2）《电气与机械工程合同条件》（1987 年第 3 版，简称黄皮书）；

（3）《土木工程施工分包合同条件》（1994 年第 1 版，亦称红皮书）；

（4）《设计—建造与交钥匙工程合同条件》（1995 年第 1 版，简称橘皮书）。

1999 年 FIDIC 修编出版新合同条件：

（1）《施工合同条件》（1999 年第 1 版，新红皮书）

（2）《生产设备和设计—施工合同条件》（1999 年第 1 版，新黄皮书）

（3）《设计采购施工/交钥匙合同条件》（1999 年第 1 版，银皮书）

（4）《简明合同格式》（1999 年第 1 版，绿皮书）

2017 年 FIDIC 修编出版新合同条件：

（1）《施工合同条件》（红皮书）；

（2）《生产设备和设计—建造合同条件》（黄皮书）；

（3）《设计—采购—施工与交钥匙项目合同条件》（银皮书）。

FIDIC 还出版了其他的程序、协议书等文件，通常适用于应用功能比较单一、条款比较简单的合同：

（1）《业主/咨询工程师标准服务协议书》（1998 年第 3 版，白皮书）；

（2）代表性协议范本；

（3）《EIC 的施工—运营—转让/公共民营合作制项目》；

（4）《联营（联合）协议书》；

（5）《咨询分包协议书》；

（6）《多边开发银行统一版施工合同条件》（2005 年第 1 版）；

（7）《招标程序》（1994 年第 2 版，蓝皮书）。

第 2 节　基本建设程序与建设工程监理相关制度

基本建设程序是对基本建设项目从酝酿、规划到建成投产所经历的整个过程中的各项工作开展先后顺序的规定。它反映工程建设各个阶段之间的内在联系，是从事建设工作的各个有关部门和相关人员都必须遵守的原则。基本建设程序是建设项目从筹划建设到建成投产必须遵循的工作环节及其先后顺序。

按照建设工程的内在规律，投资建设一项工程应当经过投资决策、建设实施和交付使用三个发展时期。每个发展时期又可分为若干个阶段，各阶段以及每个阶段内的各项工作之间存在着不能随意颠倒的严格的先后顺序关系。科学的建设程序应当在坚持"先勘查、后设计、再施工"的原则基础上，突出优化决策、竞争择优、委托监理的原则。

1. 基本建设程序各阶段工作内容

（1）项目建议书阶段。

项目建议书是向国家提出建设某一项目的建议性文件，是建设工程中最初阶段的工作，是投资决策前对拟建项目的轮廓设想。

其主要作用是通过论述拟建项目的建设必要性、可行性，以及获利、获益的可能性，向国家推荐建设项目，供国家选择并确定是否进行下一步工作。

项目建议书根据拟建项目规模报送有关部门审批。项目建议书批准后，项目即可列入项目建设前期工作计划，可以进行下一步的可行性研究工作。

（2）可行性研究阶段。

可行性研究是指在项目决策之前，通过调查、研究、分析与项目有关的工程、技术、经济等方面的条件和情况，对可能的多种方案进行比较论证，同时对项目建成后的经济效益进行预测和评价的一种投资决策分析方法和科学分析活动。

其主要作用是为建设项目投资决策提供依据，同时也为建设项目设计、银行贷款、申请开工建设、建设项目实施、项目评估、科学实验、设备制造等提供依据。

可行性研究主要解决项目建设是否必要，技术方案是否可行，生产建设条件是否具备，项目建设是否经济合理等问题。

批准的可行性研究报告是项目最终决策文件，经有关部门审查通过，拟建项目正式立项。

（3）设计阶段。

设计是对拟建工程的实施在技术上和经济上所进行的全面而详细的安排，是项目建设计划的具体化，是组织施工的依据。设计质量直接关系到建设工程的质量，是建设工程的决定性环节。

一般项目进行两阶段设计，即初步设计和施工图设计。技术上复杂而又缺乏设计经验的项目，在初步设计后可增加技术设计。

（4）建设准备阶段。

在工程开工建设之前，应当切实做好各项准备工作。其中包括：组建项目法人；征地、拆迁和场地平整；做到水通、电通、路通；组织设备、订购材料；建设工程报建；委托工程监理；组织施工招标投标，择优选定施工单位；办理施工许可证。

（5）施工安装阶段。

建设工程具备了开工条件并取得施工许可证后才能开工。

这是项目决策的实施、建成投产发挥效益的关键环节。新开工建设的时间，是指项目计划文件中规定的任何一项永久性工程第一次破土开槽开始施工的日期。

本阶段的主要任务是按设计进行施工安装，建成工程实体。在施工安装阶段，施工承包单位应当认真做好图纸会审工作，参加设计交底，了解设计意图，明确质量要求；选择合适的材料供应商；做好人员培训；合理组织施工；建立并落实技术管理、质量管理体系和质量保证体系；严格把关中间质量验收和竣工验收环节。

（6）生产准备阶段。

生产准备的内容很多，不同类型的项目对生产准备的要求也各不相同，但从总的方面看，生产准备的主要内容有:招收和培训人员；生产组织准备；生产技术准备；生产物资准备。

（7）竣工验收阶段。

建设工程按设计文件规定的内容和标准全部完成，并按规定将工程内外全部清理完毕，达到竣工验收条件后，建设单位即可组织勘查、设计、施工、监理等有关单位进行竣工验收。竣工验收是考核建设成果、检验设计和施工质量的关键步骤，是由投资成果转入生产或使用的标志。竣工验收合格后，建设工程方可交付使用。

根据建设项目的规模大小和复杂程度，整个项目的验收可分为初步验收和竣工验收两个阶段进行。规模较大、较为复杂的建设项目，应先进行初验，然后进行全部项目的竣工验收。规模较小、较简单的项目可以一次进行全部项目的竣工验收。

建设项目在竣工验收之前，由建设单位组织施工、设计及使用等单位进行初验。初验前由施工单位按照国家规定，整理好文件、技术资料，向建设单位提出交工报告。建设单位接到报告后，应及时组织初验。

建设项目全部完成，经过各单项工程的验收，符合设计要求，并具备竣工图表、竣工决算、工程总结等必要文件资料，由项目主管部门或建设单位向负责验收的单位提出竣工验收申请报告。

竣工验收时要重点审查工程建设的各个环节，听取各有关单位的工作报告，审阅工程档案资料并实地察验建筑工程和设备安装情况，并对工程设计、施工和设备质量等方面做出全面的评价。不合格的工程不予验收，并对遗留问题提出具体解决意见，限期落实完成。

2. 基本建设程序与建设工程监理的关系

（1）建设程序为建设工程监理提出了规范化的建设行为标准。
（2）建设程序为建设工程监理提出了监理的任务和内容。
（3）建设程序明确了工程监理企业在工程建设中的重要地位。
（4）坚持建设程序是监理人员的基本职业准则。
（5）严格执行我国建设程序是结合中国国情推行建设工程监理制的具体体现。

3. 建设工程监理相关制度

新中国建立以来，我国的建设程序经过了一个不断完善的过程。目前我国的建设程序与计划经济时期相比较，已经发生了重大改变。其中，关键性的变化体现为以下四点：一是在投资决策阶段实行了项目决策咨询评估制度，二是实行了工程招标投标制度，三是实行了建设过程监理制度，四是实行了项目法人责任制度。

（1）项目决策咨询制。

项目决策阶段各项技术经济决策，对项目的工程造价有重大影响，特别是建设标准的确定、建设地点的选择、工艺的评选、设备选用等，直接关系到工程造价的高低。据有关资料统计，在项目建设各阶段中，投资决策阶段影响工程造价的程度最高，达到 70% ~ 90%。因此项目决策阶段一定要坚持项目决策咨询制，在详细调查摸底的基础上，充分听取社会各界的意见建议，进行详细的项目技术、经济方案论证，确保项目决策的正确性，避免决策失误。

（2）项目法人责任制。

为了建立投资约束机制，规范建设单位的行为，建设工程应当按照政企分开的原则组建项目法人，实行项目法人责任制，即由项目法人对项目的策划、资金筹措、建设实施、生产经营、债务偿还和资产的保值增值，实行全过程负责的制度。

国有单位经营性大中型建设工程必须在建设阶段组建项目法人。项目法人可按《中华人民共和国公司法》（以下简称《公司法》）的规定设立有限责任公司（包括国有独资公司）和股份有限公司等。

新上项目在项目建议书被批准后，应及时组建项目法人筹备组，具体负责项目法人的筹建工作。筹备组主要由项目投资方派代表组成。

申报项目可行性研究报告时，需同时提出项目法人组建方案。否则，其可行性研究报告不予审批。项目可行性报告经批准后，正式成立项目法人，并按有关规定确保资金按时到位。

（3）工程招标投标制。

为了在工程建设领域引入竞争机制，择优选定勘查单位、涉及单位、施工单位以及材料、设备供应单位，需要实行工程招标投标制。

《中华人民共和国招标投标法》（简称《招投标法》），并于 2000 年 1 月 1 日起施行，基本上是针对建设工程发包活动而言的，其中大量采用了国际惯例或通用做法，带来了招投标体制的巨大变革。

《招投标法》对招标范围和规模标准、招标方式和程序、招标投标活动的监督等内容做出了相应的规定，明确规定招标方式包含公开招标和邀请招标，不再包括议标方式，这是个重大的转变，它标志着我国的招标投标的发展进入了全新的历史阶段。

随着招标投标法律、法规和规章不断完善和细化，招标程序不断规范，必须招标和必须公开招标范围得到了明确，招标覆盖面进一步扩大和延伸，工程招标已从单一的土建安装延伸到道桥、装潢、建筑设备和工程监理等项目。

公开招标的全面实施在节约国有资金，保障国有资金有效使用，以及从源头防止腐败滋生，都起到了积极作用。目前我们的市场还存在着政企不分，行政干预多，部门和地方保护，市场和招标操作程序不统一规范，市场主体的守法意识较差，过度竞争，中介组织不健全等现象。《招标投标法》正是国家通过法律手段来推行招标投标制度，以达到规范招标投标活动，保护国家和公共利益，提高公共采购效益和质量的目的。

（4）建设工程监理制。

建设工程监理制于 1988 年开始试点，5 年后逐步推开，1998 年实施的《建筑法》以法律制度的形式做出规定，国家推行建筑工程监理制度，从而使建设工程监理在全国范围内进入全面推行阶段。

建设工程监理实行总监理工程师负责制，项目监理机构的组成人员主要包括总监理工程师、总监理工程师代表、专业监理工程师和监理员。其中总监理工程师、总监理工程师代表、专业监理工程师必须为国家注册监理工程师。

我国实行建设工程监理只有十几年时间，目前仍然以施工阶段监理为主。随着项目法人责任制的不断完善，以及民营企业和私人投资项目的大量增加，建设单位将对工程投资效益愈加重视，工程前期决策阶段的监理将日益增多。从发展趋势看，代表建设单位进行全方位、全过程的工程项目管理，将是我国工程监理行业发展的趋向。不仅要进行施工阶段质量、投资和进度控制，做好合同管理、信息管理和组织协调工作，而且要进行决策阶段和设计阶段的监理。只有实施全方位、全过程监理，才能更好地发挥建设工程监理的作用。

4. 是否强制监理

2018 年 10 月 10 日，住房和城乡建设部发布关于修改《建筑工程施工许可管理办法》的决定，其中删除了原第四条第一款第七项"按照规定应当委托监理的工程已委托监理"，也就是说建设单位申请领取施工许可证，不再需要委托监理这个强制条件了。取消强制监理，并不意味着取消了监理行业。取消了强制性监理，但现行监理模式仍会继续持续相当一段时间，而后会在其他配套政策和措施基本就位后，实施监理行业深层次的改革。目前有些城市已经颁布了一些相关规定：

（1）北京市规定。

为进一步改善和优化本市营商环境，加快转变政府职能，充分发挥工程监理的职能作用，依据《北京市建设工程质量条例》及《建设工程监理范围和规模标准规定》等法律法规，结合本市实际情况，现对进一步改善和优化本市工程监理工作通知如下：

① 自主决定监理发包方式，根据国家发改委发布的《必须招标的工程项目规定》（国家发展和改革委员会第 16 号令），监理服务不在必须招标范围内的，由建设单位自主决定发包方式。

② 对于总投资 3 000 万元以下的公用事业工程（不含学校、影剧院、体育场馆项目），建设规模 5 万平方米以下成片开发的住宅小区工程，无国有投资成分且不使用银行贷款的房地产开发项目，建设单位有类似项目管理经验和技术人员，能够保证独立承担工程安全质量责任的，可以不实行工程建设监理，实行自我管理模式。鼓励建设单位选择全过程工程咨询服务等创新管理模式。

③ 简化监理招投标手续，依法必须履行监理招投标的项目，在保证招标工作质量的前提下，将资格预审文件备案、招标文件备案、招投标书面情况报告备案、合同备案简化为告知性备案。

④ 依法可以不实行工程建设监理，实行自我管理模式的工程建设项目，建设单位应承担工程监理的法定责任和义务。市区住房城乡建设主管部门应加强对该类工程施工过程安全质量的监督执法检查。

（2）上海市规定。

为进一步改善和优化本市营商环境，加快转变政府职能，根据《上海市人民政府办公厅关于印发〈进一步深化本市社会投资项目审批改革实施办法〉的通知》（沪府办发〔2018〕4号）精神，结合世界银行营商环境测评意见和本市实际情况，现对进一步改善和优化本市施工许可办理环节营商环境，其中包括了改革工程监理机制：在本市社会投资的"小型项目"和"工业项目"中，不再强制要求进行工程监理。建设单位可以自主决策选择监理或全过程工程咨询服务等其他管理模式。鼓励有条件的建设单位实行自管模式。鼓励有条件的建设项目试行建筑师团队对施工质量进行指导和监督的新型管理模式。

第 3 节　建设工程监理相关法律法规和规范

我国建设工程监理法律体系是梯形结构，分为法律、行政法规和部门规章三个层级。

建设工程领域处于最高层级的是《建筑法》，于 1997 年由全国人大常委会颁布，是建筑业的根本大法。该法在第四章明确规定了建筑工程监理制度，对工程监理的法律地位、监理的目的、监理的适用范围和内容、监理工作的性质、监理的委托方、监理的依据以及监理单位的权利、义务、责任等进行了原则性的规定。与《建筑法》处于同一层级的还有《合同法》和《招标投标法》等法律。

第二层级为国务院颁布的有关工程监理的建设行政法规，主要是指《建设工程质量管理条例》和《建设工程安全生产管理条例》，构成了工程监理第二层级的法律法规体系。这两部法规从建筑工程质量和安全管理的角度，明确了工程监理单位和监理工程师在质量和安全监督管理方面的责任和义务。

第三层级为建设部门规章，主要是指住房和城乡建设部与其他相关部委联合制定颁行的规章制度。主要有规范工程监理范围的《建设工程监理范围和规模标准规定》、规范监理工程师管理层面的《注册监理工程师管理规定》、规范工程监理企业资质管理的《工程监理企业资质管理规定》等，这些部门规章构成了监理工程法律体系的第三层级。

由于社会经济的不断发展以及工程管理知识的不断更新，工程监理制度也处于不断完善的过程中，因此需要某些层级较低的规范性文件、工作标准及司法解释，作为监理制度法律体系的补充。这一层级文件主要有《建设工程监理规范》和《建设工程监理合同（示范文本）》等。这些工作标准和规范对工程监理企业和从业人员的执业行为进行了引导和规范化管理，规范了监理企业的业务标准和从业人员的服务标准。

1. 法律

（1）《建筑法》。

《建筑法》是我国工程建设领域的一部大法。调整的对象包括从事建筑活动的单位和个人，以及监督管理的主体，调整的行为是各类房屋建筑及其附属设施的建造和与其配套的线路、管道、设备的安装活动。立法目的是为了加强对建筑活动的监督管理，维护建筑市场秩序，保证建筑工程的质量和安全，促进建筑业健康发展。

《建筑法》是我国建设工程监理活动的基本法律，它对建设工程监理的性质、目的、适用范围等都做出了明确的原则规定。

《建筑法》于 1997 年 11 月 1 日公布，于 1998 年 3 月 1 日起施行。

（2）《合同法》。

《合同法》中的相关法律规范和内容，是建设工程监理法律制度的重要组成部分。合同是平等主体的自然人、法人、其他组织之间设立、变更、终止民事权利义务关系的协议。《合同法》主要规定合同的订立、合同的效力及合同的履行、变更、解除、保全、违约责任等问题。立法目的是为了保护合同当事人的合法权益，维护社会经济秩序，促进社会主义现代化建设。

《合同法》于 1999 年 3 月 15 日公布，于 1999 年 10 月 1 日起施行。

（3）《招标投标法》。

《招标投标法》是为了规范招标投标活动，保护国家利益、社会公共利益和招标投标活动当事人的合法权益，提高经济效益，保证项目质量。

《招投标法》对建设工程项目包括项目的勘查、设计、施工、监理，以及与工程建设有关的重要设备、材料等的采购等过程中的招投标行为做出了明确的原则规定，也是建设工程监理法律制度的重要组成部分。

《招投标法》于 1999 年 8 月 30 日公布，于 2000 年 1 月 1 日起施行。

2. 行政法规

（1）《建设工程质量管理条例》。

《建设工程质量管理条例》以建设工程质量责任主体为基线，规定了建设单位、勘查单位、设计单位、施工单位和工程监理单位的质量责任和义务，明确了工程质量保修制度、工程质量监督制度等内容，并对各种违法违规行为的处罚作了原则规定。

《建设工程质量管理条例》于 2000 年 1 月 30 日公布并施行。

（2）《建设工程安全生产管理条例》。

《建设工程安全生产管理条例》是我国第一部规范建设工程安全生产的行政法规，它标志着我国建设工程安全生产管理进入法制化、规范化发展的新时期。《建设工程安全生产管理条例》对于建设单位、勘查单位、设计单位、施工单位、工程监理单位及其他与建设工程安全生产有关的单位遵守安全生产法律、法规，保证建设工程安全生产，依法承担建设工程安全生产责任等进行了规定。

《建设工程安全生产管理条例》于 2003 年 11 月 12 日公布，2004 年 2 月 1 日起施行。

（3）《危险性较大的分部分项工程安全管理规定》。

为加强对危险性较大的分部分项工程安全管理，明确安全专项施工方案编制内容，规范专家论证程序，确保安全专项施工方案实施，积极防范和遏制建筑施工生产安全事故的发生，依据《建设工程安全生产管理条例》及相关安全生产法律法规制定了《危险性较大的分部分项工程安全管理规定》。

《危险性较大的分部分项工程安全管理规定》已于 2018 年 2 月 12 日第 37 次部常务会议审议通过，自 2018 年 6 月 1 日起施行。

3. 部门规章

（1）《建设工程监理范围和规模标准规定》（建设部令第 86 号）；

（2）《注册监理工程师管理规定》（建设部令第 147 号）；

（3）《评标委员会和评标方法暂行规定（2013 年修正版）》（国家发展和改革委员会、国家经济贸易委员会、建设部、铁道部、交通部、信息产业部、水利部令第 12 号，2013 年第 23 号令修正）；

（4）《房屋建筑和市政基础设施工程施工招标投标管理办法》（建设部令第 89 号）；

（5）《城市建设档案管理规定》（建设部令第 61 号）；

（6）《工程监理企业资质管理规定》（建设部令第 158 号）。

4. 标准规范

（1）《建设工程监理规范》（GB/T 50319）；

（2）《建设工程项目管理规范》（GB/T 50326）；

（3）《建设工程工程量清单计价规范》（GB/T 50500）。

5. 规范性文件

（1）《建设工程施工合同（示范文本）》（GF-2017-0201）；

（2）《建设工程勘查合同（示范文本）》（GF-2016-0203）；

（3）《建设工程设计合同示范文本（房屋建筑工程）》（GF-2015-0209）

（4）《建设工程设计合同示范文本（专业建设工程）》（GF-2015-0210）

（5）《建设工程委托监理合同（示范文本）》（GF-2012-0202）。

第 4 节　建设工程监理的作用与实施原则

1. 建设工程监理的作用

建设工程监理的作用包括：

（1）有利于提高建设工程投资决策科学化水平。

实施全方位、全过程监理时，工程监理企业可协助建设单位选择适当的工程咨询机构，管理工程咨询合同的实施，并对咨询结果（如项目建议书、可行性研究报告）进行评估，提出有价值的修改意见和建议；或者直接从事工程咨询工作，为建设单位提供建设方案。工程监理企业参与或承担项目决策阶段的监理工作，有利于提高项目投资决策的科学化水平，避免项目投资决策失误，也为实现建设工程投资综合效益最大化打下了良好的基础。

（2）有利于规范工程建设参与各方的建设行为。

首先需要政府对工程建设参与各方的建设行为进行全面的监督管理，这是最基本的约束，也是政府的主要职能之一。还要建立一种约束机制——建设工程监理制。

建设工程监理制贯穿于工程建设的全过程，采用事前、事中和事后控制相结合的方式，一方面，可有效地规范各承建单位的建设行为，最大限度地避免不当建设行为的发生，或最大限度地减少其不良后果，这是约束机制的根本目的；另一方面，工程监理单位可以向建设单位提出适当的建议，从而避免发生建设单位的不当建设行为，起到一定的约束作用。工程监理企业首先必须规范自身的行为，并接受政府的监督管理。

（3）有利于促使承建单位保证建设工程质量和使用安全。

在加强承建单位自身对工程质量管理的基础上，由工程监理企业介入建设工程生产过程的管理，对保证建设工程质量和使用安全有着重要作用。

（4）有利于实现建设工程投资效益最大化。

建设工程投资效益最大化有以下三种不同表现：

① 在满足建设工程预定功能和质量标准的前提下，建设投资额最少；

② 在满足建设工程预定功能和质量标准的前提下，建设工程寿命周期费用（或全寿命费用）最少；

③ 建设工程本身的投资效益与环境、社会效益的综合效益最大化。

2. 建设工程监理实施原则

工程监理单位受建设单位委托对建设工程实施监理时，应遵守以下基本原则：

（1）公正、独立、自主的原则。

监理工程师在建设工程监理中必须尊重科学、尊重事实，组织各方协同配合，维护有关各方的合法权益。为此，必须坚持公正、独立、自主的原则。建设单位与承建单位虽然都是独立运行的经济主体，但他们追求的经济目标有差异，监理工程师应在按合同约定的权、责、利关系的基础上，协调双方的一致性。只有按合同的约定建成工程，建设单位才能实现投资的目的，承建单位也才能实现自己生产的产品的价值，取得工程款和实现盈利。

（2）权责一致的原则。

监理工程师承担的职责应与建设单位授予的权限相一致。监理工程师的监理职权，依赖于建设单位的授权。这种权力的授予，除体现在建设单位与监理单位之间签订的委托监理合同之中，而且还应作为建设单位与承建单位之间建设工程合同的合同条件。因此，监理工程师在明确建设单位提出的监理目标和监理工作内容要求后，应与建设单位协商，明确相应的授权，达成共识后明确反映在委托监理合同中及建设工程合同中。据此，监理工程师才能开展监理活动。总监理工程师代表监理单位全面履行建设工程委托监理合同，承担合同中确定的监理方向建设单位方所承担的义务和责任。因此，在委托监理合同实施中，监理单位应给总监理工程师充分授权，体现权责一致的原则。

（3）总监理工程师负责制的原则。

总监理工程师是工程监理全部工作的负责人。要建立和健全总监理工程师负责制，就要明确权、责、利关系，健全项目监理机构，具有科学的运行制度、现代化的管理手段，形成以总监理工程师为首的高效能的决策指挥体系。总监理工程师负责制的内涵包括：

① 总监理工程师是工程监理的责任主体。责任是总监理工程师负责制的核心，它构成了对总监理工程师的工作压力与动力，也是确定总监理工程师权力和利益的依据。所以总监理工程师应是向建设单位和监理单位所负责任的承担者。

② 总监理工程师是工程监理的权力主体。根据总监理工程师承担责任的要求，总监理工程师全面领导建设工程的监理工作，包括组建项目监理机构，主持编制建设工程监理规划，组织实施监理活动，对监理工作总结、监督、评价。

（4）严格监理、热情服务的原则。

严格监理，就是各级监理人员严格按照国家政策、法规、规范、标准和合同控制建设工程的目标，依照既定的程序和制度，认真履行职责，对承建单位进行严格监理。

监理工程师还应为建设单位提供热情的服务，"应运用合理的技能，谨慎而勤奋地工作"。由于建设单位一般不熟悉建设工程管理与技术业务，监理工程师应按照委托监理合同的要求多方位、多层次地为建设单位提供良好的服务，维护建设单位的正当权益。但是，不能因此而一味向各承建单位转嫁风险，从而损害承建单位的正当经济利益。

（5）综合效益的原则。

建设工程监理活动既要考虑建设单位的经济效益，也必须考虑与社会效益和环境效益的有机统一。建设工程监理活动虽经建设单位的委托和授权才得以进行，但监理工程师应首先严格遵守国家的建设管理法律、法规、标准等，以高度负责的态度和责任感，既对建设单位负责，谋求最大的经济效益，又要对国家和社会负责，取得最佳的综合效益。只有在符合宏观经济效益、社会效益和环境效益的条件下，建设单位投资项目的微观经济效益才能得以实现。

第 5 节　建设工程监理的工作依据与内容

1. 建设工程监理工作依据

实施建设工程监理应遵循下列主要依据：

（1）法律法规及工程建设标准；

（2）建设工程勘查设计文件；

（3）建设工程监理合同及其他合同文件。

2. 建设工程监理工作内容

委托人与建设监理单位应该就工程委托监理与相关服务事项协商一致，订立建设工程监理合同，工程监理的范围应该在专用条件中约定，除专用条件另有约定外，监理工作内容包括：

（1）收到工程设计文件后编制监理规划，并在第一次工地会议 7 d 前报委托人。根据有关规定和监理工作需要，编制监理实施细则。

（2）熟悉工程设计文件，并参加由委托人主持的图纸会审和设计交底会议。

（3）参加由委托人主持的第一次工地会议，主持监理例会并根据工程需要主持或参加专题会议。

（4）审查施工承包人提交的施工组织设计，重点审查其中的质量安全技术措施、专项施工方案与工程建设强制性标准的符合性。

（5）检查施工承包人工程质量、安全生产管理制度及组织机构和人员资格。

（6）检查施工承包人专职安全生产管理人员的配备情况。

（7）审查施工承包人提交的施工进度计划，核查承包人对施工进度计划的调整。

（8）检查施工承包人的试验室。

（9）审核施工分包人资质条件。

（10）查验施工承包人的施工测量放线成果。

（11）审查工程开工条件，对条件具备的签发开工令。

（12）审查施工承包人报送的工程材料、构配件、设备质量证明文件的有效性和符合性，并按规定对用于工程的材料采取平行检验或见证取样方式进行抽检。

（13）审核施工承包人提交的工程款支付申请，签发或出具工程款支付证书，并报委托人审核、批准。

（14）在巡视、旁站和检验过程中，发现工程质量、施工安全存在事故隐患的，要求施工承包人整改并报委托人。

（15）经委托人同意，签发工程暂停令和复工令。

（16）审查施工承包人提交的采用新材料、新工艺、新技术、新设备的论证材料及相关验收标准。

（17）验收隐蔽工程、分部分项工程。

（18）审查施工承包人提交的工程变更申请，协调处理施工进度调整、费用索赔、合同争议等事项。

（19）审查施工承包人提交的竣工验收申请，编写工程质量评估报告。

（20）参加工程竣工验收，签署竣工验收意见。

（21）审查施工承包人提交的竣工结算申请并报委托人。

（22）编制、整理工程监理归档文件并报委托人。

本章小结

本章介绍了建设工程监理的概念，阐明了我国建设工程监理制度发展历程及国外建设工程监理现状与发展，说明了设工程监理的性质，概括了基本建设程序与建设工程监理相关制度；明确了建设工程监理相关法律法规和规范，建设工程监理的作用与实施原则，介绍了建设工程监理的工作依据与内容。

思考题

1-1　什么是建设工程监理？建设工程监理的内涵可从哪些方面理解？

1-2　建设工程监理具有哪些性质？

1-3　强制实行工程监理的范围是什么？

1-4　建设工程监理的任务和作用是什么？

1-5　什么是工程建设程序？工程建设程序包括哪些工作内容？

第2章　建设工程监理工作程序

第1节　建设工程监理委托合同

1. 委托合同概述

委托合同，又称"委任合同"。是指受托人以委托人的名义和费用为委托人办理委托的事务，而委托人则按约支付报酬的协议。委托监理合同的标的是服务，工程建设实施阶段所签订的其他合同，如勘查设计合同、施工承包合同、物资采购合同、加工承揽合同的标的物是产生新的物质或信息成果，而监理合同的标的是服务，即监理工程师凭据自己的知识、经验、技能受建设单位委托为其所签订的其他合同的履行实施监督和管理。

《合同法》将监理合同划入委托合同的范畴。《合同法》第二百七十六条规定"建设工程实施监理的，发包人应当与监理人采用书面形式订立委托监理合同。发包人与监理人的权利和义务以及法律责任，应当依照本法委托合同以及其他有关法律、行政法规的规定。"

建设工程监理是建设项目的发包人为了保证工程质量、控制工程造价和工期，以维护自身利益而采取的措施，因此对建设工程是否实行监理，原则上应由发包人自行决定。但是对于使用国家财政资金或者其他公共资金建设的工程项目，为了加强对项目建设的监督，保证投资效益，维护国家利益，国家规定了实行强制监理的建设工程的范围。

属于实行强制监理的工程，发包人必须依法委托工程监理单位实施监理，对于其他建设工程，则由发包人自行决定是否实行工程监理。

对需要实行工程监理的，发包人应当委托具有相应资质条件的工程监理人进行监理。发包人与其委托的工程监理人应当订立书面委托监理合同，是委托监理合同中工程监理人对工程建设实施监督的依据。发包人与工程监理人之间的关系在性质上是平等主体之间的委托合同关系，因此发包人与监理人的权利和义务关系以及法律责任，应当依照《合同法》委托合同以及《建筑法》等其他法律、行政法规的有关规定。

实施工程监理的，在进行工程监理前，发包人应当将委托的监理人的名称、资质等级、监理人员、监理内容及监理权限，书面通知被监理的建设工程的承包人。建设工程监理人应当依照法律、行政法规及有关的技术标准、设计文件和建设工程合同，对承包人在工程建设质量、建设工期和建设资金使用等方面，代表发包人对工程建设进行监督。工程监理人员发现工程设计不符合建设工程质量标准或者合同约定的质量要求的，应当报告发包人要求设计人改正；工程监理人员认为工程施工不符合工程设计要求、施工技术标准和合同约定的，有权要求施工人改正。工程监理人在监理过程中，应当遵守客观、公正的执业准则，不得与承包人串通，为承包人谋取非法利益。

工程监理人不按照委托监理合同的约定履行监理义务，对应当监督检查的项目不检查或者不按照法律、行政法规和有关技术标准、设计文件和建设工程合同规定的要求和检查方法规定进行检查，给发包人造成损失的，应当承担相应的赔偿责任。例如工程建设质量不合格，通常既与承包人不按照要求施工有关，也与监理人不按照合同约定履行监理义务有关，在这种情况下造成发包人损失的，承包人与监理人都应当承担各自的赔偿责任。至于如何确定监理人相应的赔偿责任，应当由人民法院或者仲裁机构予以确定。工程监理人与承包人串通，为承包人谋取非法利益，给发包人造成损失的，应当与承包人承担连带赔偿责任。

2. 委托双方权利与义务

双方签订合同，其根本目的就是为实现合同的标的，明确双方的权利和义务。

1）委托人的权利

（1）委托人有选定工程总承包人，以及与其订立合同的权利。

（2）委托人有对工程规模、设计标准、规划设计、生产工艺设计和设计使用功能要求的认定权，以及对工程设计变更的审批权。

（3）监理人调换总监理工程师需事先经委托人同意。

（4）委托人有权要求监理人提供监理工作月报及监理业务范围内的专项报告。

（5）当委托人发现监理人员不按监理合同履行监理职责，或与承包人串通给委托人或工程造成损失的，委托人有权要求监理人更换监理人员，直到解除合同并要求监理人承担相应的赔偿责任或连带赔偿责任。

2）委托人的义务

（1）委托人在监理人开展监理业务之前应向监理人支付预付款。

（2）委托人应当负责工程建设的所有外部关系的协调，为监理工作提供外部条件。如将部分或全部协调工作委托监理人承担，则应在专用条款中明确委托的工作和相应的报酬。

（3）委托人应当在双方约定的时间内免费向监理人提供与工程有关的为监理工作所需的工程资料。

（4）委托人应当在专用条款约定的时间内就监理人书面提交并要求做出决定的一切事宜做出书面决定。

（5）委托人应当授权一名熟悉工程情况、能在规定时间内做出决定的常驻代表（在专用条款中约定），负责与监理人联系。更换常驻代表时，要提前通知监理人。

（6）委托人应当将授予监理人的监理权利，以及监理人主要成员的职能分工、监理权限及时书面通知已选定的合同承包人，并在与第三人签订的合同中予以明确。

（7）委托人应当在不影响监理人开展监理工作的时间内提供如下资料：

① 与本工程合作的原材料、购配件、设备等生产厂家名录。

② 提供与本工程有关的协作单位、配合单位的名录。

（8）委托人应免费向监理人提供办公用房、通信设施、监理人员工地住房及合同专用条件约定的设施。对监理人自备的设施给予合理的经济补偿。

（9）根据情况需要，如果双方约定，由委托人免费向监理人提供其他人员，应在监理合同专用条件中予以明确。

3）监理人的权利

（1）监理人在委托人委托的工程范围内，享有以下权利：

① 选择工程总承包人的建议权。

② 选择工程分包人的认可权。

③ 对工程建设有关事项包括工程规模、设计标准、规划设计、生产工艺设计和使用功能要求，向委托人的建议权。

④ 对工程设计中的技术问题，按照安全和优化的原则，向设计人提出建议，如果提出的建议可能会提高工程造价，或延长工期，应当事先征得委托人的同意。当发现工程设计不符合国家颁布的设计工程质量标准或设计合同约定的质量标准时，监理人应当书面报告委托人并要求设计人更正。

⑤ 审批工程施工组织设计和技术方案，按照保质量、保工期和降低成本的原则，向承包人提出建议，并向委托人提出书面报告。

⑥ 主持工程建设有关协作单位的组织协调，重要协调事项应当事先向委托人报告。

⑦ 征得委托人同意，监理人有权发布开工令、停工令、复工令，但应当事先向委托人报告。如在紧急情况下未能事先报告时，则应在 24 h 内向委托人做出书面报告。

⑧ 工程上使用的材料和施工质量的检验权。对于不符合设计要求或合同约定或国家质量标准的材料、构配件、设备，有权通知承包人停止使用。对于不符合规范和质量标准的工序、分部、分项工程和不安全施工作业、有权通知承包人停工整改、返工。承包人得到监理机构下达的复工令才能复工。

⑨ 工程施工进度的检查、监督权，以及工程实际竣工日期提前或超过工程施工合同规定的竣工期限的签认权。

⑩ 在工程施工合同约定的工程价格范围内，工程款支付的审核和签认权，以及工程结算的复核确认权与否决权。未经总监理工程师签字确认，委托人不支付工程款。

（2）监理人在委托人授权下可对任何承包人合同规定的义务提出变更。如果由此严重影响了工程费用或质量或进度，则这种变更须经委托人事先批准。在紧急情况下未能事先报委托人批准时，监理人所做的变更也应尽快通知委托人。在监理过程中如发现工程承包人员工作不力，监理机构可要求承包人调换有关人员。

（3）在委托的工程范围内，委托人或承包人对对方的任何意见和要求（包括索赔要求），均必须首先向监理机构提出，由监理机构研究处置意见，再同双方协商确定。当委托人和承包人发生争执时，监理机构应根据自己的职能，以独立的身份判断，公正地进行调解。当双方的争议由政府建设行政主管部门调解或仲裁机构仲裁时，应当提供作证的事实材料。

4）监理人义务

（1）监理人按合同约定派出监理工作需要的监理机构及监理人员。向委托人报送委派的总监理工程师及其监理机构的主要成员名单、监理规划，完成监理合同专用条件中约定的监理工程范围内的监理业务。在履行合同义务期间，应按合同约定定期向委托人报告监理工作。

（2）监理人在履行本合同的义务期间，应认真勤奋的工作，为委托人提供与其水平相适应的咨询意见，公正维护各方面的合法利益。

（3）监理人使用委托人提供的设施和物品属委托人的财产。在监理工作完成或中止时，应将其设施和剩余的物品按合同约定的时间和方式移交委托人。

（4）在合同期内和合同终止后，未征得有关方同意，不得泄露与本工程、本合同业务有关的保密资料。

第 2 节　建设工程监理工作计划

目标是组织开展经营活动的出发点，制订监理工作计划需要以监理工作的目标基础。目标管理是一个全面的管理系统，就是围绕目标进行管理。

1. 建设工程监理目标

工程项目建设的主要目标是使投资、进度、质量达到要求。对建设项目的实施进行有效的控制，使其顺利达到计划规定的目标，是建设工程监理的中心任务。

建设工程监理的目标与工程项目建设的目标是一致的，即控制投资、工期和质量，合同管理、信息管理和全面的组织协调是实现投资、工期和质量目标所必须运用的控制手段和措施。

1）确定目标的原则

（1）现实性原则。

目标的确定要建立在对项目监理机构内外环境进行充分分析的基础上，并通过一定的程序加以确定，既要保证目标的科学性又要保证其可行性。

（2）关键性原则。

作为项目监理机构，要以合理的成本为项目提供监理服务。实现这一宗旨的组织发展目标很多，项目监理机构必须保证其将有关大局的、决定经营成果的内容作为项目监理机构目标的主体。

（3）定量化原则。

目标要实现由上至下的逐级量化，使其具有可测度性。

（4）协调性原则。

各层次目标之间，同一层次目标之间要协调，保证分目标实现的同时，总体目标必然实现。

（5）权变原则。

目标并不是一成不变的，应根据项目监理机构外部环境的变化及时调整与修正，使其更好地实现组织的宗旨。比较而言，组织的长期目标应保持一定的稳定性，短期目标要保持一定的灵活性。

2）目标管理的实施过程

目标管理是一个全面的管理系统。它用系统的方法，将许多关键管理活动结合起来，高效率地实现个人目标和组织目标。具体而言，它是一种通过科学地制定目标、实施目标，依据目标进行考核评价来实施管理任务的管理方法。

目标管理的实施一般分为目标建立、目标分解、目标控制、目标评定与考核四个阶段，如图2-1所示。

图 2-1　目标管理的实施过程

（1）目标建立。

从内容上看，应该首先明确项目监理机构的使命和宗旨，并结合内外环境确定一定期限内的具体工作目标。现代管理学提倡参与制目标设定法，组织员工参与目标的建立。常见的有自上而下的目标制定法和自下而上的目标制定法。

（2）目标分解。

是把组织的总目标分解成各部门的分目标、个人目标，使组织内所有员工都乐于接受组织的目标，明确自己在完成这一目标中应承担的责任。参与制的目标分解方法强调上级与下级商定目标。

（3）目标控制。

项目监理机构内任何个人或部门的目标完成出现问题，都将影响目标的实现。因此，管理者必须进行目标控制，随时了解目标实施情况，及时发现问题并协助解决。必要时，也可以根据环境的变化对目标进行一定的修正。

（4）目标评定与考核。

目标管理注重结果，因此对部门、个人的目标必须进行自我评定、群众评议、领导评审。通过评议，肯定成绩，发现问题，总结目标执行过程中的成绩与不足，完善下一个目标管理过程。

3）目标控制的任务

（1）设计阶段。

① 质量控制任务：协助建设单位制定工程质量目标规划；根据合同，及时、准确、完善地提供设计工作所需要的基础数据和资料；配合设计单位优化设计，确认设计文件是否符合有关法律法规、技术、经济、财务、环境条件的要求，能否满足建设单位对工程的功能和使用要求。

② 进度控制任务：协助建设单位确定合理的设计工期要求；根据设计的阶段性，制定

工程总进度计划；协助各设计单位开展设计工作，使设计工作按进度计划进行；按合同要求及时、准确、完善地提供设计工作所需要的基础数据和资料；与外部有关单位协调有关事宜，保障设计工作顺利进行。

③ 投资控制任务：收集类似工程的相关资料，协助设计单位制定工程项目投资目标规划；通过技术经济分析等活动，协调、配合设计单位追求投资合理化；审核概（预）算，优化设计，最终满足建设单位对工程投资的经济性要求。

（2）施工阶段。

① 质量控制任务：通过对施工投入、施工和安装过程、施工产出品进行全过程控制，以及对施工单位及其人员的资格、材料和设备、施工机械和机具、施工方案和方法、施工环境实施全面控制，以期按标准达到预定的施工质量目标。

② 进度控制任务：通过完善建设工程进度控制计划，审查施工单位施工进度计划，做好各项动态控制工作，协调各单位关系，预防并处理好工期索赔等工作，以求实际施工进度达到计划施工进度的要求。

③ 投资控制任务：通过工程计量，工程付款控制，工程变更费用控制，预防并处理好费用索赔，挖掘降低工程投资潜力等工作使工程实际费用支出不超过计划投资。

4）目标控制的措施

（1）组织措施。

建立实施健全的动态控制的组织机构，规章制度和人员，明确各级目标控制人员的任务和职责分工，改善建设工程目标控制的工作流程；建立建设工程目标控制考评机制；加强各单位（部门）之间的沟通协作；加强动态控制过程中的激励措施，调动和发挥员工实现建设工程目标的积极性和创造性。

（2）技术措施。

对多个可能的建设方案、施工方案等进行技术可行性分析；对各种技术数据进行审核、比较；对施工组织设计、施工方案等进行审查、论证；采用工程网络计划技术、信息化技术等实施动态方案。

（3）经济措施。

审核工程量、工程款支付申请及工程结算报告；编制和实施资金使用计划，对工程变更方案进行技术经济分析；投资偏差分析和未完成工程投资预测。

（4）合同措施。

选择合理的承发包模式和合同计价方式；选定满意的施工单位及材料设备供应单位；拟定完善的合同条款；动态跟踪合同执行情况及处理好工程索赔。

2. 监理工作计划系列文件

1）监理大纲

监理大纲又称监理方案、监理投标文件（技术标），是为了承揽监理业务，由公司技术质量部编制《监理投标文件指导书》，然后由经营计划部根据工程监理招标文件的内容和要求进行补充、修改和完善，使其成为监理投标文件。

监理单位编制监理大纲有以下两个作用：一是使建设单位认可监理大纲中的监理方案，从而承揽到监理业务；二是为项目监理机构今后开展监理工作制定基本的方案。为使监理大纲的内容和监理实施过程紧密结合，监理大纲的编制人员应当是监理单位经营部门或技术管理部门人员，也应包括拟定的总监理工程师。总监理工程师参与编制监理大纲有利于监理规划的编制。

工程建设项目监理大纲、监理规划和监理实施细则，相互关联，共同构成了项目监理工作计划系列文件。在编写监理规划时，一定要严格根据监理大纲的有关内容编写；在制定监理实施细则时，一定要在监理规划的指导下进行。

监理大纲的内容应当根据建设单位所发布的监理招标文件的要求而制定，一般来说，应该包括如下主要内容：

（1）拟派往项目监理机构的监理人员情况介绍。

在监理大纲中，监理单位需要介绍拟派往所承揽或投标工程的项目监理机构的主要监理人员，并对他们的资格情况进行说明。其中，应该重点介绍拟派往投标工程的项目总监理工程师的情况，这往往决定承揽监理业务的成败。

（2）拟采用的监理方案。

监理单位应当根据建设单位所提供的工程信息，并结合自己为投标所初步掌握的工程资料，制定出拟采用的监理方案。监理方案的具体内容包括：项目监理机构的方案、建设工程三大目标的具体控制方案、工程建设各种合同的管理方案、项目监理机构在监理过程中进行组织协调的方案等。

（3）将提供给建设单位的阶段性监理文件。

在监理大纲中，监理单位还应该明确未来工程监理工作中向建设单位提供的阶段性的监理文件，这将有助于满足建设单位掌握工程建设过程的需要，有利于监理单位顺利承揽该建设工程的监理业务。

2）监理规划

监理规划是项目监理机构全面开展建设工程监理工作的指导性文件。监理规划是监理单位接受建设单位委托并签订委托监理合同之后，在项目总监理工程师的主持下，根据委托监理合同，在监理大纲的基础上，结合工程的具体情况，广泛收集工程信息和资料的情况下制定，须经监理单位技术负责人批准。

从内容范围上讲，监理大纲与监理规划都是围绕着整个项目监理机构所开展的监理工作来编写的，但监理规划的内容要比监理大纲更翔实、更全面。

（1）监理规划的作用。

① 指导项目监理机构全面开展监理工作。

监理规划的基本作用就是指导项目监理机构全面开展监理工作。实现建设工程总目标是一个系统的过程。它需要制定计划，建立组织，配备合适的监理人员，进行有效的领导，实施工程的目标控制。只有系统地做好上述工作，才能完成建设工程监理的任务，实施目标控制。在实施建设监理的过程中，监理单位要集中精力做好目标控制工作。因此，监理规划需要对项目监理机构开展的各项监理工作做出全面、系统的组织和安排。它包括确定监理工作目标，制定监理工作程序，确定目标控制、合同管理、信息管理、组织协调等各项措施和确定各项工作的方法和手段。

② 监理规划是建设监理主管机构对监理单位监督管理的依据。

政府建设监理主管机构对建设工程监理单位要实施监督、管理和指导，对其人员素质、专业配套和建设工程监理业绩要进行核查和考评以确认其资质和资质等级，以使我国整个建设工程监理行业能够达到应有的水平。要做到这一点，除了进行一般性的资质管理工作之外，更为重要的是通过监理单位的实际监理工作来认定它的水平。而监理单位的实际水平可从监理规划和它的实施中充分地表现出来。因此，政府建设监理主管机构对监理单位进行考核时，应当十分重视对监理规划的检查，也就是说，监理规划是政府建设监理主管机构监督、管理和指导监理单位开展监理活动的重要依据。

③ 监理规划是建设单位确认监理单位履行合同的主要依据。

监理单位如何履行监理合同，如何落实建设单位委托监理单位所承担的各项监理服务工作，作为监理的委托方，建设单位不但需要而且应当了解和确认监理单位的工作。同时，建设单位有权监督监理单位全面、认真执行监理合同。而监理规划正是建设单位了解和确认这些问题的最好资料，是建设单位确认监理单位是否履行监理合同的主要说明性文件。监理规划应当能够全面而详细地为建设单位监督监理合同的履行情况提供依据。

实际上，监理规划的前期文件，即监理大纲，是监理规划的框架性文件。而且，经由谈判确定的监理大纲应当纳入监理合同的附件之中，成为监理合同文件的组成部分。

④ 监理规划是监理单位内部考核的依据和重要的存档资料。

从监理单位内部管理制度化、规范化、科学化的要求出发，需要对各项目监理机构（包括总监理工程师和专业监理工程师）的工作进行考核，其主要依据就是经过内部主管负责人审批的监理规划。通过考核，可以对有关监理人员的监理工作水平和能力做出客观、正确的评价，从而有利于今后在其他工程上更加合理地安排监理人员，提高监理工作效率。

从建设工程监理控制的过程可知，监理规划的内容必然随着工程的进展而逐步调整、补充和完善。它在一定程度上真实地反映了一个建设工程监理工作的全的监理工作过程记录。因此，它是每一家工程监理单位的重要存档资料。

（2）监理规划编写的依据。

① 工程项目外部环境调查研究资料；

② 工程建设有关法律、法规；

③ 政府批准的工程建设文件；

④ 工程监理合同；

⑤ 其他工程建设合同；

⑥ 建设方的正当要求；

⑦ 有关工程信息；

⑧ 监理大纲（或监理投标文件）。

（3）监理规划编写的要求。

① 基本构成内容应当力求统一。

监理规划在总体内容组成上应力求做到统一。这是监理工作规范化、制度化、科学化的要求。监理规划基本构成内容的确定，首先应依据建设监理制度对建设工程监理的内容要求。建设工程监理的主要内容是控制建设工程的投资、工期和质量，进行建设工程合同管理，协调有关单位间的工作关系。这些内容无疑是构成监理规划的基本内容。如前所述，监理规划的基本作用是指导项目监理机构全面开展监理工作。因此，对整个监理工作的组织、控制、方法、措施等将成为监理规划必不可少的内容。

② 具体内容应具有针对性。

由于建设工程都具有单件性和一次性的特点，每一个监理单位和每一位总监理工程师对某一个具体建设工程在监理思想、监理方法和监理手段等方面都会有自己的独到之处，因此，不同的监理单位和不同的监理工程师在编写监理规划的具体内容时，必然会体现出自己鲜明的特色。只有具有针对性，建设工程监理规划才能真正起到指导具体监理工作的作用。

③ 监理规划应当遵循建设工程的运行规律。

建设工程监理规划的内容必然与工程运行客观规律应具有一致性，必须把握、遵循建设工程运行的规律。只有把握建设工程运行的客观规律，监理规划的运行才是有效的，才能实施对这项工程的有效监理。

④ 项目总监理工程师是监理规划编写的主持人。

监理规划应当在项目总监理工程师主持下编写制定，这是建设工程监理实施项目总监理工程师负责制的必然要求。当然，编制好建设工程监理规划，还要充分调动整个项目监理机构中专业监理工程师的积极性，要广泛征求各专业监理工程师的意见和建议，并吸收其中水平比较高的专业监理工程师共同参与编写。

⑤ 监理规划一般要分阶段编写。

监理规划编写阶段可按工程实施的各阶段来划分，前一阶段工程实施所输出的工程信息就成为后一阶段监理规划信息，使监理规划内容与已经掌握的工程信息紧密结合；同时，监理规划的编写还要留出必要的审查和修改的时间。为此，应当对监理规划的编写时间事先做出明确的规定，以免编写时间过长，从而耽误了监理规划对监理工作的指导，使监理工作陷于被动和无序。

⑥ 监理规划的表达方式应当格式化、标准化。

我国的建设监理制度应当走规范化、标准化的道路，这是科学管理与粗放型管理在具体工作上的明显区别。可以这样说，规范化，标准化是科学管理的标志之一。所以，编写建设工程监理规划各项内容时应当采用什么表格、图示，以及哪些内容需要采用简单的文字说明应当做出统一规定。

⑦ 监理规划应该经过审核。

监理规划在编写完成后需进行审核并经批准。监理单位的技术主管部门是内部审核单位，其负责人应当签认。监理规划涉及建设工程监理工作的各方面，所以，有关部门和人员都应当关注它，使监理规划编制得科学、完备，真正发挥全面指导监理工作的作用。

（4）监理规划的内容。

建设工程监理规划应将委托监理合同中规定的监理单位承担的责任及监理任务具体化，并在此基础上制定实施监理的具体措施。建设工程监理规划通常包括以下内容：

① 建设工程概况。

② 监理工作范围：监理单位所承担的监理任务的工程范围。如果监理单位承担全部建设工程的监理任务，监理范围为全部建设工程，否则应按监理单位所承担的建设工程的建设标段或子项目划分确定建设工程监理范围。

③ 监理工作内容：立项阶段监理工作的主要内容；设计阶段监理工作的主要内容；施工招标阶段监理工作的主要内容；材料、设备采购供应的监理工作主要内容；施工准备阶段监理工作的主要内容；施工阶段监理工作的主要内容；施工验收阶段监理工作的主要内容；合同管理工作的主要内容；委托的其他服务。

④ 监理工作目标：监理单位所承担的建设工程的监理控制预期达到的目标。通常以建设工程的投资、进度、质量三大目标的控制值来表示。

⑤ 监理工作依据。

⑥ 项目监理机构的组织形式：项目监理机构的组织形式应根据建设工程监理要求选择。

⑦ 项目监理机构的人员配备计划：项目监理机构的人员配备应根据建设工程监理的进程合理安排。

⑧ 项目监理机构的人员岗位职责。

⑨ 监理工作程序：监理工作程序比较简单明了的表达方式是监理工作流程图。

⑩ 监理工作方法及措施。

建设工程监理控制目标的方法与措施应重点围绕投资控制、进度控制、质量控制这三大控制任务展开。

投资目标控制方法与措施；进度目标控制方法与措施；质量目标控制方法与措施；合同管理的方法与措施；信息管理的方法与措施；组织协调的方法与措施；安全监理的方法与措施。

⑪ 监理工作制度。

⑫ 监理设施。

（5）监理规划的审核。

建设工程监理规划在编写完成后需要进行审核并经批准。监理单位的技术主管部门是内部审核单位，其负责人应当签认。监理规划审核的内容主要包括以下几个方面：

① 监理范围、工作内容及监理目标的审核。

依据监理招标文件和委托监理合同，看其是否理解了业主对该工程的建设意图，监理范围、监理工作内容是否包括了全部委托的工作任务，监理目标是否与合同要求和建设意图相一致。

② 项目监理机构结构的审核。

在组织形式、管理模式等方面是否合理，是否结合了工程实施的具体特点，是否能够与业主的组织关系和承包方的组织关系相协调等。

派驻监理人员的专业满足程度。应根据工程特点和委托监理任务的工作范围审查，不仅考虑专业监理工程师如土建监理工程师、机械监理工程师等能否满足开展监理工作的需要，而且还要看其专业监理人员是否覆盖了工程实施过程中的各种专业要求，以及高、中级职称和年龄结构的组成。

人员数量的满足程度。主要审核从事监理工作人员在数量和结构上的合理性。

专业人员不足时采取的措施是否恰当。大中型建设工程由于技术复杂、涉及的专业面宽，当监理单位的技术人员不足以满足全部监理工作要求时，对拟临时聘用的监理人员的综合素质应认真审核。

派驻现场人员计划表。对于大中型建设工程，不同阶段对监理人员人数和专业等方面的要求不同，应对各阶段所派驻现场监理人员的专业、数量计划是否与建设工程的进度计划相适应进行审核。还应平衡正在其他工程上执行监理业务的人员，是否能按照预定计划进入本工程参加监理工作。

③ 工作计划审核。

在工程进展中各个阶段的工作实施计划是否合理、可行，审查其在每个阶段中如何控制建设工程目标及组织协调的方法。

④ 投资、进度、质量控制方法和措施的审核。

对三大目标的控制方法和措施应重点审查，看其如何应用组织、技术、经济、合同措施保证目标的实现，方法是否科学、合理、有效。

⑤ 监理工作制度审核。

主要审查监理的内、外工作制度是否健全。

3）监理实施细则

监理实施细则是针对某一专业或某一方面建设工程监理工作的操作性文件。又简称监理细则，其与监理规划的关系可以比作施工图设计与初步设计的关系。也就是说，监理实施细则是在监理规划的基础上，由项目监理机构的专业监理工程师针对建设工程中某一专业或某一方面的监理工作编写，并经总监理工程师批准实施的操作性文件。监理实施细则的作用是指导本专业或本子项目具体监理业务的开展。

（1）编写程序、依据与要求。

① 对专业性较强、危险性较大的分部分项工程，项目监理机构应编制监理实施细则。

② 监理实施细则应在相应工程施工开始前由专业监理工程师编制，并应报总监理工程师审批。

（2）监理实施细则的主要内容。

① 专业工程的特点；

② 监理工作的流程；

③ 监理工作控制要点及目标值；

④ 监理工作方法及措施。

在实施建设工程监理过程中，监理实施细则可根据实际情况进行补充、修改，并应经总监理工程师批准后实施。

第 3 节　建设工程监理实施程序

建设监理工作从签署合同完成之日，需要确认工作目标，目标对于项目监理机构很重要，但实施程序正是保证目标顺利实现的基础。项目监理机构组建之后要规范工作，制定相应的制度。

（1）组建项目监理机构。

项目监理机构的人员构成是监理投标书中的重要内容，是业主在评标过程中认可的，总监理工程师在组建项目监理机构时，应根据监理大纲内容和签订的委托监理合同内容组建，并在监理规划和具体实施计划执行中进行及时的调整。总监理工程师是一个建设工程监理工作的总负责人，他对内向工程监理单位负责，对外向建设单位负责。

（2）进一步收集工程监理有关资料。

（3）编制监理规划及监理实施细则。

监理规划是项目监理机构全面开展工程监理工作的指导性文件。

（4）规范化地开展监理工作。

工程监理工作的规范化体现在以下几个方面：

① 工作的时序性。这是指监理的各项工作都应按一定的逻辑顺序先后展开。

② 职责分工的严密性。建设工程监理工作是由不同专业、不同层次的专家群体共同来完成的，他们之间严密的职责分工是协调进行监理工作的前提和实现监理目标的重要保证。

③ 工作目标的确定性。在职责分工的基础上，每一项监理工作的具体目标都应是确定的，完成的时间也应有时限规定，从而能通过报表资料对监理工作及其效果进行检查和考核。

（5）参与工程竣工验收。

建设工程施工完成后，项目监理机构应在正式验收前组织工程竣工预验收，在预验收中发现的问题，应及时与施工单位沟通，提出整改要求。

（6）向建设单位提交工程监理文件资料。

项目监理机构向建设单位提交工程变更资料、监理指令性文件、各类签证等文件资料。

（7）进行监理工作总结。

第 4 节　建设工程监理各阶段工作任务

1. 施工准备阶段建设监理工作的主要任务

（1）审查施工单位选择的分包单位的资质。

（2）监督检查施工单位质量保证体系及安全技术措施，完善质量管理程序及制度。

（3）参与设计单位向施工单位的交底。

（4）审查施工组织设计。

（5）在单位工程开工前检查施工单位的复测资料。

（6）对重点工程部位的中线和水平控制进行复查。

（7）审批一般单项工程和单位工程的开工报告。

2. 工程施工阶段建设监理工作的主要任务

1）施工阶段的质量控制

（1）对所有的隐蔽工程在进行隐蔽以前进行检查和办理签证，对重点工程由监理人员驻点跟踪监理，签署重要的分项、分部工程和单位工程质量评定表。

（2）对施工测量和放样进行检查，对发现的质量问题应及时通知施工单位纠正，并做监理记录。

（3）检查和确认运到施工现场的材料、构件和设备的质量，并应查验试验和化验报告单，监理工程师有全权禁止不符合质量要求的材料和设备进入工地和投入使用。

（4）监督施工单位严格按照施工规范和设计文件要求进行施工。

（5）监督施工单位严格执行施工合同。

（6）对工程主要部位、主要环节及技术复杂工程加强检查。

（7）检查和评价施工单位的工程自检工作。

（8）对施工单位的检测仪设备、度量衡定期检查，不定期地进行抽验，以确保度量资料的准确。

（9）监督施工单位对各类土木和混凝土试件按规定进行检查和抽查。

（10）监督施工单位认真处理施工中发生的一般质量事故，并认真做好记录。

（11）对大和重大质量事故以及其他紧急情况报告业主。

2）施工阶段的进度控制

（1）监督施工单位严格按照施工合同规定的工期组织施工。

（2）进行施工进度的动态控制。

（3）建立工程进度台账，核对工程形象进度，按月、季和年度向业主报告工程执行情况、工程进度以及存在的问题。

3）施工阶段的投资控制

（1）审查施工单位申报的月度和季度计量，认真核对其工程数量，不超计、不漏计、严格按合同规定进行计量支付签证。

（2）建立计量支付签证台账，定期与施工单位核对清算。

（3）从投资控制的角度审核设计变更。

3. 施工验收阶段建设监理工作的主要任务

（1）督促和检查施工单位及时整理竣工文件和验收资料，受理单位工程竣工验收报告，并提出意见。

（2）根据施工单位的竣工报告，提出工程质量检验报告。

（3）组织工程预验收，参加业主组织的竣工验收。

第 5 节　建设工程监理服务收费

1.　服务收费一般规定

为规范建设工程监理与相关服务收费行为，维护委托双方合法权益，促进我国工程监理行业的健康发展，2007 年国家发展和改革委员会、建设部组织国务院有关部门和有关行业组织，制定了《建设工程监理与相关服务收费管理规定》，规定自 2007 年 5 月 1 日开始施行。

建设工程监理与相关服务收费根据建设项目投资额的不同情况，分别实行政府指导价和市场调节价。建设项目总投资额 3 000 万元及以上的建设工程施工阶段的监理收费实行政府指导价；建设项目总投资额 3 000 万元以下的建设工程施工阶段的监理收费和其他阶段的监理与相关服务收费实行市场调节价。

实行政府指导价的建设工程施工阶段监理收费，其基准价根据《建设工程监理与相关服务收费标准》计算，浮动幅度为上下 20%。发包人和监理人应当根据建设项目的实际情况在规定的浮动幅度内协商确定收费额。实行市场调节价的建设工程监理与相关服务收费，由发包人和监理人协商确定收费额。

建设工程监理与相关服务收费，应当体现优质优价的原则。建设工程监理与相关服务收费实行政府指导价的，在保证工程质量的前提下由于建设工程监理与相关服务节省投资，缩短工期，取得显著经济效益的，发包人和监理人可根据合同约定，按照节省投资额的一定比例协商确定奖励监理人。

监理人应当按照《关于商品和服务实行明码标价的规定》，告知发包人有关服务项目、服务内容、服务质量、收费依据，以及收费标准。建设工程监理与相关服务的内容、质量要求和相应的收费金额以及支付方式，由发包人和监理人在监理与相关服务合同中约定。由于非监理人原因造成建设工程监理与相关服务工作量增加的，发包人应当按合同约定向监理人另行支付相应的建设工程监理与相关服务费。由于监理人原因造成监理与相关服务工作量增加的，发包人不另行支付监理与相关服务费用。由于监理人工作失误给发包人造成经济损失的，应当按照合同约定依法承担赔偿责任；监理人提出合理化建议经采用、取得实效的，发包人可另行给予奖励。

2.　施工监理服务收费

建设工程监理与相关服务收费包括建设工程施工阶段的工程监理（以下简称"施工监理"）服务收费和勘查、设计、保修等阶段的相关服务（以下简称"其他阶段的相关服务"）

收费。收费标准不包括其他阶段的相关服务。其他阶段的相关服务，国家有规定的，从其规定；国家没有规定的，由发包人与监理人协商确定。

（1）施工监理服务收费按照下列公式计算：

$$施工监理服务收费 = 施工监理服务收费基准价 \times (1 + 浮动幅度值)$$

$$施工监理服务收费基准价 = 施工监理服务收费基价 \times 专业调整系数 \times$$

$$工程复杂程度调整系数 \times 高程调整系数$$

（2）施工监理服务收费基价。

施工监理服务收费基价是完成国家法律法规或相关规范规定的施工阶段监理基本服务内容的价格。施工监理服务收费基价按《施工监理服务收费基价表》（表2-1）确定，计费额处于两个数值区间的，采用直线内插法确定施工监理服务收费基价。

表2-1 施工监理服务收费基价表

序号	计费额/万元	收费基价/万元
1	500	16.5
2	1 000	30.1
3	3 000	78.1
4	5 000	120.8
5	8 000	181.0
6	10 000	218.6
7	20 000	393.4
8	40 000	708.2
9	60 000	991.4
10	80 000	1 255.8
11	100 000	1 507.0
12	200 000	2 712.5
13	400 000	4 882.6
14	600 000	6 835.6
15	800 000	8 658.4
16	1 000 000	10 390.1

注：计费额大于1 000 000万元的，以计费额乘以1.039%的收费率计算收费基价。其他未包含的，其收费由双方协商议定。

（3）施工监理服务收费基准价。

施工监理服务收费基准价是按照收费标准规定的基价计算出的施工监理服务基准收费额。发包人与监理人根据项目的实际情况，在规定的浮动幅度范围内协商确定施工监理服务收费合同额。

（4）施工监理服务收费的计费额。

施工监理服务收费以建设项目工程概算投资额分档定额计费方式收费的，其计费额为工程概算中的建筑安装工程费、设备购置费和联合试运转费之和，即工程概算投资额。对设备购置费和联合试运转费占工程概算投资额 40% 以上的工程项目，其建筑安装工程费全部计入计费额，设备购置费和联合试运转费按 40% 的比例计入计费额。但其计费额不应小于建筑安装工程费与其相同且设备购置费和联合试运转费等于工程概算投资额 40% 的工程项目的计费额。

工程中有利用原有设备并进行安装调试服务的，以签订工程监理合同时同类设备的当期价格作为施工监理服务收费的计费额；工程中有缓配设备的，应扣除签订工程监理合同时同类设备的当期价格作为施工监理服务收费的计费额；工程中有引进设备的，按照购进设备的离岸价格折换成人民币作为施工监理服务收费的计费额。

施工监理服务收费以建筑安装工程费分档定额计费方式收费的，其计费额为工程概算中的建筑安装工程费。

作为施工监理服务收费计费额的建设项目工程概算投资额或建筑安装工程费均指每个监理合同中约定的工程项目范围的投资额。

（5）施工监理服务收费调整系数。

施工监理服务收费调整系数包括：专业调整系数、工程复杂程度调整系数和高程调整系数。

① 专业调整系数是对不同专业建设工程的施工监理工作复杂程度和工作量差异进行调整的系数。计算施工监理服务收费时，专业调整系数在《施工监理服务收费专业调整系数表》（表 2-2）中查找确定。

表 2-2　施工监理服务收费专业调整系数表

工程类型		专业调整系数
矿山采选工程	黑色、有色、黄金、化学、非金属及其他矿采选工程	0.9
	选煤及其他煤炭工程	1.0
	矿井工程、铀矿采选工程	1.1
加工冶炼工程	冶炼工程	0.9
	船舶水工工程	1.0
	各类加工	1.0
	核加工工程	1.2
石油化工工程	石油工程	0.9
	化工、石化、化纤、医药工程	1.0
	核化工工程	1.2
水利电力工程	风力发电、其他水利工程	0.9
	火电工程、送变电工程	1.0
	核能、水电、水库工程	1.2

工程类型		专业调整系数
交通运输工程	机场场道、助航灯光工程	0.9
	铁路、公路、城市道路、轻轨及机场空管工程	1.0
	水运、地铁、桥梁、隧道、索道工程	1.1
建筑市政工程	园林绿化工程	0.8
	建筑、人防、市政公用工程	1.0
	邮政、电信、广电电视工程	1.0
农业林业工程	农业工程	0.9
	林业工程	0.9

② 工程复杂程度调整系数是对同一专业建设工程的施工监理复杂程度和工作量差异进行调整的系数。工程复杂程度分为一般、较复杂和复杂三个等级，其调整系数分别为：一般（Ⅰ级）为 0.85；较复杂（Ⅱ级）为 1.0；复杂（Ⅲ级）为 1.15。计算施工监理服务收费时，工程复杂程度在依据实际工程查表确定。

③ 高程调整系数如表 2-3 所示。

表 2-3 高程调整系数

海拔高程 H/m	高程调整系数
$H \leq 2\ 000$	1
$2\ 000 < H \leq 3\ 000$	1.1
$3\ 000 < H \leq 3\ 500$	1.2
$3\ 500 < H \leq 4\ 000$	1.3
$H > 4\ 000$	发包人和监理人协商确定

发包人将施工监理服务中的某一部分工作单独发包给监理人，按照其占施工监理服务工作量的比例计算施工监理服务收费，其中质量控制和安全生产监督管理服务收费不宜低于施工监理服务收费总额的 70%。

建设工程项目施工监理服务由两个或者两个以上监理人承担的，各监理人按照其占施工监理服务工作量的比例计算施工监理服务收费。发包人委托其中一个监理人对建设工程项目施工监理服务总负责的，该监理人按照各监理人合计监理服务收费的 4%～6%向发包人加收取总体协调费。

本章小结

本章介绍了建设工程监理委托合同的含义，说明了建设工程监理工作计划、监理实施细则的作用，明确了建设工程监理的实施程序，阐述了建设工程监理各阶段工作任务，以及按照合同如何进行建设工程监理服务收费。

思考题

2-1　什么是监理大纲？什么是监理规划？什么是监理实施细则？

2-2　监理规划、监理实施细则两者之间的关系是什么？

2-3　建设工程监理规划的作用是什么？

2-4　监理规划、监理实施细则的编制依据和要求分别是什么？

2-5　监理规划、监理实施细则主要的编制内容有哪些？

2-6　项目监理机构需要制定哪些工作制度？

2-7　建设工程监理目标控制的主要措施是什么？

2-8　建设工程监理活动实施的程序是什么？

2-9　建设工程监理活动实施的原则有哪些？

2-10　工程监理费用的构成及计算方法有哪些？

2-11　施工监理服务收费调整系数有哪些？如何确定？

第3章 建设工程监理单位与项目监理机构

第1节 建设工程监理单位

1. 工程监理单位（企业）

工程监理单位是指依法成立并取得建设主管部门颁发的工程监理企业资质证书，从事建设工程监理与相关服务活动的服务机构。工程监理单位是受建设单位委托为其提供管理和技术服务的独立法人或经济组织。工程监理单位不同于生产经营单位，既不直接进行工程设计和施工生产，也不参与施工单位的利润分成。

工程监理单位要依据法律法规、工程建设标准、勘查设计文件、建设工程监理合同及其他合同文件，代表建设单位在施工阶段对建设工程质量、进度、造价进行控制，对合同、信息进行管理，对工程建设相关方的关系进行协调，即"三控两管一协调"，同时还要依据《建设工程安全生产管理条例》等法规、政策，履行建设工程安全生产管理的法定职责。

实施建设工程监理前，建设单位应委托具有相应资质的工程监理单位，并以书面形式与工程监理单位订立建设工程监理合同，合同中应包括监理工作的范围、内容、服务期限和酬金，以及双方的义务、违约责任等相关条款。

工程开工前，建设单位应将工程监理单位的名称，监理的范围、内容和权限及总监理工程师的姓名书面通知施工单位。

在建设工程监理工作范围内，建设单位与施工单位之间涉及施工合同的联系活动，应通过工程监理单位进行。工程监理单位根据建设工程监理合同约定，在工程勘查、设计、保修等阶段为建设单位提供的专业化服务均属于相关服务。

2. 工程监理企业资质管理

工程监理企业的资质是企业技术能力、管理水平、业务经验、经营规模、社会信誉等综合性实力指标。

为了加强工程监理企业资质管理，规范建设工程监理活动，维护建筑市场秩序，根据《建筑法》《中华人民共和国行政许可法》《建设工程质量管理条例》等法律法规，制定了《工程监理企业资质管理规定》，在中华人民共和国境内从事建设工程监理活动，须申请工程监理企业资质，实施对工程监理企业资质监督管理，须遵照该规定。工程监理企业资质管理的内容，主要包括对工程监理企业的设立、定级、升级、降级、变更和终止等的资质审查或批准，以及资质年检工作。

从事建设工程监理活动的企业，应当按规定取得工程监理企业资质，并在工程监理企业资质证书许可的范围内从事工程监理活动。

国务院建设主管部门负责全国工程监理企业资质的统一监督管理工作。国务院铁路、交通、水利、信息产业、民航等有关部门配合国务院建设主管部门实施相关资质类别工程监理企业资质的监督管理工作。

省、自治区、直辖市人民政府建设主管部门负责本行政区域内工程监理企业资质的统一监督管理工作。省、自治区、直辖市人民政府交通、水利、信息产业等有关部门配合同级建设主管部门实施相关资质类别工程监理企业资质的监督管理工作。工程监理行业组织应当加强工程监理行业自律管理。

中华人民共和国交通运输部颁布的《公路水运工程监理企业资质管理规定》（2018 年第 7 号令）已于 2018 年 7 月 1 日起施行，从事公路、水运工程监理活动，应当按照上述规定取得公路、水运工程监理企业资质后方可开展相应的监理业务。

工程监理企业取得工程监理企业资质后不再符合相应资质条件的，资质许可机关根据利害关系人的请求或者依据职权，责令其限期改正；逾期不改的，可以撤回其资质。

3. 工程监理企业资质等级标准

工程监理企业资质分为综合资质、专业资质和事务所资质。其中，专业资质按照工程性质和技术特点划分为若干工程类别。综合资质、事务所资质不分级别。专业资质分为甲级、乙级，其中，房屋建筑、水利水电、市政公用专业资质可设立丙级。工程监理企业的资质等级标准如下：

1）综合资质标准

（1）具有独立法人资格且注册资本不少于 600 万元。

（2）企业技术负责人应为注册监理工程师，并具有 15 年以上从事工程建设工作的经历或者具有工程类高级职称。

（3）具有 5 个以上工程类别的专业甲级工程监理资质。

（4）注册监理工程师不少于 60 人，注册造价工程师不少于 5 人，一级注册建造师、一级注册建筑师、一级注册结构工程师或者其他勘查设计注册工程师合计不少于 15 人。

（5）企业具有完善的组织结构和质量管理体系，有健全的技术、档案等管理制度。

（6）企业具有必要的工程试验检测设备。

（7）申请工程监理资质之日前一年内没有《工程监理企业资质管理规划》第十六条禁止的行为。

（8）申请工程监理资质之日前一年内没有因本企业监理责任造成重大质量事故。

（9）申请工程监理资质之日前一年内没有因本企业监理责任发生三级以上工程建设重大安全事故或者发生两起以上四级工程建设安全事故。

2）专业甲级资质标准

（1）具有独立法人资格且注册资本不少于300万元。

（2）企业技术负责人应为注册监理工程师，并具有15年以上从事工程建设工作的经历或者具有工程类高级职称。

（3）注册监理工程师、注册造价工程师、一级注册建造师、一级注册建筑师、一级注册结构工程师或者其他勘查设计注册工程师合计不少于25人次；其中，相应专业注册监理工程师不少于专业资质注册监理工程师人数配备表（表3-1）中要求配备的人数，注册造价工程师不少于2人。

表3-1　专业资质注册监理工程师人数配备表　　　　　　　　　　　人

序号	工程类别	甲级	乙级	丙级	序号	工程类别	甲级	乙级	丙级
1	房屋建筑工程	15	10	5	8	铁路工程	23	14	
2	冶炼工程	15	10		9	公路工程	20	12	5
3	矿山工程	20	12		10	港口与航道工程	20	12	
4	化工石油工程	15	10		11	航天航空工程	20	12	
5	水利水电工程	20	12	5	12	通信工程	20	12	
6	电力工程	15	10		13	市政公用工程	15	10	5
7	农林工程	15	10		14	机电安装工程	15	10	

注：表中各专业资质注册监理工程师人数配备是指企业取得本专业工程类别注册的注册监理工程师人数。

（4）企业近2年内独立监理过3个以上相应专业的二级工程项目，但是，具有甲级设计资质或一级及以上施工总承包资质的企业申请本专业工程类别甲级资质的除外。

（5）企业具有完善的组织结构和质量管理体系，有健全的技术、档案等管理制度。

（6）企业具有必要的工程试验检测设备。

（7）申请工程监理资质之日前一年内没有《工程监理企业资质管理规定》第十六条禁止的行为。

（8）申请工程监理资质之日前一年内没有因本企业监理责任造成重大质量事故。

（9）申请工程监理资质之日前一年内没有因本企业监理责任发生三级以上工程建设重大安全事故或者发生两起以上四级工程建设安全事故。

（10）为深入推进建筑业"放管服"改革，进一步优化建筑企业资质管理，住房和城乡建设部办公厅发布了《关于调整工程监理企业甲级资质标准注册人员指标的通知》（建办市〔2018〕61号），通知中要求

① 自2019年2月1日起，审查工程监理专业甲级资质（含升级、延续、变更）申请时，对注册类人员指标，按相应专业乙级资质标准要求核定。例如：房屋建筑工程监理甲级资质的房屋建筑工程注册监理工程师人数要求由15人调整为10人。

② 各级住房和城乡建设主管部门要加强对施工现场监理企业是否履行监理义务的监督检查，重点加强对注册监理工程师在岗执业履职行为的监督检查，确保工程质量和施工安全，

切实维护建筑市场秩序，促进工程监理行业持续健康发展。

3）专业乙级资质标准

（1）具有独立法人资格且注册资本不少于 100 万元。

（2）企业技术负责人应为注册监理工程师，并具有 10 年以上从事工程建设工作的经历。

（3）注册监理工程师、注册造价工程师、一级注册建造师、一级注册建筑师、一级注册结构工程师或者其他勘查设计注册工程师合计不少于 15 人次。其中，相应专业注册监理工程师不少于专业资质注册监理工程师人数配备表（表 3-1）中要求配备的人数，注册造价工程师不少于 1 人。

（4）有较完善的组织结构和质量管理体系，有技术、档案等管理制度。

（5）有必要的工程试验检测设备。

（6）申请工程监理资质之日前一年内没有《工程监理企业资质管理规定》第十六条禁止的行为。

（7）申请工程监理资质之日前一年内没有因本企业监理责任造成重大质量事故。

（8）申请工程监理资质之日前一年内没有因本企业监理责任发生三级以上工程建设重大安全事故或者发生两起以上四级工程建设安全事故。

4）专业丙级资质标准

（1）具有独立法人资格且注册资本不少于 50 万元。

（2）企业技术负责人应为注册监理工程师，并具有 8 年以上从事工程建设工作的经历。

（3）相应专业的注册监理工程师不少于专业资质注册监理工程师人数配备表（表 3-1）中要求配备的人数。

（4）有必要的质量管理体系和规章制度。

（5）有必要的工程试验检测设备。

5）事务所资质标准

（1）取得合伙企业营业执照，具有书面合作协议书。

（2）合伙人中有 3 名以上注册监理工程师，合伙人均有 5 年以上从事建设工程监理的工作经历。

（3）有固定的工作场所。

（4）有必要的质量管理体系和规章制度。

（5）有必要的工程试验检测设备。

4. 工程监理企业的业务范围

工程监理企业可以开展相应类别建设工程的项目管理、技术咨询等业务。工程监理企业资质相应许可的业务范围如下：

（1）综合资质：可以承担所有专业工程类别建设工程项目的工程监理业务。

（2）专业甲级资质：可承担相应专业工程类别建设工程项目的工程监理业务（见表3-2）。

表3-2　专业工程类别和等级表

序号	工程类别		一级	二级	三级
1	房屋建筑工程	一般公共建筑	28层以上；36 m跨度以上（轻钢结构除外）；单项工程建筑面积3万平方米以上	14~28层；24~36 m跨度（轻钢结构除外）；单项工程建筑面积1万~3万平方米	14层以下；24 m跨度以下（轻钢结构除外）；单项工程建筑面积1万平方米以下
		高耸构筑工程	高度120 m以上	高度70~120 m	高度70 m以下
		住宅工程	小区建筑面积12万平方米以上；单项工程28层以上	建筑面积6万~12万平方米；单项工程14~28层	建筑面积6万平方米以下；单项工程14层以下
2	冶炼工程	钢铁冶炼、连铸工程	年产100万吨以上；单座高炉炉容1 250 m³以上；单座公称容量转炉100 t以上，电炉50 t以上；连铸年产100万吨以上或板坯连铸单机1 450 mm以上	年产100万吨以下；单座高炉炉容1 250 m³以下；单座公称容量转炉100 t以下，电炉50 t以下；连铸年产100万吨以下或板坯连铸单机1 450 mm以下	
		轧钢工程	热轧年产100万吨以上，装备连续、半连续轧机；冷轧带板年产100万吨以上，冷轧线材年产30万吨以上或装备连续、半连续轧机。	热轧年产100万吨以下，装备连续、半连续轧机；冷轧带板年产100万吨以下，冷轧线材年产30万吨以下或装备连续、半连续轧机	
		冶炼辅助工程	炼焦工程年产50万吨以上或炭化室高度4.3 m以上；单台烧结机100 m²以上；小时制氧300 m³以上	炼焦工程年产50万吨以下或炭化室高度4.3米以下；单台烧结机100平方米以下，每小时制氧300 m³以下	
		有色冶炼工程	有色冶炼年产10万吨以上；有色金属加工年产5万吨以上；氧化铝工程40万吨以上	有色冶炼年产10万吨以下；有色金属加工年产5万吨以下；氧化铝工程40万吨以下	
		建材工程	水泥日产2 000 t以上；浮化玻璃日熔量400 t以上；池窑拉丝玻璃纤维、特种纤维；特种陶瓷生产线工程	水泥日产2 000 t以下；浮化玻璃日熔量400 t以下；普通玻璃生产线；组合炉拉丝玻璃纤维；非金属材料、玻璃钢、耐火材料、建筑及卫生陶瓷厂工程	

序号	工程类别		一级	二级	三级
3	矿山工程	煤矿工程	年产 120 万吨以上的井工矿工程；年产 120 万吨以上的洗选煤工程；深度 800 m 以上的立井井筒工程；年产 400 万吨以上的露天矿山工程	年产 120 万吨以下的井工矿工程；年产 120 万吨以下的洗选煤工程；深度 800 m 以下的立井井筒工程：年产 400 万吨以下的露天矿山工程	
		冶金矿山工程	年产 100 万吨以上的黑色矿山采选工程；年产 100 万吨以上的有色砂矿采、选工程；年产 60 万吨以上的有色脉矿采、选工程	年产 100 万吨以下的黑色矿山采选工程；年产 100 万吨以下的有色砂矿采、选工程；年产 60 万吨以下的有色脉矿采、选工程	
		化工矿山工程	年产 60 万吨以上的磷矿、硫铁矿工程	年产 60 万吨以下的磷矿、硫铁矿工程	
		铀矿工程	年产 10 万吨以上的铀矿；年产 200 t 以上的铀选冶	年产 10 万吨以下的铀矿；年产 200 t 以下的铀选冶	
		建材类非金属矿工程	年产 70 万吨以上的石灰石矿；年产 30 万吨以上的石膏矿、石英砂岩矿	年产 70 万吨以下的石灰石矿；年产 30 万吨以下的石膏矿、石英砂岩矿	
4	化工石油工程	油田工程	原油处理能力 150 万吨/年以上；天然气处理能力 150 万方/天以上；产能 50 万吨以上及配套设施	原油处理能力 150 万吨/年以下；天然气处理能力 150 万方/天以下；产能 50 万吨以下及配套设施	
		油气储运工程	压力容器 8 MPa 以上；油气储罐 10 万立方米/台以上；长输管道 120 km 以上	压力容器 8 MPa 以下；油气储罐 10 万立方米/台以下；长输管道 120 km 以下	
		炼油化工工程	原油处理能力在 500 万吨/年以上的一次加工及相应二次加工装置和后加工装置	原油处理能力在 500 万吨/年以下的一次加工及相应二次加工装置和后加工装置	
		基本原材料工程	年产 30 万吨以上的乙烯工程；年产 4 万吨以上的合成橡胶、合成树脂及塑料和化纤工程	年产 30 万吨以下的乙烯工程；年产 4 万吨以下的合成橡胶、合成树脂及塑料和化纤工程	

序号	工程类别		一级	二级	三级
4	化工石油工程	化肥工程	年产 20 万吨以上合成氨及相应后加工装置；年产 24 万吨以上磷氨工程	年产 20 万吨以下合成氨及相应后加工装置；年产 24 万吨以下磷氨工程	
		酸碱工程	年产硫酸 16 万吨以上；年产烧碱 8 万吨以上；年产纯碱 40 万吨以上	年产硫酸 16 万吨以下；年产烧碱 8 万吨以下；年产纯碱 40 万吨以下	
		轮胎工程	年产 30 万套以上	年产 30 万套以下	
		核化工及加工工程	年产 1 000 t 以上的铀转换化工工程；年产 100 t 以上的铀浓缩工程；总投资 10 亿元以上的乏燃料后处理工程；年产 200 t 以上的燃料元件加工工程；总投资 5 000 万元以上的核技术及同位素应用工程	年产 1 000 t 以下的铀转换化工工程；年产 100 t 以下的铀浓缩工程；总投资 10 亿元以下的乏燃料后处理工程；年产 200 t 以下的燃料元件加工工程；总投资 5 000 万元以下的核技术及同位素应用工程	
		医药及其他化工工程	总投资 1 亿元以上	总投资 1 亿元以下	
5	水利水电工程	水库工程	总库容 1 亿立方米以上	总库容 1 000～1 亿立方米	总库容 1 000 万立方米以下
		水力发电站工程	总装机容量 300 MW 以上	总装机容量 50 MW～300 MW	总装机容量 50 MW 以下
		其他水利工程	引调水堤防等级 1 级；灌溉排涝流量 5 m^3/s 以上；河道整治面积 30 万亩以上；城市防洪城市人口 50 万人以上；围垦面积 5 万亩以上；水土保持综合治理面积 1 000 km^2 以上	引调水堤防等级 2、3 级；灌溉排涝流量 0.5～5 m^3/s；河道整治面积 3 万～30 万亩；城市防洪城市人口 20 万～50 万人；围垦面积 0.5 万～5 万亩；水土保持综合治理面积 100～1 000 km^2	引调水堤防等级 4、5 级；灌溉排涝流量 0.5 m^3/s 以下；河道整治面积 3 万亩以下；城市防洪城市人口 20 万人以下；围垦面积 0.5 万亩以下；水土保持综合治理面积 100 km^2 以下
6	电力工程	火力发电站工程	单机容量 30 万千瓦以上	单机容量 30 万千瓦以下	
		输变电工程	330 kV 以上	330 kV 以下	
		核电工程	核电站；核反应堆工程		
7	农林工程	林业局（场）总体工程	面积 35 万公顷以上	面积 35 万公顷以下	

序号	工程类别		一级	二级	三级
7	农林工程	林产工业工程	总投资 5 000 万元以上	总投资 5 000 万元以下	
		农业综合开发工程	总投资 3 000 万元以上	总投资 3 000 万元以下	
		种植业工程	2 万亩以上或总投资 1 500 万元以上	2 万亩以下或总投资 1 500 万元以下	
		兽医/畜牧工程	总投资 1 500 万元以上	总投资 1 500 万元以下	
		渔业工程	渔港工程总投资 3 000 万元以上;水产养殖等其他工程总投资 1 500 万元以上	渔港工程总投资 3 000 万元以下;水产养殖等其他工程总投资 1 500 万元以下	
		设施农业工程	设施园艺工程 1 公顷以上;农产品加工等其他工程总投资 1 500 万元以上	设施园艺工程 1 公顷以下;农产品加工等其他工程总投资 1 500 万元以下	
		核设施退役及放射性三废处理处置工程	总投资 5 000 万元以上	总投资 5 000 万元以下	
8	铁路工程	铁路综合工程	新建、改建一级干线;单线铁路 40 km 以上;双线 30 km 以上及枢纽	单线铁路 40 km 以下;双线 30 km 以下;二级干线及站线;专用线、专用铁路	
		铁路桥梁工程	桥长 500 m 以上	桥长 500 m 以下	
		铁路隧道工程	单线 3 000 m 以上;双线 1 500 m 以上	单线 3 000 m 以下;双线 1 500 m 以下	
		铁路通信、信号、电力电气化工程	新建、改建铁路(含枢纽、配、变电所、分区亭)单双线 200 km 及以上	新建、改建铁路(不含枢纽、配、变电所、分区亭)单双线 200 km 及以下	
9	公路工程	公路工程	高速公路	高速公路路基工程及一级公路	一级公路路基工程及二级以下各级公路
		公路桥梁工程	独立大桥工程;特大桥总长 1 000 m 以上或单跨跨径 150 m 以上	大桥、中桥桥梁总长 30~1 000 m 或单跨跨径 20~150 m	小桥总长 30 m 以下或单跨跨径 20 m 以下;涵洞工程

序号	工程类别		一级	二级	三级
9	公路工程	公路隧道工程	隧道长度1 000 m以上	隧道长度500~1 000 m	隧道长度500 m以下
		其他工程	通信、监控、收费等机电工程；高速公路交通安全设施、环保工程和沿线附属设施	一级公路交通安全设施、环保工程和沿线附属设施	二级及以下公路交通安全设施、环保工程和沿线附属设施
10	港口与航道工程	港口工程	集装箱、件杂、多用途等沿海港口工程20 000 t级以上；散货、原油沿海港口工程30 000 t级以上；1 000 t级以上内河港口工程	集装箱、件杂、多用途等沿海港口工程20 000 t级以下；散货、原油沿海港口工程30 000 t级以下；1 000 t级以下内河港口工程	
		通航建筑与整治工程	1 000 t级以上	1 000 t级以下	
		航道工程	通航30 000 t级以上船舶沿海复杂航道；通航1 000 t级以上船舶的内河航运工程项目	通航30 000 t级以下船舶沿海航道；通航1 000 t级以下船舶的内河航运工程项目	
		修造船水工工程	10 000吨位以上的船坞工程；船体重量5 000吨位以上的船台、滑道工程	10 000吨位以下的船坞工程；船体重量5 000吨位以下的船台、滑道工程	
		防波堤、导流堤等水工工程	最大水深6 m以上	最大水深6 m以下	
		其他水运工程项目	建安工程费6 000万元以上的沿海水运工程项目；建安工程费4 000万元以上的内河水运工程项目	建安工程费6 000万元以下的沿海水运工程项目；建安工程费4 000万元以下的内河水运工程项目	
11	航天航空工程	民用机场工程	飞行区指标为4E及以上及其配套工程	飞行区指标为4D及以下及其配套工程	
		航空飞行器	航空飞行器（综合）工程总投资1亿元以上；航空飞行器（单项）工程总投资3 000万元以上	航空飞行器（综合）工程总投资1亿元以下；航空飞行器（单项）工程总投资3 000万元以下	
		航天空间飞行器	工程总投资3 000万元以上；面积3 000 m²以上；跨度18 m以上	工程总投资3 000万元以下；面积3 000 m²以下；跨度18 m以下	

续表

序号	工程类别		一级	二级	三级
12	通信工程	有线、无线传输通信工程；卫星、综合布线	省际通信、信息网络工程	省内通信、信息网络工程	
		邮政、电信、广播枢纽及交换工程	省会城市邮政、电信枢纽	地市级城市邮政、电信枢纽	
		发射台工程	总发射功率 500 kW 以上短波或 600 kW 以上中波发射台；高度 200 m 以上广播电视发射塔	总发射功率 500 kW 以下短波或 600 kW 以下中波发射台；高度 200 m 以下广播电视发射塔	
13	市政公用工程	城市道路工程	城市快速路、主干路；城市互通式立交桥及单孔跨径 100 m 以上桥梁；长度 1 km 以上的隧道工程	城市次干路工程；城市分离式立交桥及单孔跨径 100 m 以下的桥梁；长度 1 km 以下的隧道工程	城市支路工程、过街天桥及地下通道工程
		给水排水工程	10 万吨/日以上的给水厂；5 万吨/日以上污水处理工程；3 m³/s 以上的给水、污水泵站；15 m³/s 以上的雨泵站；直径 2.5 m 以上的给排水管道	2 万～10 万吨/日的给水厂；1 万～5 万吨/日污水处理工程；1～3 m³/s 的给水、污水泵站；5～15 m³/s 的雨泵站；直径 1～2.5 m 的给水管道；直径 1.5～2.5 m 的排水管道	2 万吨/日以下的给水厂；1 万吨/日以下污水处理工程；1 m³/s 以下的给水、污水泵站；5 m³/s 以下的雨泵站；直径 1 米以下的给水管道；直径 1.5 m 以下的排水管道
		燃气热力工程	总储存容积 1 000 m³ 以上液化气贮罐场（站）；供气规模 15 万立方米/日以上的燃气工程；中压以上的燃气管道、调压站；供热面积 150 万平方米以上的热力工程	总储存容积 1 000 m³ 以下的液化气贮罐场（站）；供气规模 15 万立方米/日以下的燃气工程；中压以下的燃气管道、调压站；供热面积 50 万～150 万平方米的热力工程	供热面积 50 万平方米以下的热力工程
		垃圾处理工程	1 200 t/d 以上的垃圾焚烧和填埋工程	500～1 200 t/d 的垃圾焚烧及填埋工程	500 t/d 以下的垃圾焚烧及填埋工程
		地铁轻轨工程	各类地铁轻轨工程		
		风景园林工程	总投资 3 000 万元以上	总投资 1 000 万～3 000 万元	总投资 1 000 万元以下
14	机电安装工程	机械工程	总投资 5 000 万元以上	总投资 5000 万以下	
		电子工程	总投资 1 亿元以上；含有净化级别 6 级以上的工程	总投资 1 亿元以下；含有净化级别 6 级以下的工程	
		轻纺工程	总投资 5 000 万元以上	总投资 5 000 万以下	

序号	工程类别		一级	二级	三级
14	机电安装工程	兵器工程	建安工程费3 000万元以上的坦克装甲车辆、炸药、弹箭工程；建安工程费2 000万元以上的枪炮、光电工程；建安工程费1 000万元以上的防化民爆工程	建安工程费3000万元以下的坦克装甲车辆、炸药、弹箭工程；建安工程费2 000万元以下的枪炮、光电工程；建安工程费1 000万元以下的防化民爆工程	
		船舶工程	船舶制造工程总投资1亿元以上；船舶科研、机械、修理工程总投资5 000万元以上	船舶制造工程总投资1亿元以下；船舶科研、机械、修理工程总投资5 000万元以下	
		其他工程	总投资5 000万元以上	总投资5 000万元以下	

注：① 表中的"以上"含本数，"以下"不含本数。

② 未列入本表中的其他专业工程，由国务院有关部门按照有关规定在相应的工程类别中划分等级。

③ 房屋建筑工程包括结合城市建设与民用建筑修建的附建人防工程。

（3）专业乙级资质：可承担相应专业工程类别二级以下（含二级）建设工程项目的工程监理业务（见表3-2）。

（4）专业丙级资质：可承担相应专业工程类别三级建设工程项目的工程监理业务（见表3-2）。

（5）事务所资质：可承担三级建设工程项目的工程监理业务（见表3-2），但是，国家规定必须实行强制监理的工程除外。

工程监理企业不得有下列行为：

（1）与建设单位串通投标或者与其他工程监理企业串通投标，以行贿手段谋取中标。

（2）与建设单位或者施工单位串通弄虚作假、降低工程质量。

（3）将不合格的建设工程、建筑材料、建筑构配件和设备按照合格签字。

（4）超越本企业资质等级或以其他企业名义承揽监理业务。

（5）允许其他单位或个人以本企业的名义承揽工程。

（6）将承揽的监理业务转包。

（7）在监理过程中实施商业贿赂。

（8）涂改、伪造、出借、转让工程监理企业资质证书。

（9）其他违反法律法规的行为。

工程监理企业违法从事工程监理活动的，违法行为发生地的县级以上地方人民政府建设主管部门应当依法查处，并将违法事实、处理结果或处理建议及时报告该工程监理企业资质的许可机关。

工程监理企业应当按照有关规定，向资质许可机关提供真实、准确、完整的工程监理企业的信用档案信息。工程监理企业的信用档案应当包括基本情况、业绩、工程质量和安全、合同违约等情况。被投诉举报和处理、行政处罚等情况应当作为不良行为记入其信用档案。工程监理企业的信用档案信息按照有关规定向社会公示，公众有权查阅。

5. 工程监理企业资质的申请和审批

申请综合资质、专业甲级资质的，应当向企业工商注册所在地的省、自治区、直辖市人民政府建设主管部门提出申请。省、自治区、直辖市人民政府建设主管部门应当自受理申请之日起 20 日内初审完毕，并将初审意见和申请材料报国务院建设主管部门。国务院建设主管部门应当自省、自治区、直辖市人民政府建设主管部门受理申请材料之日起 60 日内完成审查，公示审查意见，公示时间为 10 日。其中，涉及铁路、交通、水利、通信、民航等专业工程监理资质的，由国务院建设主管部门送国务院有关部门审核。国务院有关部门应当在 20 日内审核完毕，并将审核意见报国务院建设主管部门。国务院建设主管部门根据初审意见审批。

专业乙级、丙级资质和事务所资质由企业所在地省、自治区、直辖市人民政府建设主管部门审批。延续的实施程序由省、自治区、直辖市人民政府建设主管部门依法确定。省、自治区、直辖市人民政府建设主管部门应当自做出决定之日起 10 日内，将准予资质许可的决定报国务院建设主管部门备案。

申请工程监理企业资质，应当提交以下材料：

（1）工程监理企业资质申请表（一式三份）及相应电子文档；

（2）企业法人、合伙企业营业执照；

（3）企业章程或合伙人协议；

（4）企业法定代表人、企业负责人和技术负责人的身份证明、工作简历及任命（聘用）文件；

（5）工程监理企业资质申请表中所列注册监理工程师及其他注册执业人员的注册执业证书；

（6）有关企业质量管理体系、技术和档案等管理制度的证明材料；

（7）有关工程试验检测设备的证明材料。

取得专业资质的企业申请晋升专业资质等级或者取得专业甲级资质的企业申请综合资质的，除前款规定的材料外，还应当提交企业原工程监理企业资质证书正、副本复印件，企业《监理业务手册》及近两年已完成代表工程的监理合同、监理规划、工程竣工验收报告及监理工作总结。

资质有效期届满，工程监理企业需要继续从事工程监理活动的，应当在资质证书有效期届满 60 日前，向原资质许可机关申请办理延续手续。对在资质有效期内遵守有关法律、法规、规章、技术标准，信用档案中无不良记录，且专业技术人员满足资质标准要求的企业，经资质许可机关同意，有效期延续 5 年。工程监理企业在资质证书有效期内名称、地址、注册资本、法定代表人等发生变更的，应当在工商行政管理部门办理变更手续后 30 日内办理资质证书变更手续。涉及综合资质、专业甲级资质证书中企业名称变更的，由国务院建设主管部门负责办理，并自受理申请之日起 3 日内办理变更手续。

上述规定以外的资质证书变更手续，由省、自治区、直辖市人民政府建设主管部门负责办理。省、自治区、直辖市人民政府建设主管部门应当自受理申请之日起 3 日内办理变更手续，并在办理资质证书变更手续后 15 日内将变更结果报国务院建设主管部门备案。

申请资质证书变更，应当提交以下材料：

（1）资质证书变更的申请报告；

（2）企业法人营业执照副本原件；

（3）工程监理企业资质证书正、副本原件。

工程监理企业改制的，除上述规定材料外，还应当提交企业职工代表大会或股东大会关于企业改制或股权变更的决议、企业上级主管部门关于企业申请改制的批复文件。

工程监理企业合并的，合并后存续或者新设立的工程监理企业可以承继合并前各方中较高的资质等级，但应当符合相应的资质等级条件。

工程监理企业分立的，分立后企业的资质等级，根据实际达到的资质条件，按照本规定的审批程序核定。

企业需增补工程监理企业资质证书的（含增加、更换、遗失补办），应当持资质证书增补申请及电子文档等材料向资质许可机关申请办理。遗失资质证书的，在申请补办前应当在公众媒体刊登遗失声明。资质许可机关应当自受理申请之日起 3 日内予以办理。

6.《公路水运工程监理企业资质管理规定》主要内容

为加强公路、水运工程监理企业的资质管理，规范公路、水运建设市场秩序，保证公路、水运工程建设质量，根据《建设工程质量管理条例》，2018 年 7 月实施的《公路水运工程监理企业资质管理规定》中页规定了公路水运相关的监理企业资质相关内容。

1）资质等级和从业范围

公路、水运工程监理企业资质按专业划分为公路工程和水运工程两个专业。

公路工程专业监理资质分为甲级、乙级、丙级三个等级和特殊独立大桥专项、特殊独立隧道专项、公路机电工程专项；水运工程专业监理资质分为甲级、乙级、丙级三个等级和水运机电工程专项。

公路、水运工程监理企业应当按照其取得的资质等级在下列业务范围内开展监理业务：

（1）取得公路工程专业甲级监理资质，可在全国范围内从事一、二、三类公路工程、桥梁工程、隧道工程项目的监理业务。

（2）取得公路工程专业乙级监理资质，可在全国范围内从事二、三类公路工程、桥梁工程、隧道工程项目的监理业务。

（3）取得公路工程专业丙级监理资质，可在企业所在地的省级行政区域内从事三类公路工程、桥梁工程、隧道工程项目的监理业务。

（4）取得公路工程专业特殊独立大桥专项监理资质，可在全国范围内从事特殊独立大桥项目的监理业务。

（5）取得公路工程专业特殊独立隧道专项监理资质，可在全国范围内从事特殊独立隧道项目的监理业务。

（6）取得公路工程专业公路机电工程专项监理资质，可在全国范围内从事各等级公路、桥梁、隧道工程通讯、监控、收费等机电工程项目的监理业务。

（7）取得水运工程专业甲级监理资质，可在全国范围内从事大、中、小型水运工程项目的监理业务。

（8）取得水运工程专业乙级监理资质，可在全国范围内从事中、小型水运工程项目的监理业务。

（9）取得水运工程专业丙级监理资质，可在企业所在地的省级行政区域内从事小型水运工程项目的监理业务。

（10）取得水运工程专业水运机电工程专项监理资质，可在全国范围内从事水运机电工程项目的监理业务。

公路、水运工程监理业务的分级标准见表 3-3、表 3-4。

表 3-3　公路工程分级标准

序号	工程类别	级　别		
		一类	二类	三类
1	公路工程	高速公路	高速公路路基工程及一级公路	一级公路路基工程及二级以下各级公路
2	桥梁工程	特大桥	大桥、中桥	小桥、涵洞
3	隧道工程	特长隧道、长隧道	中隧道	短隧道
4	特殊独立大桥	主跨 250 m 以上钢筋混凝土拱桥、单跨 250 m 以上预应力混凝土连续结构、400 m 以上斜拉桥、800 m 以上悬索桥等结构复杂的独立特大桥项目		
5	特殊独立隧道	大于 3 000 m 的独立特长隧道项目		
6	公路机电工程	通信、监控、收费等机电工程		

注：本表使用术语含义与现行《公路工程技术标准》（JTG B01—2014）规定一致。一、二、三类分级标准中含配套的交通安全设施、环保工程和沿线附属设施，不含各专项内容。

表 3-4　水运工程分级标准

序号	建设项目		计量方式	大型	中型	小型
1	沿海港口工程	集装箱、件杂、多用途等	吨级	≥20 000	10 000～20 000	< 10 000
		散货、原油	吨级	≥30 000	10 000～30 000	< 10 000
2	内河港口工程		吨级	≥1 000	300～1 000	< 300
3	通航建筑与整治工程		吨级	≥1 000	300～1 000	< 300
4	航道工程	沿海	吨级	≥30 000	10 000～30 000	< 10 000
		内河	吨级	≥1 000	300～1 000	< 300

序号	建设项目		计量方式	大型	中型	小型
5	修造船水工工程	船坞	船舶吨级	≥10 000	3 000~10 000	<3 000
		船台、滑道	船体重量	≥5 000	1 000~5 000	<1 000
6	防波堤、导流堤等水工工程		最大水深/m	≥6	<6	
7	其他水运工程项目	沿海	受监的建安工程费/万元	≥6 000	2 000~6 000	<2 000
		内河	受监的建安工程费/万元	≥4 000	1 000~4 000	<1 000

2）公路工程监理企业资质等级条件

（1）甲级监理资质条件。

① 人员、业绩和人员结构条件。

企业负责人和技术负责人中至少有 2 人具有公路或者相关专业高级技术职称，10 年以上从事公路、桥梁、隧道工程工作经历，5 年以上监理或者建设管理工作经历，已取得监理工程师资格。

企业拥有中级职称以上各类专业技术人员不少于 50 人。其中，持监理工程师资格证书的人数不少于 30 人，工程系列高级专业技术职称人数不少于 10 人；高、中级经济师，高、中级会计师或者造价工程师不少于 3 人。上述各类人员中，与企业签订 3 年以上劳动合同的人数不低于 70%。

企业具有公路工程乙级监理资质，且具备不少于 5 项二类企业监理业绩，其中桥梁、隧道类业绩不超过 2 项。持监理工程师证书人员中，不少于 9 人具有 2 项一类工程监理业绩，不少于 3 人具有高级驻地监理工程师经历。上述人员与企业签订的劳动合同期限不少于 3 年。

企业各类专业技术人员结构合理。主要包括路基路面、桥隧结构、试验检测、工程地质、工程经济、合同管理等专业人员。

② 企业拥有材料、路基路面等工程试验检测设备和测量放样等仪器，具备建立工地试验室条件。

③ 企业具有完善的规章制度和组织体系。

④ 企业作为工程质量安全事故当事人，已经有关主管部门认定无责任，或者虽受到有关主管部门的行政处罚但处罚实施已满 1 年。

⑤ 企业信誉良好。最近一期公路建设市场全国综合信用评价等级不低于 A 级。

⑥ 甲级监理资质延续，应当满足上述第①、②、③项条件，并符合下列要求，但第①项条件中的企业业绩、监理工程师的个人业绩和经历不再考核：原资质有效期内，监理企业具备 2 项一类业绩，或者同时具备 1 项一类和 2 项二类工程业绩。最近两期公路建设市场全国综合信用评价等级为 B 级以上（含 B 级）。

（2）乙级监理资质条件。

① 人员、业绩和人员结构条件。

企业负责人和技术负责人中至少有 2 人具有公路或者相关专业中级技术职称，8 年以上从事公路、桥梁、隧道工程工作经历，3 年以上监理或者建设管理工作经历，已取得监理工程师资格。

企业拥有中级职称以上各类专业技术人员不少于 30 人。其中，持监理工程师资格证书的人数不少于 18 人，工程系列高级专业技术职称人数不少于 5 人，经济师、会计师或者造价工程师不少于 2 人。上述各类人员中，与企业签订 3 年以上劳动合同的人数不低于 70%。

持监理工程师证书的人员中，不少于 9 人具有 2 项二类及以上工程监理业绩，不少于 3 人具有高级驻地监理工程师经历。上述人员与企业签订的劳动合同期限不少于 3 年。不具备前述监理工程师个人业绩及经历条件，但具备以下条件者视为符合条件：监理企业具备不少于 5 项三类工程业绩。

各类专业技术人员结构合理。主要包括路基路面、桥隧结构、试验检测、工程地质、工程经济、合同管理等专业人员。

② 企业拥有材料、路基路面等工程试验检测设备和测量放样等仪器，具有建立工地试验室的条件。

③ 企业具有完善的规章制度和组织体系。

④ 企业作为工程质量安全事故当事人，已经有关主管部门认定无责任，或者虽受到有关主管部门的行政处罚但处罚实施已满 1 年。

⑤ 企业信誉良好。最近一期公路建设市场全国综合信用评价等级不低于 A 级。

⑥ 乙级监理资质延续，应当满足上述第①、②、③项条件，并符合下列要求，但第①项条件中的企业业绩、监理工程师的个人业绩和经历不再考核：原资质有效期内，监理企业具备 2 项二类业绩，或者同时具备 1 项二类和 2 项三类工程业绩。最近两期公路建设市场全国综合信用评价等级为 B 级以上（含 B 级）。

（3）丙级监理资质条件。

① 人员、业绩和人员结构条件

企业负责人和技术负责人中至少有 2 人具有公路或者相关专业中级技术职称，5 年以上从事公路、桥梁、隧道工程工作经历，2 年以上监理或者建设管理工作经历，已取得监理工程师资格。

企业拥有中级职称以上各类专业技术人员不少于 20 人。其中，持监理工程师资格证书的人数不少于 8 人，工程系列高级专业技术职称人数不少于 3 人，经济师、会计师或者造价工程师不少于 1 人。上述各类人员中，与企业签订 3 年以上劳动合同的人数不低于 70%。

持监理工程师证书的人员中，不少于 3 人具有 2 项三类及以上工程监理业绩，上述人员与企业签订的劳动合同期限不少于 3 年。

各类专业技术人员结构合理。主要包括路基路面、桥隧结构、试验检测、工程地质、工程经济、合同管理等专业人员。

② 企业拥有必要的试验检测设备和测量放样仪器。

③ 企业拥有完善的规章制度和组织体系。

④ 企业作为工程质量安全事故当事人，已经有关主管部门认定无责任，或者虽受到有关主管部门的行政处罚但处罚实施已满 1 年。

⑤ 丙级监理资质延续应当满足本条第①、②、③、④项条件。

（4）特殊独立大桥专项监理资质条件。

① 已取得公路工程甲级监理资质。

② 持监理工程师证书人员中，有不少于20人具有特大桥监理业绩，上述人员与企业签订的劳动合同期限不少于3年。不具备本条前述条件，但具备以下条件者视为符合本条条件：监理企业具有4项以上特大桥监理业绩。

③ 企业作为工程质量安全事故当事人，已经有关主管部门认定无责任，或者虽受到有关主管部门的行政处罚但处罚实施已满1年。

④ 企业信誉良好。最近两期公路建设市场全国综合信用评价等级不低于A级。

⑤ 特殊独立大桥专项监理资质延续，应当满足上述第①项条件，并符合下列要求：原资质有效期内监理企业具备1项特殊独立大桥或者2项特大桥工程业绩。最近两期公路建设市场全国综合信用评价等级为B级以上（含B级）。

（5）特殊独立隧道专项监理资质条件。

① 已取得公路工程甲级监理资质。

② 持监理工程师证书人员中，有不少于20人具有特长隧道监理业绩，有不少于10人是隧道专业监理工程师，上述人员与企业签订的劳动合同期限不少于3年。不具备本条前述条件，但具备以下条件者视为符合本条条件：监理企业具有2项以上特长隧道监理业绩。

③ 企业作为工程质量安全事故当事人，已经有关主管部门认定无责任，或者虽受到有关主管部门的行政处罚但处罚实施已满1年。

④ 企业信誉良好。最近两期公路建设市场全国综合信用评价等级不低于A级。

⑤ 特殊独立隧道专项监理资质延续，应当满足上述第①项条件，并符合下列要求：原资质有效期内监理企业具备1项特殊独立隧道或者2项长隧道工程业绩。最近两期公路建设市场全国综合信用评价等级为B级以上（含B级）。

（6）公路机电工程专项监理资质条件。

① 人员、业绩和人员结构条件。

企业负责人和技术负责人中至少2人以上具有机电专业高级技术职称，8年以上从事相关专业工作经历，5年以上监理或者建设管理工作经历，已取得公路机电专业监理工程师资格。

企业拥有中级职称以上各类专业技术人员不少于30人。其中，持公路机电专业监理工程师资格证书人数不少于15人，高级专业技术职称人数不少于10人，经济师、会计师或者造价工程师不少于2人。上述各类人员中，与企业签订3年以上劳动合同的人数不低于70%。

持监理工程师证书人员中，不少于8人具有公路机电工程监理业绩，以上人员与企业签订的劳动合同期限不少于3年。

② 企业拥有公路机电工程所需的常用试验检测设备。

③ 企业具有完善的规章制度和组织体系。

④ 企业作为工程质量安全事故当事人，已经有关主管部门认定无责任，或者虽受到有关主管部门的行政处罚但处罚实施已满1年。

⑤ 企业信誉良好。最近一期公路建设市场全国综合信用评价等级不低于A级。

⑥ 公路机电工程专项监理资质延续，应当满足上述第①、②、③项条件，并符合下列要求，但第①项条件中的监理工程师的个人业绩和经历不再考核：原资质有效期内监理企业具备 2 项公路机电工程业绩。最近两期公路建设市场全国综合信用评价等级为 B 级以上（含 B 级）。

3）水运工程监理企业资质等级条件

（1）甲级监理资质条件。

① 人员、业绩和人员结构条件。

企业负责人中至少有 1 人具备 10 年以上水运工程建设的经历，具有监理工程师资格；技术负责人应当具有 15 年以上水运工程建设的经历，承担过大型水运工程项目的总监工作，具有水运工程系列高级专业技术职称和监理工程师资格。

企业拥有中级技术职称以上各类专业技术人员不少于 40 人。其中，持监理工程师资格证书的人员不少于 25 人，取得港口、航道监理工程师资格证书的人员不少于 18 人，工程系列高级技术专业职称人数不少于 10 人，经济师、会计师或者造价工程师不少于 2 人。上述各类人员中，与企业签订 3 年以上劳动合同的人数不低于 70%。

企业需具有水运工程乙级监理资质，且具备不少于 5 项中型水运工程监理业绩。持监理工程师资格证书人员中，不少于 9 人具有大型工程监理业绩，不少于 3 人具有大型工程监理项目负责人经历。上述人员与企业签订的劳动合同期限不少于 3 年。

各类专业技术人员结构合理。主要包括港口、航道、工民建、测量、试验检测、合同管理等专业人员。

② 企业拥有材料、土工等工程试验仪器和检测设备，具有建立工地试验室的条件。

③ 企业具有完善的规章制度和组织体系。

④ 企业作为工程质量安全事故当事人，已经有关主管部门认定无责任，或者虽受到有关主管部门的行政处罚但处罚实施已满 1 年。

⑤ 企业信誉良好。最近一期水运工程建设市场全国综合信用评价等级不低于 A 级。

⑥ 甲级监理资质延续，应当满足上述第①、②、③项条件，并符合下列要求，但第①项条件中的企业业绩、监理工程师的个人业绩和经历不再考核：原资质有效期内，监理企业具备 2 项大型水运工程业绩，或者同时具备 1 项大型水运工程业绩和 2 项中型水运工程业绩。最近两期公路建设市场全国综合信用评价等级为 B 级以上（含 B 级）。

（2）乙级监理资质条件。

① 人员、业绩和人员结构条件。

企业负责人中至少有 1 人具有 8 年以上水运工程建设的经历，具有监理工程师资格；技术负责人应当具有 10 年以上水运工程建设的经历，承担过中型水运工程项目的总监工作，具有水运工程系列高级专业技术职称和监理工程师资格。

企业拥有中级技术职称以上各类专业技术人员不少于 30 人。其中，持监理工程师资格证书的人员不少于 15 人，取得港口、航道监理工程师资格证书的人员不少于 10 人，工程系列高级技术专业职称人数不少于 5 人，经济师、会计师或者造价工程师不少于 1 人。上述各类人员中，与企业签订 3 年以上劳动合同的人数不低于 70%。

持监理工程师资格证书的人员中，不少于 5 人具有中型水运工程监理业绩，不少于 2 人具有中型水运工程监理项目负责人经历，上述人员与企业签订的劳动合同期限不少于 3 年。不具备前述监理工程师个人业绩及经历条件，但具备以下条件者视为符合条件：具备 5 项以上小型水运工程业绩。

各类专业技术人员结构合理。主要包括港口、航道、工民建、测量、试验检测、合同管理等专业人员。

② 企业拥有材料、土工等工程试验仪器和检测设备，具有建立工地试验室的条件。

③ 企业具有完善的规章制度和组织体系。

④ 企业作为工程质量安全事故当事人，已经有关主管部门认定无责任，或者虽受到有关主管部门的行政处罚但处罚实施已满 1 年。

⑤ 企业信誉良好。最近一期水运工程建设市场全国综合信用评价等级不低于 A 级。

⑥ 乙级监理资质延续，应当满足上述第①、②、③项条件，并符合下列要求，但第①项条件中的企业业绩、监理工程师的个人业绩和经历不再考核：原资质有效期内，监理企业具备 2 项中型水运工程业绩，或者同时具备 1 项中型水运工程业绩和 2 项小型水运工程业绩。最近两期公路建设市场全国综合信用评价等级为 B 级以上（含 B 级）。

（3）丙级监理资质条件。

① 人员、业绩和人员结构条件。

企业负责人中至少有 1 人具有 5 年以上水运工程建设的经历，具有监理工程师资格；技术负责人应当具有 8 年以上水运工程建设的经历，承担过小型水运工程项目的总监工作，具有水运工程监理工程师资格。

企业拥有中级技术职称以上各类专业技术人员不少于 15 人。其中，持监理工程师资格证书的人员不少于 8 人，工程系列高级技术专业职称人数不少于 3 人。上述各类人员中，与企业签订 3 年以上劳动合同的人数不低于 70%。

持监理工程师资格证书的人员中，不少于 3 人具有小型水运工程监理业绩，不少于 2 人具有小型水运工程监理项目负责人经历，上述人员与企业签订的劳动合同期限不少于 3 年。

② 企业具有完善的规章制度和组织体系。

③ 企业作为工程质量安全事故当事人，已经有关主管部门认定无责任，或者虽受到有关主管部门的行政处罚但处罚实施已满 1 年。

④ 丙级监理资质延续应当满足本条第①、②、③项条件。

（4）水运机电工程专项监理资质条件。

① 人员、业绩和人员结构条件。

企业负责人中至少有 1 人具备 10 年以上水运机电工程建设的经历，具有监理工程师资格；技术负责人应当具有 15 年以上水运机电工程建设的经历，承担过水运机电工程项目的总监工作，具有水运工程系列高级专业技术职称和水运机电监理工程师资格。

企业拥有中级技术职称以上各类专业技术人员不少于 25 人。其中，持监理工程师资格证书的人员不少于 15 人，取得机电监理工程师资格证书的人员不少于 10 人，工程系列高级技术专业职称人数不少于 10 人，经济师、会计师或者造价工程师不少于 2 人。上述各类人员中，与企业签订 3 年以上劳动合同的人数不低于 70%。

持监理工程师资格证书人员中，不少于 8 人具有水运机电工程监理业绩，不少于 3 人具有水运机电工程监理项目负责人经历，上述人员与企业签订的劳动合同期限不少于 3 年。

各类专业技术人员结构合理。主要包括机电、测量、试验检测、合同管理等专业人员。

② 企业拥有机电工程试验仪器和检测设备，具有建立工地试验室的条件。

③ 企业具有完善的规章制度和组织体系。

④ 企业作为工程质量安全事故当事人，已经有关主管部门认定无责任，或者虽受到有关主管部门的行政处罚但处罚实施已满 1 年。

⑤ 企业信誉良好。最近一期水运工程建设市场全国综合信用评价等级不低于 A 级。

⑥ 水运机电工程专项监理资质延续，应当满足上述第①、②、③项条件，并符合下列要求，但第①项条件中的监理工程师的个人业绩和经历不再考核：原资质有效期内，监理企业具备 2 项水运机电工程业绩。最近两期公路建设市场全国综合信用评价等级为 B 级以上（含 B 级）。

第 2 节　建设工程项目监理机构

项目监理机构是指工程监理单位派驻工程负责履行建设工程监理合同的组织机构。

项目监理机构的建立应遵循适应、精简、高效的原则，要有利于建设工程监理目标控制和合同管理，要有利于建设工程监理职责的划分和监理人员的分工协作，要有利于建设工程监理的科学决策和信息沟通。

项目监理机构的监理人员宜由一名总监理工程师、若干名专业监理工程师和监理员组成，且专业配套、数量应满足监理工作和建设工程监理合同对监理工作深度及建设工程监理目标控制的要求。除总监理工程师、专业监理工程师和监理员外，项目监理机构还可根据监理工作需要，配备文秘、翻译、司机和其他行政辅助人员。项目监理机构应根据建设工程不同阶段的需要配备数量和专业满足要求的监理人员，有序安排相关监理人员进退场。更换、调整项目监理机构监理人员，工程监理单位应做好交接工作，保持建设工程监理工作的连续性。考虑到工程规模及复杂程度，总监理工程师可以同时担任多个项目的总监理工程师，但同时担任总监理工程师工作的项目不得超过三项。

项目监理机构撤离施工现场前，应由工程监理单位书面通知建设单位，并办理相关移交手续。

建设工程监理单位在组建项目监理机构时，一般按以下步骤进行：

1）确定项目监理机构目标

建设工程监理目标是项目监理机构建立的前提，项目监理机构建立应根据委托监理合同中确定的监理目标，制定总目标并明确划分监理机构的分解目标。

2）确定监理工作内容

根据监理目标和委托监理合同中规定的监理任务，明确列出监理工作内容，并进行分类归并及组合。监理工作的归并及组合应便于监理目标控制，并综合考虑监理工程的组织管理模式、工程结构特点、合同工期要求、工程复杂程度、工程管理及技术特点，还应考虑监理单位自身组织管理水平、监理人员数量、技术业务特点等。

如果建设工程实施阶段全过程监理，监理工作划分可按设计阶段和施工阶段分别归并和组合。

3）项目监理机构的组织结构设计

（1）选择组织结构形式。

由于建设工程规模、性质、建设阶段等的不同，设计项目监理机构的组织结构时应选择适宜的组织结构形式以适应监理工作的需要。组织结构形式选择的基本原则是：有利于工程合同管理，有利于监理目标控制，有利于决策指挥，有利于信息沟通。

（2）合理确定管理层次与管理跨度。

项目监理机构中一般应有三个层次：

① 决策层。由总监理工程师和其他助手组成，主要根据建设工程委托监理合同的要求和监理活动内容进行科学化、程序化决策与管理。

② 中间控制层（协调层和执行层）。由各专业监理工程师组成，具体负责监理规划的落实，监理目标控制及合同实施的管理。

③ 作业层（操作层）。主要由监理员、检查员等组成，具体负责监理活动的操作实施。

项目监理机构中管理跨度的确定应考虑监理人员的素质，管理活动的复杂性和相似性，监理业务的标准化程度，各项规章制度的建立健全情况，建设工程的集中或分散情况等，按监理工作实际需要确定。

（3）项目监理机构部门划分。

项目监理机构中合理划分各职能部门，应依据监理机构目标、监理机构可利用的人力和物力资源以及合同结构情况，将投资控制、进度控制、质量控制、合同管理、组织协调等监理工作内容按不同的职能活动形成相应的管理部门。

（4）制定岗位职责及考核标准。

岗位职务及职责的确定，要有明确的目的性，不可因人设事。根据责权一致的原则，应进行适当的授权，以承担相应的职责；并应确定考核标准，对监理人员的工作进行定期考核，包括考核内容，考核标准及考核时间。

（5）选派监理人员。

根据监理工作的任务，选择适当的监理人员，包括总监理工程师、专业监理工程师和监理员，必要时可配备总监理工程师代表。监理人员的选择除应考虑个人素质外，还应考虑人员总体构成的合理性与协调性。

4）制定工作流程和信息流程

为使监理工作科学、有序进行，应按监理工作的客观规律制定工作流程和信息流程，规范化地开展监理工作。

第 3 节　建设工程项目监理组织

组织是为了达到某些特定的目标经由分工与合作及不同层次的权力和责任制度，并进行活动于运作的人的集合体。组织结构为职责的分配和确定奠定了基础，而组织的管理则是以机构和人员职责的分配和确定为基础的，利用组织结构可以评价组织的各个成员的功绩与过错，从而使组织的各项活动有效地开展起来。

1. 组织与组织机构

1）组织

从广义上说，组织是指由诸多要素按照一定方式相互联系起来的系统。从狭义上说，组织就是指人们为实现一定的目标，互相协作结合而成的集体或团体，如党团组织、工会组织、企业、军事组织等。狭义的组织专门指人群而言，运用于社会管理之中。在现代社会生活中，组织是人们按照一定的目的、任务和形式编制起来的社会集团，组织不仅是社会的细胞、社会的基本单元，而且可以说是社会的基础。

从管理学的角度，所谓组织，是指这样一个社会实体，它具有明确的目标导向和精心设计的结构与有意识协调的活动系统，同时又同外部环境保持密切的联系。

组织结构是指：对于工作任务如何进行分工、分组和协调合作。组织结构是表明组织各部分排列顺序、空间位置、聚散状态、联系方式及各要素之间相互关系的一种模式，是整个管理系统的"框架"。

组织结构是组织的全体成员为实现组织目标，在管理工作中进行分工协作，在职务范围、责任、权利方面所形成的结构体系。组织结构是组织在职、责、权方面的动态结构体系，其本质是为实现组织战略目标而采取的一种分工协作体系，组织结构必须随着组织的重大战略调整而调整。

2）组织的构成要素

（1）人——基本要素。组织由（两个或两个以上）的人组成，这些人为了共同的目标走到了一起，是唯一具有主观能动性的要素。

（2）共同目标——前提要素。组织拥有一个（经常更多）目的或目标。他们有目的和存在的理由。员工要认同共同目标，目标要分层次。

（3）结构——载体要素。他们有互相协调的手段，保证人们可以进行沟通、互动并交流他们的工作。由部门、岗位、职责、从属关系构成。

（4）管理——维持要素。为了实现目的，他们拥有一套计划、控制、组织和协调的流程。以计划、执行、监督、控制等手段保证目标的实现。

2. 建设工程管理组织基本模式

所谓工程项目管理组织是指为了实现工程项目目标而进行的组织系统的设计、建立和运行，建成一个可以完成工程项目管理任务的组织机构，建立必要的规章制度，划分并明确岗位、层次、责任和权力，并通过一定岗位人员的规范化行为和信息流通，实现管理目标。

建设工程管理组织是在整个工程项目中从事各种管理工作的人员的组合。工程项目的建设单位、承包商、设计单位、材料设备供应单位都有自己的工程管理组织，这些组织之间存在各种联系，有各种管理工作、责任和任务的划分，形成工程项目总体的管理组织系统。

1）平行承发包模式

所谓平行承发包，是指建设单位将建设工程的设计、施工以及材料设备采购的任务经过分解分别发包给若干个设计单位、施工单位和材料设备供应单位，并分别与各方签订合同。各设计单位之间的关系是平行的，各施工单位之间的关系也是平行的，各材料设备供应单位之间的关系也是平行的。

采用这种模式首先应合理地进行工程建设任务的分解，然后进行分类综合，确定每个合同的发包内容，以便选择适当的承建单位。进行任务分解与确定合同数量、内容时应考虑以下因素：

（1）工程情况。建设工程的性质、规模、结构等是决定合同数量和内容的重要因素。建设工程实施时间的长短、计划的安排也对合同数量有影响。

（2）市场情况。首先，由于各类承建单位的专业性质、规模大小在不同市场的分布状况不同，建设工程的分解发包应力求使其与市场结构相适应；其次，合同任务和内容对市场具有吸引力，中小合同对中小型承建单位有吸引力，又不妨碍大型承建单位参与竞争；另外，还应按市场惯例做法、市场范围和有关规定来决定合同内容和大小。

（3）贷款协议要求。对两个以上贷款人的情况，可能贷款人对贷款使用范围、承包人资格等有不同要求，因此，需要在确定合同结构时予以考虑。

平行承发包模式的优点：

（1）有利于缩短工期。设计阶段与施工阶段有可能形成搭接关系，从而缩短整个建设工程工期。

（2）有利于质量控制。整个工程经过分解分别发包给各承建单位，合同的约束与相互制约能使每一部分够较好地实现质量要求。

（3）有利于建设单位选择承建单位。大多数国家的建筑市场中，专业性强、规模小的承建单位一般占较大的比例。这种模式的合同内容比较单一、合同价值小、风险小，使它们有可能参与竞争。因此，无论大型承建单位还是中小型承建单位都有机会竞争。建设单位可在很大范围内选择承建单位，提高择优性。

平行承发包模式的缺点：

（1）合同数量多，会造成合同管理困难。合同关系复杂，使建设工程系统内结合部位数量增加，组织协调工作量大。加强合同管理的力度，加强各承建单位之间的横向协调工作。

（2）投资控制难度大。这主要表现在：一是总合同价不易确定，影响投资控制实施；二是工程招标任务量大，需控制多项合同价格，增加了投资控制难度；三是在施工过程中设计变更和修改较多，导致投资增加。

2）设计或施工总分包模式

所谓设计或施工总分包，是指建设单位将全部设计或施工任务发包给一个设计单位或一个施工单位作为总包单位，总包单位可以将其部分任务再分包给其他承包单位，形成一个设计总包合同或一个施工总包合同以及若干各分包合同的结构模式。

设计或施工总分包模式的优点：

（1）有利于建设工程的组织管理。工程合同数量比平行承发包模式要少很多，有利于建设单位的合同管理，也使建设单位协调工作量减少，可发挥监理工程师与总包单位多层次协调的积极性。

（2）有利于投资控制。总包合同价格可以较早确定，并且监理单位也易于控制。

（3）有利于质量控制。在质量方面，既有分包单位的自控，又有总包单位的监督，还有工程监理单位的检查认可，对质量控制有利。

（4）有利于工期控制。总包单位具有控制的积极性，分包单位之间也有相互制约的作用，有利于总体进度的协调控制，也有利于监理工程师控制进度。

设计或施工总分包模式的缺点：

（1）建设周期较长。在设计和施工均采用总分包模式时，由于设计图纸全部完成后才能进行施工总包的招标，不仅不能将设计阶段与施工阶段搭接，而且施工招标需要的时间也较长。

（2）总包报价可能较高。一方面，对于规模较大的建设工程来说，通常只有大型承建单位才具有总包的资格和能力，竞争相对不甚激烈；另一方面，对于分包出去的工程内容，总包单位都要在分包报价的基础上加收管理费向建设单位报价。

3）项目总承包模式

所谓项目总承包模式是指建设单位将工程设计、施工、材料和设备采购等工作全部发包给一家承包公司，由其进行实质性设计、施工和采购工作，最后向建设单位交出一个已达到使用条件的工程。按这种模式发包的工程也称"交钥匙工程"。

项目总承包模式的优点：

（1）合同关系简单，组织协调工作量小。合同关系大大简化，监理工程师主要与项目总承包单位进行协调。许多协调工作量转移到项目总承包单位内部及其与分包单位之间，这使建设工程监理单位的协调量大为减少。

（2）缩短建设周期。由于设计和施工由一个单位统筹安排，使两个阶段能够有机地融合，一般都能做到设计阶段与施工阶段相互搭接，因此对进度目标控制有利。

（3）利于投资控制。通过设计与施工的统筹考虑可以提高项目的经济性，从价值工程或全寿命费用的角度可以取得明显的经济效果，但并不意味着项目总承包的价格低。

项目总承包模式的缺点：

（1）招标发包工作难度大。合同条款不易准确确定，容易造成较多的合同争议。因此，虽然合同量最少，但是合同管理的难度一般较大。

（2）建设单位择优选择承包方范围小。由于承包范围大、介入项目时间早、工程信息未知数多，因此承包方要承担较大的风险，而有此能力的承包单位数量相对较少，往往导致竞争性降低，合同价格较高。

（3）质量控制难度大。究其原因，一是质量标准和功能要求不易做到全面、具体、准确，质量控制标准制约性受到影响；二是"他人控制"机制薄弱。

4）项目总承包管理模式

所谓项目总承包管理是指建设单位将工程建设任务发包给专门从事项目组织管理的单位，再由它分包给若干设计、施工和材料设备供应单位，并在实施中进行项目管理。项目总承包管理单位不直接进行设计与施工，没有自己的设计和施工力量。项目总承包管理与项目总承包不同之处在于：前者不直接进行设计与施工，没有自己的设计施工力量，而是将承接的设计与施工任务全部分包出去。他们专心致力于建设工程管理。后者有自己的设计、施工实体，是设计、施工、材料和设备采购的主要力量。

项目总承包管理模式的优点：

相对有利于合同管理、组织协调和进度控制。

项目总承包管理模式的缺点：

（1）监理工程师对分包的确认工作十分关键。

（2）项目总承包管理单位自身经济实力一般比较弱，而承担的风险相对较大。

上述四种建设工程管理组织基本模式各有优缺点，适用不同的工程，见表3-3。

表3-3　四种建设工程管理组织基本模式优缺点对比

	平行承发包模式	设计或施工总分包模式	项目总承包模式	项目总承包管理模式
优点	有利于缩短工期；有利于质量控制；建设单位选择承建单位范围大	有利于建设工程的组织管理，协调工作量减少；有利于投资控制；有利于质量控制；有利于工期控制	合同关系简单，组织协调工作量小；缩短建设周期；利于投资控制	合同关系简单、组织协调比较有利；进度控制也有利
缺点	合同数量多，组织协调工作量大；会造成合同管理困难；投资控制难度大	建设周期较长；总包报价可能较高	招标发包工作难度大，合同管理的难度一般较大；建设单位择优选择承包方范围小；质量控制难度大	监理工程师对分包的确认工作十分关键；采用这种承发包模式应持慎重态度

5）CM（Construction Management）模式

所谓CM模式，就是在采用快速路径法时，从建设工程的开始阶段就雇佣具有施工经验的CM单位（或CM经理）参与到建设工程实施工程中来，以便为设计人员提供施工方面的建议且随后负责管理施工过程。这种安排的目的是将建设工程的实施作为一个完整的过程来对待，并同时考虑设计和施工的因素，力求使建设工程在尽可能短的时间内，以尽可能经济的费用和满足要求的质量建成并投入使用。

CM 模式的类型：

（1）代理型 CM 模式（CM/Agency）。

这种模式又称为纯粹的 CM 模式。采用代理型 CM 模式时，CM 单位是建设单位的咨询单位，建设单位与 CM 单位签订咨询服务合同，CM 合同价就是 CM 费，其表现形式可以是百分率或固定数额的费用，或建设单位分别与多个施工单位签订所有的工程施工合同。

需要说明的是，CM 单位对设计单位没有指令权，只能向设计单位提出一些合理化建议，因而 CM 单位与设计单位之间是协调关系。这一点同样适用于非代理型 CM 模式。这也是 CM 模式与全过程建设项目管理的重要区别。

（2）非代理型 CM 模式（CM/Non-Agency）。

这种模式又称为风险型 CM 模式，在英国称为管理承包。采用非代理型 CM 模式时，建设单位一般不与施工单位签订工程施工合同，但也可能在某些情况下，对某些专业性很强的工程内容和工程专用材料、设备，建设单位与少数施工单位和材料、设备供应单位签订合同。建设单位与 CM 单位所签订的合同既包括 CM 服务的内容，也包括工程施工承包的内容；而 CM 单位则与施工单位和材料、设备供应单位签订合同。

CM 单位与施工单位之间看似是总分包关系，但实际上却与总分包模式有本质的不同，根本区别表现在：一方面，虽然 CM 单位与各个分包商直接签订合同，但 CM 单位对各分包商的资格预审、招标、议标和签约都对建设单位公开并必须经过建设单位的确认才有效；另一方面，由于 CM 单位介入工程时间较早（一般在设计阶段介入），且不承担设计任务，所以 CM 单位并不向建设单位直接报出具体数额的价格，而是报 CM 费，至于工程本身的费用则是今后 CM 单位与各分包商、供应商的合同价之和。

也就是说，CM 合同价由以上两部分组成，但在签订 CM 合同时，该合同价尚不是一个确定的具体数据，而主要是确定计价原则和方式，本质上属于成本加酬金合同的一种特殊形式。而采用非代理型 CM 模式，建设单位对工程费用不能直接控制，因此，在费用方面存在很大风险。为了促进 CM 单位加强费用控制工作，建设单位往往要求在 CM 合同中预先确定一个具体数额的保证最大价格（简称 GMP），包括总的工程费用和 CM 费。

从 CM 模式的特点来看，在以下几种情况下尤其能体现出它的优点：

（1）设计变更可能性较大的建设工程；

（2）时间因素最为重要的建设工程；

（3）因总的范围和规模不确定而无法准确定价的建设工程。

不论哪一种情况，应用 CM 模式都需要有具备丰富施工经验的高水平的 CM 单位，这可以说是应用 CM 模式的关键和前提条件。

6）EPC（Engineering-Procurement-Construction）模式

在 EPC 模式中，不仅包括具体的设计工作，而且可能包括整个建设工程内容的总体策划，以及整个建设工程实施组织管理的策划和具体工作。与项目总承包模式相比，EPC 模式将服务范围进一步向建设工程的前期延伸，建设单位只要大致说明一下投资意图和要求，其余工作均由 EPC 承包单位来完成。

EPC 模式特别适用于工厂、发电厂、石油开发和基础设施等建设工程。按照世界银行的定义，采购包括工程采购（通常主要是指施工招标）、服务采购和货物采购。EPC 模式中，即材料和工程设备的采购完全由 EPC 承包单位负责。与建设工程组织管理的其他模式比较，EPC 模式有以下几方面基本特征：

（1）承包商承担大部分风险。

在 EPC 模式条件下，由于承包商的承包范围包括设计，因而很自然地要承担设计风险。此外，在其他模式下均由建设单位承担的"一个有经验的承包商不可预见且无法合理防范的自然力的作用"的风险，在 EPC 模式中也由承包商承担。这种风险较为常见，一旦发生会引起费用增加和工期延误，承包商对此所享有的索赔权在 EPC 模式中不复存在，这无疑大大增加了承包商在工程实施工程中的风险。

在 EPC 标准合同条件中还有一些条款也加大了承包商的风险。例如，"现场数据"条款规定：承包商应负责核查和解释（建设单位提供的）此类数据，建设单位对数据的准确性、充分性和完整性不承担任何责任。"不可预见的困难"条款规定：签订合同时承包商应可以预见一切困难和费用，不能因任何没有预见的困难和费用而进行合同价格的调整，意味着，承包商不能得到费用和工期方面的补偿。

（2）建设单位或建设单位代表管理工程实施。

在 EPC 模式条件下，建设单位不聘请"工程师"来管理工程，而是自己或委派建设单位代表来管理工程。建设单位代表应是建设单位的全权代表。如果要更换建设单位代表，只需提前 14 天通知承包商，不需征得承包商的同意。与其他模式不同。

由于承包商已承担了工程建设的大部分风险，所以，与其他模式条件下工程师管理工程的情况相比，EPC 模式条件下建设单位或建设单位代表管理工程显得较为宽松，不太具体和深入。如，对承包商所应提交的文件仅仅是"审阅"，而在其他模式则是"审阅和批准"；对工程材料、工程设备的质量管理，虽然也有施工期间检验的规定，但重点是在竣工检验，必要时还可能有竣工后检验。

需要说明的是，FIDIC 在编制 EPC 合同条件时，基本出发点是建设单位参与工程管理工作很少，对大部分施工图纸不需要经过建设单位审批，但在实践中，建设单位或建设单位代表参与工程管理的深度并不统一。通常，如果建设单位自己管理工程，其参与程度不可能太深；但是如果委派建设单位代表则不同，有的工程中，委派某个建设项目管理公司作为其代表，对建设工程的实施从设计、采购到施工进行全面的严格管理。

（3）总价合同。

总价合同并不是 EPC 模式独有的，但是，与其他模式条件下的总价合同相比，EPC 合同更接近于固定总价合同（若法规变化仍允许调整合同价格）。通常，在国际工程承包中，固定总价合同仅用于规模小、工期短的工程。而 EPC 模式所适用的工程一般规模均较大、工期较长，且具有相当的技术复杂性。因此，在这类工程上采用接近固定的总价合同，也就称得上是它的特征了。EPC 模式下，建设单位允许承包商因费用变化而调价的情况是不多见的。建设单位根本不可能接受在专用条件中规定调价公式。

由于 EPC 模式具有上述特征，因而应用这种模式需具备以下条件：

（1）在招标阶段，建设单位应给予投标人充分的资料和时间。从工程本身来看，所包含的地下隐藏工作不能太多，承包商在投标前无法进行勘查的工作区域也不能太大。

（2）建设单位或建设单位代表不能过分地干预承包商的工作，也不要审批大多数的施工图纸。从质量控制的角度考虑，应突出对承包商过去业绩的审查，尤其是在其他采用 EPC 模式的工程上的业绩，并注重对承包商投标书中技术文件的审查以及质量保证体系的审查。

（3）由于采用总价合同，因而工程的期中支付款应由建设单位直接按合同规定支付。在 EPC 模式中，期中支付可以按月度支付，也可以按阶段支付；在合同中可以规定每次支付款的具体数额，也可以规定每次支付款占合同价的百分比。

如果建设单位在招标时不满足上述条件或不愿意接受其中某一条件，则该建设工程就不能采用 EPC 模式和 EPC 标准合同文件。这种情况下，FIDIC 建议采用工程设备和设计——建造合同条件。

7）Partnering 模式

（1）Partnering 的概念。

Partnering 模式意味着建设单位与建设工程参与各方在相互信任、资源共享的基础上达成一种短期或长期的协议，在充分考虑参与各方利益的基础上确定建设工程共同的目标，并建立工作小组，及时沟通以避免争议和诉讼的产生，相互合作、共同解决建设工程实施过程中出现的问题，共同分担工程风险和有关费用，以保证参与各方目标和利益的实现。

（2）Partnering 协议。

Partnering 协议不仅仅是建设单位与施工单位双方之间的协议，而需要建设工程参与各方共同签署，包括建设单位、总包商或主包商、主要的分包商、设计单位、咨询单位、主要的材料设备供应单位等。需注意两个问题：一是提出 Partnering 模式的时间可能与签订 Partnering 协议的时间相距甚远，通常由建设单位提出采用该模式，在策划阶段或设计阶段开始前就提出，但可能在施工阶段开始前才签订 Partnering 协议；二是 Partnering 协议的参与者未必一次性全部到位，例如最初该协议的签署方可能不包括材料设备供应单位。

需要说明的是，Partnering 协议没有确定的起草方，必须经过参与各方的充分讨论后确定该协议的内容，经参与各方一致同意后共同签署。目前尚没有标准、统一的 Partnering 协议的格式，其内容往往也因具体的建设工程和参与者的不同而有所不同。但是还是有许多共同点。

（3）Partnering 模式的特征。

① 出于自愿；

② 高层管理的参与；

③ Partnering 协议不是法律意义上的合同，Partnering 协议与工程合同是两个完全不同的文件。

④ 信息的开放性。

（4）Partnering 模式的要素：① 长期协议；② 共享；③ 信任；④ 共同的目标；⑤ 合作。

Partnering 模式总是与建设工程组织管理模式中的某一种模式结合使用的，较为常见的情况是与总分包模式、项目总承包模式、CM 模式结合使用。这表明，partnering 模式并不能作为一种独立存在的模式。从 partnering 模式的实践情况来看，并不存在什么适用范围的限制。

但是，partnering 模式的特点决定了它特别适用于以下几种类型的建设工程：

① 建设单位长期有投资活动的建设工程；

② 不宜采用公开招标或邀请招标的建设工程；

③ 复杂的不确定因素较多的建设工程；

④ 国际金融组织贷款的建设工程。

8）Project Controlling 模式

（1）Project Controlling 模式的概念。

Project Controlling 可直译为"项目控制"，项目控制方实质上是建设工程建设单位的决策支持机构。该模式的核心就是以工程信息流处理的结果（简称信息流）指导和控制工程的物质流。是适应大型建设工程建设单位高层管理人员决策需要而产生的。是工程咨询和信息技术相结合的产物。

项目控制模式的出现反映了建设项目管理专业化发展的一种新的趋势，即专业分工的细化。既可以是全过程、全方位的服务，也可以仅仅是某一阶段的服务或仅仅是某一方面的服务；既可以是建设工程实施过程中的实务性服务（旁站监理）或综合管理服务，也可以是为建设单位提供决策支持服务。

（2）项目控制模式的类型。

① 单平面项目控制模式。

当建设单位方只有一个管理平面（指独立的功能齐全的管理机构），一般只设置一个项目控制机构。

② 多平面项目控制模式。

当项目规模大到建设单位方必须设置多个管理平面时，项目控制方可以设置多个平面与之对应。

（3）项目控制模式与建设项目管理的比较。

由于项目控制是由建设项目管理发展而来，是建设项目管理的一个新的专业化方向。所以它们之间有一些相同点：

① 工作属性相同，即都属于工程咨询服务；

② 控制目标相同，即都是控制项目的投资、进度和质量三大目标；

③ 控制原理相同，即都是采用动态控制、主动控制与被动控制相结合并尽可能采用主动控制。

也有不同之处：

① 两者的服务对象不尽相同。建设项目管理咨询单位既可以为建设单位服务，也可能为设计单位和施工单位服务；而项目控制咨询单位只为建设单位服务。

② 两者的地位不同。都是为建设单位服务的前提下，建设项目管理咨询单位是在建设单位或建设单位代表的直接领导下，具体负责项目建设过程的管理工作，建设单位或建设单位代表可在合同规定的范围内向建设项目管理咨询单位在该项目上的具体工作人员下达指

令；而项目控制单位直接向建设单位的决策层负责，相当于建设单位决策层的智囊，为其提供决策支持，建设单位不向项目控制咨询单位在该项目上的具体工作人员下达指令。

③ 两者的服务时间不尽相同。建设项目管理咨询单位可以为建设单位仅仅提供施工阶段的服务，也可以为建设单位提供实施阶段全过程乃至工程建设全过程的服务，其中以实施阶段全过程服务在国际上最为普遍；而项目控制咨询单位一般不为建设单位仅仅提供施工阶段的服务，而是为建设单位提供实施阶段全过程和工程建设全过程的服务，甚至还可能提供项目策划阶段的服务。

④ 两者的工作内容不同。建设项目管理咨询单位围绕项目目标控制有许多具体工作；而项目控制咨询单位不参与项目具体的实施过程和管理工作，其核心工作是信息处理。

⑤ 两者的权力不同。由于建设项目管理咨询单位具体负责项目建设过程的管理工作，直接面对设计单位、施工单位以及材料和设备供应单位，因而对这些单位具有相应的权力，如下达开工令、暂停施工令、工程变更令等指令权，对已实施工程的验收权、对工程结算和索赔报告的审核与签署权，对分包商的审批权等；而项目控制咨询单位不直接面对这些单位，对这些单位没有任何指令权和其他管理方面的权力。

（4）应用 Project　Controlling 模式需要注意的问题。

① 模式一般适用于大型和特大型建设工程。

② 模式不能作为一种独立存在的模式。

③ 模式不能取代建设项目管理。

④ 咨询单位需要建设工程参与各方的配合。

在国家经济发展进入新常态，深化行政管理体制改革不断深化，市场需求多样化、高端化、集成化和国际化发展趋势大背景下，国务院办公厅发布了《关于促进建筑业持续健康发展的意见》（国办发〔2017〕第 19 号文件）在完善工程建设组织模式方面明确提出：

（1）要加快推进工程总承包。装配式建筑原则采用工程总承包模式，明确了建筑工程产品生产企业发展方向组织模式是工程总承包。

（2）要培育全过程工程咨询。努力发展包括投资、勘查、设计、监理、招投标、造价等全过程工程咨询，明确了建筑产品服务企业发展方向组织模式是全过程工程咨询。

3.　建设工程监理组织模式

1）直线式监理组织模式

这种模式自上而下实行垂直领导，不设职能机构，可设职能人员协助主管工作人员工作，总监理工程师作为履行项目监理合同的总负责人对建设单位负责，并领导监理工作。监理人员的任务是总监理工程师领导下分别进行费用控制、进度控制、质量控制、安全控制、环保控制、合同管理、信息管理、组织协调等方面的工作。适用于能划分为若干相对独立的子项目的大、中型建设工程，可以按子项目、按建设阶段、按专业内容分解。主要优点是组织机构简单，权力集中，命令统一，职责分明，决策迅速，隶属关系明确。缺点是实行没有职能部门的"个人管理"，这就要求总监理工程师博晓各种业务，通晓多种知识技能，成为"全能"式人物。

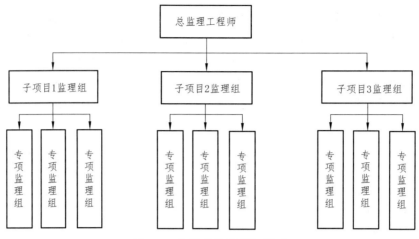

图 3-1　直线式监理组织模式

2）职能式监理组织模式

在这种监理系统中，整个监理机构被分成若干个职能部门，总监理工程师将相应的管理职责和权力交给各职能部门负责人，后者在其职权范围内，直接指挥下级单位。这种形式有利于发挥各职能机构的专业管理作用，提高工作效率，由于吸收各个方面专家参加管理，减轻了总监理工程师的负担，使总监可以集中精力履行自己的职责。缺点是下级人员受多头领导，如果上级指令矛盾，将使下级在工作中无所适从。

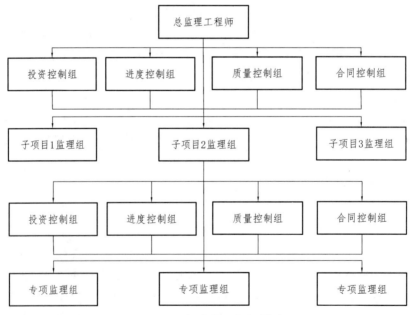

图 3-2　职能式监理组织模式

3）直线职能式监理组织模式

这种组织系统是直线职能制组织结构模式在工程项目监理机构中的应用，在这种形式中，监理机构和人员被分成两类：一种是直线指挥机构和人员，按项目的区域或工程分段划分，对自己管辖的区域或者工程负责，对其下属有指挥和命令的权力。另一类是职能机构和人员，按专业或职能划分，是各级直线指挥业务助手。特点是指挥部门拥有对下级实行指挥和发布命令的权利，并对该部门全面负责；职能部门是直线指挥人员的参谋，他们只能对指挥部门进行业务指导，而不能对指挥部门直接进行指挥和发布命令。优点是保持直线领导、统一指挥、职责清楚和职能制组织目标管理专业化；缺点是职能部门与指挥部门易产生矛盾，信息传递路线长，不利于互通情报。

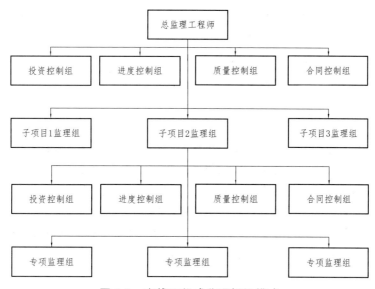

图 3-3　直线职能式监理组织模式

4）矩阵式监理组织模式

矩阵制监理组织形式是由纵横两套管理系统组成的矩阵性组织结构，一套是纵向的职能系统，另一套是横向的子项目系统。这种形式的优点是加强了各职能部门的横向联系，缺点是纵横向协调工作量大，处理不当会造成扯皮现象，产生矛盾。

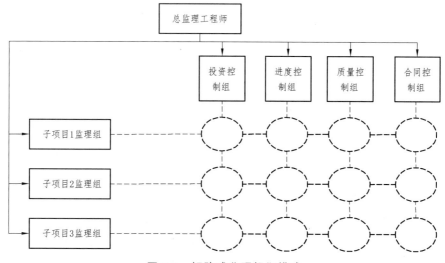

图 3-4　矩阵式监理组织模式

第4节　建设工程监理的组织协调

项目监理机构的协调管理就是在"人员/人员界面""系统/系统界面""系统/环境界面"之间，对所有的活动及力量进行联结、联合、调和的工作。从系统方法的角度看，项目监理机构协调的范围分为内部协调和外部协调。监理单位在工程监理工作中的一个重要职能是组织协调、沟通、调和、联合与工程建设有关各方的关系，运用法规共同务实，使建设各方与其建设活动相一致，以充分调动建设各方和积极性，实现预定的各项目标。

1．监理与建设各方的关系

1）与建设单位的关系

监理与建设单位的关系是合同关系，是委托与被委托、授权与被授权的关系。在监理实施过程中，总监（总监代表）应定期向建设单位报告工程进展情况及承包商履约的情况，重大问题应用专题报告形式报告建设单位。未经建设单位授权，总监（总监代表）无权自主变更建设工程施工合同。由于不可预见和不可抗拒的因素，总监认为需要变更建设工程施工合同时，要及时向建设单位提出建议，协助建设单位与承包商协商变更建设工程施工合同内容。建设单位人员如发现施工中存在的问题时，应向项目监理机构提出，由项目监理机构组织有关人员共同研究解决。

2）与设计单位的关系

监理与设计单位的关系是业务关系。项目监理机构在工程监理过程中应贯彻设计意图，按设计要求进行监理工作。对于设计图纸中所存在的疑点或建议，可向设计单位提出，由设计单位做出是否修改意见，项目监理机构无权自主变更设计。设计单位如发现承包商在施工过程中不符合设计、施工规范的行为时，应及时向项目监理机构提出，并由项目监理机构组织有关人员共同研究解决。

3）与承包商的关系

监理与承包商的关系是监理与被监理的关系。承包商在施工时必须接受监理的监督检查，并须配合监理开展工作，包括提供监理工作所需的原始记录等技术经济资料。监理对承包商要做到"严格监理、热情服务"，贯彻"以监为主，监帮结合"的方针，按时按计划做好监理工作。对于建设工程施工合同纠纷，应先由建设各方协商解决，协商不成才向有关部门申请调解、仲裁或依法提出诉讼。

4）与建设工程质量（安全）监督站的关系

监理与建设工程质量（安全）监督站的关系是监督与配合的关系。质量（安全）监督站作为政府的建设工程质量（安全）监督机构，对工程质量（安全）进行宏观控制，并对监理进行监督与指导。监理认真执行质量（安全）监督站发布的各项质量（安全）管理规定，向质量（安全）监督人员如实反映情况，接受其指导，密切配合，共同做好工程质量（安全）的控制与保证工作。

2. 协调基本原则

（1）坚持以合同为依据。

（2）公正的立场协调。

（3）决策果断，抓大放小，有权威性。

（4）总监理工程师要做好合同协调的表率。

3. 协调内容

1）监理组织系统内部协调

（1）协调人际关系：工作安排上职责明确，注意监理人员之间的工作相互支持与衔接，对工作中的矛盾要及时调解消除，提高工效。

（2）项目监理部的协调：对各层次、各专业之间的协调，着重协调组织、关系、理顺接口。

（3）与公司各部门、公司其他监理部之间协调：与他们保持密切联系，协调需求关系，如增派人员、技术交流、调用仪器、资料等，使项目监理部更好地开展工作。

2）与建设单位、承包方、设计等单位之间的协调

（1）与建设单位的协调。

主要方式为：要维护建设单位的法定权益；加强与建设单位及其驻工地授权代表的联系与协商，听取他们对监理工作的意见；进行工期延长、费用索赔、支付工程款、处理工程质量事故、设计变更与工程洽商时，事先征得建设单位同意；坚持原则，灵活地应用监理协调工作的主动权，建设单位对工程的一切意见和决策必须通过监理单位后实施。

（2）与设计单位的协调。

原则上应互相理解与密切配合，主要方式为：尊重设计单位的意见，适当邀请他们参加会议，发生事故或进行分部验收时，邀请设计单位参加；主动向设计单位介绍工程进度情况，理解建设单位、设计单位对本工程的意图，并促其圆满实现；对设计中存在的不足之处，在取得总监理工程师同意后，积极提出建设性意见，供建设单位、设计参考；加强信息沟通，协商结果应及时传递。

（3）与承包单位的协调。

主要方式为：监督承包单位认真履行施工合同中规定的责任和义务，促使施工合同中规定的目标处于最佳运行状态；在涉及承包单位权益时，应站在公正的立场上，维护其正当权益；了解、协调工程进度、工程质量、工程造价的有关情况，理解承包单位的困难；对工程质量必须严格要求，凡不符合设计文件及标准要求时，拒绝验收。

（4）与政府建设管理相关部门之间的协调。

主要方式为：建设初期协助建设单位、施工单位做好地下综合管网拆建工作；施工中应及时地与本工程的质量监督负责人加强联系，尊重其职权，充分利用政府质量监督部门的特殊地位的作用，积极配合工作，无条件向他们提供工程资料，主动接受其监督，完成工程质量控制任务。

4. 协调工作的主要方法

（1）抓好合同洽谈、签订以及变更、修订工作，落实各方的权利、义务、责任和利益，明确分工与协作的工作流程，做到规范管理。

（2）抓好各类计划的编制和综合，使进度协调统一，使资源配置合理，需求平衡。

（3）抓好信息管理和沟通，建立良好的沟通渠道和流程。

（4）积极做好协调前的准备工作，包括监理部通过与协调各方的单独沟通，真实了解各方的意见，掌握现场情况、了解事实，对照比较合同、法规，预测协调结果，再次征求协调各方意见等，为协调达成一致奠定了基础。

（5）明确各单位的岗位职责和专业分工，并做到对口衔接。

（6）明确相应的协调会议制度，主持协调会议要主动把握协调会议的进程，会议必须形成各方签认的纪要。协调会议有：第一次工地会议、每周监理例会、专题协调会议。

① 第一次工地会议。

第一次工地会议在工程开工前由建设单位主持召开，出席会议的应有建设单位授权代表和有关职能人员、承包商项目经理和有关职能人员、全体监理人员，在可能的情况下邀请市质检站和安监站有关人员参加，主要内容是检查工程开工条件是否具备，各项开工准备工作是否就绪。同时，会议应明确工程建设有关各方的组织、人员与授权，及工程现场行政例行程序（工程例会等），并进行监理工作交底。

② 每周监理例会。

每周监理例会在工程开工后的整个施工期内定期举行，一般情况下每周召开一次，由总监理工程师或总监代表主持，由工程建设有关各方参加，主要内容是检查上次会议决定事项的执行情况，检讨工程进度、工程质量与安全文明，下周的工作计划，协调需要协同配合的事项，解决好分包、总包、设计、监理、建设单位相互之间配合协作问题，工序、工种、工作、事项的优先权问题。

③ 专题协调会议。

在工程施工过程中，若遇有特殊情况需要通过会议协调和解决时，召开专题协调会议，由监理方组织与主持，与协调有关的各方人员参加，研究解决需要协调的问题。

本章小结

本章介绍了建设工程监理单位的概念，给出了工程监理企业资质管理相关规定，说明了工程监理企业的工作业务范围，介绍了建设工程项目监理机构的责任以及项目监理机构的协调管理工作。

思考题

3-1　设立项目监理机构的步骤有哪些？

3-2　项目监理机构的组织形式有哪些？

3-3　建设工程项目监理机构人员如何配备？

3-4　建设工程监理单位有哪些组织形式？

3-5　建设工程监理单位有哪些资质等级？各等级资质标准的规定是什么？

3-6　简述项目监理机构各类人员的基本职责。

3-7　项目监理机构组织协调的内容和方法有哪些？

第4章　监理工程师与监理人员

第1节　监理工程师的概念

1. 现行国家标准《建设工程监理规范》（GB/T 50319）中的相关概念

（1）注册监理工程师（Registered project management engineer）

取得国务院建设主管部门颁发的《中华人民共和国注册监理工程师注册执业证书》和执业印章，从事建设工程监理与相关服务等活动的人员。

（2）总监理工程师（Chief project management engineer）

由工程监理单位法定代表人书面任命，负责履行建设工程监理合同、主持项目监理机构工作的注册监理工程师。

（3）总监理工程师代表（Representative of chief project management engineer）

经工程监理单位法定代表人同意，由总监理工程师书面授权，代表总监理工程师行使其部分职责和权力，具有工程类注册执业资格或具有中级及以上专业技术职称、3 年及以上工程实践经验并经监理业务培训的人员。

（4）专业监理工程师（Specialty project management engineer）

由总监理工程师授权，负责实施某一专业或某一岗位的监理工作，有相应监理文件签发权，具有工程类注册执业资格或具有中级及以上专业技术职称、2 年及以上工程实践经验并经监理业务培训的人员。

（5）监理员（Site supervisor）

从事具体监理工作，具有中专及以上学历并经过监理业务培训的监理人员。

2. 合同文件中的相关概念

我国《建设工程监理合同（示范文本）》（GF-2012-0202）中对监理方的称呼是"监理人"，合同文本对"监理人"的解释是：受委托人（建设单位或业主）的委托，依照我国的法律法规、标准规范、设计文件及合同，在施工阶段对建设工程进行"三控两管一协调"，并且履行安全生产职责的一项服务活动。FIDIC《业主/咨询工程师（单位）标准协议书应用指南》（简称白皮书）中对监理方的称呼是"咨询工程师"，合同对"咨询工程师"解释是：咨询工程师根据协议书所履行的服务，包含正常的服务、附加的服务和额外的服务。

"监理人"的工作性质和工作内容完全限定在一个较小较具体的范围内；而"咨询工程师"的工作性质和工作内容完全由合同双方商议决定。

两版合同文件对"监理人"和"咨询工程师"的合同地位主要有以下几点区别：

（1）合同双方地位不同。

我国《建设工程监理合同（示范文件）》（GF-2012-0202）中规定的"监理人"是受委托人的委托，在施工阶段对建设工程进行"三控两管一协调"服务活动。由于我国实行强制监理的工程建设项目的建设方（委托人）很大程度上就是代表了国家和政府，因此作为合同另一方的"监理人"则是代表着监理单位，双方的合同地位不是真正意义上的平等的合同关系，甚至有时还存在着上下级的隶属关系，因此，我国"监理人"合同地位实质上是比较低。FIDIC白皮书中规定"咨询工程师"与"业主"则是平等的合同关系，这一点 FIDIC 白皮书《业主/咨询工程师标准协议书应用指南》第 1 章引言中表明了"制定白皮书尽可能注意到的一些重要的基本原则"，其中第 1 点就是"该书的规定在业主和咨询工程师之间应公正合理"，"该书应使双方考虑各自承担的风险与责任，而不是仅仅考虑到该项业务的技术内容"。

故我国"监理人"与"委托人"的合同地位相比实质上比较低；FIDIC"咨询工程师"的合同地位与"业主"是平等的合同关系。

（2）合同赋予的角色不同

我国《建设工程监理合同（示范文件）》（GF-2012-0202）赋予"监理人"的角色仍然只是一个工程建设项目的合同"执行者"，履行自己的职责。合同第二部分通用条件中的 2 条"监理人的义务"履行职责中明确"监理人应遵循职业道德准则和行为规范，严格按照法律法规、工程建设有关标准及本合同履行职责。"监理人无权监督管理建设方（委托人）与施工方（承包人）签订的工程施工合同。FIDIC 白皮书中赋予"咨询工程师"的角色却是工程建设项目的合同"管理者"，第 5 条（Ⅱ）"作为合同的管理者"，合同规定了在管理执行合同时咨询工程师应公正无私。

二者比较结论：我国"监理人"与"委托人"的合同角色相比，"委托人"是合同的管理者；FIDIC"咨询工程师"与"业主"的合同角色相比，"咨询工程师"是合同的管理者。

（3）合同规定的职权（义务）不同

我国《建设工程监理合同（示范文件）》（GF-2012-0202）赋予"监理人"的义务共有 7 个条款，包括：监理的范围和工作内容，监理与相关服务依据，项目监理机构和人员，履行职责，提交报告，文件资料，使用委托人的财产。其中监理的工作内容（除专用条件另有约定外）明确规定了 22 项具体内容，

FIDIC 白皮书中赋予"咨询工程师"的义务共有 7 个条款，包括：服务范围，正常的、附加的和额外的服务，认真地尽职和行使职权，业主的财产。

二者比较结论：合同对我国"监理人"的约束比较多，内容比较具体。相比白皮书"咨询工程师"的义务多了 3 项条款，主要是监理与相关服务依据，项目监理机构和人员，提交报告、文件资料。

第 2 节　监理工程师的素质与职业道德

1. 监理人员的素质

建设工程监理服务要体现服务性、科学性、独立性和公正性，就要求一专多能的复合型人才承担监理工作，要求监理工程师不仅要有一定的工程技术专业知识和较强的专业技术能力，而且还要有一定的组织、协调能力，还要懂得工程经济、项目管理专业知识，并能够对工程建设进行监督管理，提出指导性意见。因此，监理工程师应具备以下素质：

1）良好的思想素质

监理工程师的良好思想素质主要体现在以下几个方面：

（1）热爱社会主义祖国，热爱人民，热爱本职工作。

（2）具有科学的工作态度。

（3）具有廉洁奉公、为人正直、办事公道的高尚情操。

（4）能听取不同的意见，而且有良好的包容性。

（5）具有良好的职业道德。

2）良好的业务素质

（1）具有较高的学历和多学科复合型的知识结构。

现代工程建设，工艺越来越先进，材料、设备越来越新颖，而且规模大、应用科技门类多，需要组织多专业、多工种人员，形成分工协作、共同工作的群体。工程建设涉及的学科很多，其中主要学科就有几十种。作为监理工程师，不可能学习和掌握这么多的专业理论知识，但是，起码应学习、掌握一种专业理论知识。没有深厚专业理论知识的人员绝不可能胜任监理工程师的工作。

要成为一名监理工程师，至少应具有工程类大专及以上学历，并了解或掌握一定的工程建设经济、法律和组织管理等方面的理论知识。同时，应不断学习和了解新技术、新设备、新材料、新工艺和法规等方面的新知识，从而达到一专多能，成为工程建设中的复合型人才，使监理企业真正成为智力密集型的知识群体。

（2）要有丰富的工程建设实践经验。

工程建设实践经验就是理论知识在工程建设中的成功应用。监理工程师的业务主要表现为工程技术理论与工程管理理论在工程建设中的具体应用，因此，实践经验是监理工程师的重要素质之一。一般来说，一个人在工程建设领域工作的时间越长，经验就越丰富；反之，则不足。据有关资料统计分析表明，工程建设中出现的失误多数与经验不足有关，少数原因是责任心不强。所以，世界各国都很重视工程建设实践经验。在考核某个单位或某一个人的能力时，都把经验作为重要的衡量尺度。

英国咨询工程师协会规定，入会的会员年龄必须在 38 岁以上。新加坡有关机构规定，注册工程师必须具有 8 年以上的工程结构设计实践经验。我国在监理工程师注册制度中规定，取得中级技术职称后还要有 3 年的工作实践，方可参加监理工程师的资格考试。当然，若不从实际出发，单凭以往的经验也难以取得预期的成效。

（3）要有较好的工作方法和组织协调能力。

较好的工作方法和善于组织协调是体现监理工程师工作能力高低的重要因素，监理工程师要能够准确地综合运用专业知识和科学手段，做到事前有计划、事中有记录、事后有总结，建立较为完善的工作程序、工作制度。既要有原则性，又要有灵活性。同时，要能够抓好参与工程建设各方的组织协调，发挥系统的整体功能，善于通过别人的工作把事情做好，实现投资、进度、质量目标的协调统一。

3）良好的身心素质

尽管工程建设监理是以脑力劳动为主，但是，也必须具有健康的身体和充沛的精力，才能胜任繁忙、严谨的监理工作。工程建设施工阶段由于露天作业，工作条件艰苦，往往工作紧迫、业务繁忙，更需要有健康的身体，否则，难以胜任工作。我国对年满 65 周岁的监理工程师就不再进行注册，主要就是考虑监理从业人员身体健康状况的适应能力而设定的条件。

2. 监理工程师的职业道德

建设工程监理是一项高尚的工作，监理工程师在执业过程中不能损害工程建设任何一方的利益。为了确保建设监理事业的健康发展，对监理工程师的职业道德和工作纪律都有严格的要求，在有关法规中也做了具体的规定。

（1）维护国家的荣誉和利益，按照"守法、诚信、公正、科学"的准则执业。

（2）执行有关工程建设的法律、法规、规范、标准和制度，履行监理合同规定的义务和职责。

（3）努力学习专业技术和建设监理知识，不断提高业务能力和监理水平。

（4）不以个人名义承揽监理业务。

（5）不同时在两个或两个以上监理企业注册和从事监理活动，不在政府部门和施工、材料设备的生产供应等单位兼职。

（6）不为所监理的工程建设项目指定承建商、建筑构配件、设备、材料和施工方法。

（7）不收受被监理单位的任何礼金。

（8）不泄露所监理工程各方认为需要保密的事项。

（9）坚持独立自主地开展工作。

3. FIDIC 道德准则

FIDIC 于 1991 年在慕尼黑讨论批准了《FIDIC 通用道德准则》，该准则分别对社会和职业的责任、能力、正直性、公正性、对他人的公正等 5 个问题共计 14 个方面规定了监理工程师的道德行为准则。目前，国际咨询工程师协会的会员国家都认真地执行这一准则。FIDIC 认识到监理工程师的工作对于取得社会信誉及其实现可持续发展是十分关键的。为使监理工程师的工作充分有效，不仅要求监理工程师必须不断增长他们的知识和技能，还要求社会尊重他们的道德公正性，信赖他们做出的评审，同时给予公正的报酬。

FIDIC 的全体会员协会同意并且相信，如果要使社会对其专业顾问具有必要的信赖，下述准则是其成员行为的基本准则。

1）对社会和职业的责任

（1）接受对社会的职业责任。

（2）寻求与确认的发展原则相适应的解决办法。

（3）在任何时候，维护职业的尊严、名誉和荣誉。

2）能力

（1）保持其知识和技能与技术、法规、管理的发展相一致的水平，对于委托人要求的服务采用相应的技能，尽心尽力。

（2）仅在有能力从事服务时方才进行。

3）正直性

在任何时候，均为委托人的合法权益行使其职责，并且正直和忠诚地进行职业服务。

4）公正性

（1）在提供职业咨询、评审或决策时不偏不倚。

（2）通知委托人在行使其委托权时可能引起的任何潜在的利益冲突。

（3）不接受可能导致判断不公的报酬。

5）对他人的公正

（1）加强"按照能力进行选择"的观念。

（2）不得故意或无意地做出损害他人名誉或事务的事情。

（3）不得直接或间接取代某一特定工作中已经任命的其他咨询工程师的位置。

（4）通知该咨询工程师并且接到委托人终止其先前任命的建议前，不得取代该咨询工程师的工作。

（5）在被要求对其他咨询工程师的工作进行审查的情况下，要以适当的职业行为和礼节进行。

第 3 节　监理工程师的职责

现行国家标准《建设工程监理规范》（GB/T 50319）中给出了明确的监理人员职责：

1.　总监理工程师的职责

总监理工程师作为项目监理机构负责人，监理工作中的重要职责不得委托给总监理工程师代表。

（1）确定项目监理机构人员及其岗位职责。

（2）组织编制监理规划，审批监理实施细则。

（3）根据工程进展及监理工作情况调配监理人员，检查监理人员工作。

（4）组织召开监理例会。

（5）组织审核分包单位资格。

（6）组织审查施工组织设计、（专项）施工方案。

（7）审查开复工报审表，签发工程开工令、暂停令和复工令。

（8）组织检查施工单位现场质量、安全生产管理体系的建立及运行情况。

（9）组织审核施工单位的付款申请，签发工程款支付证书，组织审核竣工结算。

（10）组织审查和处理工程变更。

（11）调解建设单位与施工单位的合同争议，处理工程索赔。

（12）组织验收分部工程，组织审查单位工程质量检验资料。

（13）审查施工单位的竣工申请，组织工程竣工预验收，组织编写工程质量评估报告，参与工程竣工验收。

（14）参与或配合工程质量安全事故的调查和处理。

（15）组织编写监理月报、监理工作总结，组织整理监理文件资料。

2.　总监理工程师不得委托给总监理工程师代表的工作

（1）组织编制监理规划，审批监理实施细则。

（2）根据工程进展及监理工作情况调配监理人员。

（3）组织审查施工组织设计、（专项）施工方案。

（4）签发工程开工令、暂停令和复工令。

（5）签发工程款支付证书，组织审核竣工结算。

（6）调解建设单位与施工单位的合同争议，处理工程索赔。

（7）审查施工单位的竣工申请，组织工程竣工预验收，组织编写工程质量评估报告，参与工程竣工验收。

（8）参与或配合工程质量安全事故的调查和处理。

3.　专业监理工程师的职责

专业监理工程师职责为其基本职责，在建设工程监理实施过程中，项目监理机构还应针对建设工程实际情况，明确各岗位专业监理工程师的职责分工，制定具体监理工作计划，并根据实施情况进行必要的调整。

（1）参与编制监理规划，负责编制监理实施细则。

（2）审查施工单位提交的涉及本专业的报审文件，并向总监理工程师报告。

（3）参与审核分包单位资格。

（4）指导、检查监理员工作，定期向总监理工程师报告本专业监理工作实施情况。

（5）检查进场的工程材料、构配件、设备的质量。

（6）验收检验批、隐蔽工程、分项工程，参与验收分部工程。

（7）处置发现的质量问题和安全事故隐患。

（8）进行工程计量。

（9）参与工程变更的审查和处理。

（10）组织编写监理日志，参与编写监理月报。

（11）收集、汇总、参与整理监理文件资料。

（12）参与工程竣工预验收和竣工验收。

4. 监理员的职责

监理员职责为其基本职责，在建设工程监理实施过程中，项目监理机构还应针对建设工程实际情况，明确各岗位监理员的职责分工。

（1）检查施工单位投入工程的人力、主要设备的使用及运行状况。

（2）进行见证取样。

（3）复核工程计量有关数据。

（4）检查工序施工结果。

（5）发现施工作业中的问题，及时指出并向专业监理工程师报告。

现行国家标准《建设工程监理规范》（GB/T 50319）中虽然未对监理工程的权力做出明确规定，但是根据上表中列出的监理工程师权力与职责内容及两者的辩证关系来看，有许多内容既是监理工程师的职责，同时也可当作是赋予监理工程师的权力。比如：监理单位处理施工合同争议，那么业主方首先就应该在工程未开始前就提前赋予监理工程师具有处理合同争议的权力。又如：审查分包单位资格，虽然在监理规范中仅在专业监理工程师的岗位职责中提及一句，但是在监理规范后附表格中列有专门的分包单位资格报审表，表中所要求审核的内容表示了监理工程师具有相应的认可权。在 FIDIC 合同条件下规定，"无工程师事先同意，承包商不得将工程的任何部分分包出去"。这样就给予了工程师充分的权力来对承包商进行管理和约束。

第 4 节　监理工程师执业资格

1. 执业资格规定

执业资格是政府对某些责任较大、社会通用性强、关系公共利益的专业技术工作实行的市场准入控制，是专业技术人员依法独立开业或独立从事某种专业技术工作所必备的学识、技术和标准。

执业资格一般要通过考试方式取得，这体现了执业资格制度公开、公平、公正的原则。只有当某一专业技术人员的执业资格采用考核方式确认，才说明达到了相应的水平并得到社会的认同。

为提高固定资产投资效益，维护国家、社会和公共利益，充分发挥监理工程师对施工质量、建设工期和建设资金使用等方面的监督作用，根据《建筑法》《建设工程质量管理条例》和国家职业资格制度有关规定，制定了《监理工程师职业资格制度规定》。凡从事工程监理活动的单位，必须配备监理工程师。

国家设置监理工程师准入类职业资格，纳入国家职业资格目录。住房和城乡建设部、交通运输部、水利部、人力资源和社会保障部共同制定监理工程师职业资格制度，并按照职责分工分别负责监理工程师职业资格制度的实施与监督。住房和城乡建设部、交通运输部、水利部、人力资源和社会保障部共同制定监理工程师职业资格制度，并按照职责分工分别负责监理工程师职业资格制度的实施与监督。

监理工程师分为一级监理工程师（C1ass1 Consultant Engineer）和二级监理工程师（Class2 Consultant Engineer）。

2. 考试管理

一级监理工程师职业资格考试全国统一大纲统一命题、统一组织。二级监理工程师职业资格考试全国统一大纲，各省、自治区、直辖市自主命题并组织实施。一级和二级监理工程师职业资格考试均设置基础科目和专业科目。

监理工程师职业资格考试专业科目分为土木建筑工程、交通运输工程、水利工程 3 个专业类别，考生在报名时可根据实际工作需要选择其一。其中，土木建筑工程专业由住房和城乡建设部负责；交通运输工程专业由交通运输部负责；水利工程专业由水利部负责。

一级监理工程师职业资格考试设"建设工程监理基本理论和相关法规""建设工程合同管理""建设工程目标控制""建设工程监理案例分析" 4 个科目。其中"建设工程监理基本理论和相关法规""建设工程合同管理"为基础科目，"建设工程目标控制""建设工程理案例分析"为专业科目。考试分 4 个半天进行。"建设工程监理基本理论和相关法规""建设工程合同管理""建设工程目标控制"科目的考试时间均为 2.5 h，"建设工程监理案例分析"科目的考试时间为 4 h。如采用电子化考试，各科目考试时间酌情减少。一级监理工程师职业资格考试成绩实行 4 年为个周期的滚动管理办法，在连续的 4 个考试年度内通过全部考试科目，方可取得一级监理工程师职业资格证书。一级监理工程师职业资格考试合格者，由各省、自治区、直辖市的人力资源和社会保障行政主管部门，颁发中华人民共和国一级监理工程师职业资格证书。该证书由人力资源社会保障部统一印制，住房和城乡建设部、交通运输部、水利部按专业类别分别与人力资源和社会保障部用印，在全国范围内有效。

二级监理工程师职业资格考试设"建设工程监理法律法规知识""建设工程监理基础知识""建设工程施工质量控制与安全监督实务" 3 个科目。其中，"建设工程监理法律法规知识""建设工程监理基础知识"为基础科目"建设工程施工质量控制与安全监督实务"为专业科目。考试分 3 个半天进行。"建设工程监理法律法规知识""建设工程监理基础知识"科目的考试时间为 2.5 h，"建设工程施工质量控制与安全监督实务"为 3 h。如采用电子化考试，各科目考试时间酌情减少。二级监理工程师职业资格考试成绩实行 3 年为一个周期的滚动管理办法，参加全部 3 个科目考试的人员必须在连续的 3 个考试年度内通过全部科目，方可取得二级监理工程师职业资格证书。二级监理工程师职业资格考试合格者，由各省、自治区、直辖市人力资源和社会保障行政主管部门颁发中华人民共和国二级监理工程师职业资格证书。该证书由各省、自治区、直辖市的住房和城乡建设、交通运输、水利行政主管部门按专业类别分别与人力资源和社会保障行政主管部门用印，原则上在所在行政区域内有效。各地可根据实际情况制定跨区域认可办法。

住房和城乡建设部组织拟定一级监理工程师和二级监理工程师职业资格考试基础科目的考试大纲，组织一级监理工程师基础科目命审题工作。住房和城乡建设部、交通运输部、水利部按照职责分别负责拟定一级监理工程师和二级监理工程师职业资格考试专业科目的考试大纲，组织一级监理工程师专业科目命审题工作。

人力资源和社会保障部负责审定一级监理工程师和二级监理工程师职业资格考试科目和考试大纲，负责一级监理工程师职业资格考试考务工作，并会同住房和城乡建设部、交通运输部、水利部对监理工程师职业资格考试工作进行指导、监督、检查。人力资源和社会保障部会同住房和城乡建设部、交通运输部、水利部确定一级监理工程师职业考试合格标准。

各省、自治区、直辖市和住房和城乡建设、交通运输、水利行政主管部门会同人力资源和社会保障行政主管部门按照全国统一的考试大纲和相关规定组织实施二级监理工程师职业资格考试。各省、自治区、直辖市人力资源和社会保障行政主管部门会同住房和城乡建设、交通运输、水利行政主管部门确定二级监理工程师职业资格考试合格标准。

3. 注册管理

国家对监理工程师职业资格实行执业注册管理制度。取得监理工程师职业资格证书且从事工程监理相关工作的人员，经注册方可以监理工程师名义执业。

住房和城乡建设部、交通运输部、水利部按照职责分工，制定相应注册监理工程师管理办法并监督执行。

住房城乡建设部、交通运输部、水利部按专业类别分别负责一级监理工程师注册及相关工作。各省、自治区、直辖市的住房和城乡建设、交通运输、水利行政主管部门按专业类别分别负责二级监理工程师注册及相关工作。

经批准注册的申请人，由住房和城乡建设部、交通运输部、水利部分别核发《中华人民共和国一级监理工程师注册证》（或电子证书），或由各省、自治区、直辖市和住房和城乡建设、交通运输、水利行政主管部门核发《中华人民共和国二级监理工程师注册证》（或电子证书）。

监理工程师执业时应持注册证书和执业印章。注册证书、执业印章样式及注册证书编号由住房城和乡建设部、交通运输部、水利部统一制定。执业印章由注册监理工程师按照统一规定自行制作。

住房和城乡建设部、交通运输部、水利部按照职责分工建立监理工程师注册管理平台，保持通用数据标准统一。住房和城乡建设部负责归集全国监理工程师注册信息，促进监理工程师注册、执业和信用信息互通共享。

住房和城乡建设部、交通运输部、水利部负责建立完善监理工程师的注册和退出机制，对以不正当手段取得注册证书等违法违规行为，依照注册管理规定撤销其注册证书。

4. 执业管理

监理工程师在工作中，必须遵纪守法，恪守职业道德和从业规范，诚信执业，主动接受有关主管部门的监督检查，加强行业自律。

住房和城乡建设部、交通运输部、水利部共同建立健全监理工程师诚信体系，制定相关规章制度或从业标准规范，并指导监督信用评价工作。

监理工程师不得同时受聘于两个或两个以上单位执业，不得允许他人以本人名义执业，严禁"证书挂靠"。出租出借注册证书的，依据相关法律法规进行处罚，构成犯罪的，依法追究刑事责任。

一级监理工程师、二级监理工程师依据职开展工作，在其本人工作成果上签字盖章，并承担相应责任。一级监理工程师、二级监理工程师的具体执业范围由住房和城乡建设部、交通运输部、水利部按照职责另行制定。对不履行监理工程师义务、有重大工作过失的监理工程师，根据认定的事实、性质和情节，应分别处以警告、暂停执业活动、吊销注册证书等，造成损失的依法追究其责任。

取得监理工程师注册证书的人员，应当按照国家专业技术人员继续教育的有关规定接受继续教育，更新专业知识，提高业务水平。

5. 继续教育管理

1）继续教育目的

通过开展继续教育使注册监理工程师及时掌握与工程监理有关的法律法规、标准规范和政策，熟悉工程监理与工程项目管理的新理论、新方法，了解工程建设新技术、新材料、新设备及新工艺，适时更新业务知识，不断提高注册监理工程师业务素质和执业水平，以适应开展工程监理业务和工程监理事业发展的需要。

2）继续教育学时

注册监理工程师在每一注册有效期（3 年）内应接受 96 学时的继续教育，其中必修课和选修课各为48学时。必修课48学时每年可安排16学时。选修课48学时按注册专业安排学时，只注册一个专业的，每年接受该注册专业选修课16学时的继续教育；注册两个专业的，每年接受相应两个注册专业选修课各8学时的继续教育。

在一个注册有效期内，注册监理工程师根据工作需要可集中安排或分年度安排继续教育的学时。

注册监理工程师申请变更注册专业时，在提出申请之前，应接受申请变更注册专业24学时选修课的继续教育。注册监理工程师申请跨省、自治区、直辖市变更执业单位时，在提出申请之前，应接受新聘用单位所在地8学时选修课的继续教育。

同时，经全国性行业协会监理委员会或分会（以下简称专业监理协会）和省、自治区、直辖市监理协会（以下简称地方监理协会）报中国建设监理协会同意，论文发表、教育授课工作和考试命题工作所取得的学时可充抵继续教育选修课的部分学时。

3）继续教育内容

继续教育分为必修课和选修课。

（1）必修课。

① 国家近期颁布的与工程监理有关的法律法规、标准规范和政策；

② 工程监理与工程项目管理的新理论、新方法；

③ 工程监理案例分析；

④ 注册监理工程师职业道德。

（2）选修课。

① 地方及行业近期颁布的与工程监理有关的法规、标准规范和政策；

② 工程建设新技术、新材料、新设备及新工艺；

③ 专业工程监理案例分析；

④ 需要补充的其他与工程监理业务有关的知识。

中国建设监理协会于每年12月底向社会公布下一年度的继续教育的具体内容。其中继续教育必修课的具体内容由住房和城乡建设部有关司局、中国建设监理协会和行业专家共同制定，必修课的培训教材由中国建设监理协会负责编写和推荐。继续教育选修课的具体内容由专业监理协会和地方监理协会负责提出，并于每年的11月底前报送中国建设监理协会确认，选修课培训教材由专业监理协会和地方监理协会负责编写和推荐。

本章小结

本章介绍了监理工程师的概念；阐述了监理工程师应有的素质与职业道德；列举了总监理工程师等进监理人员的职责；介绍了监理工程师执业资格相关规定。

思考题

4-1　监理工程师应具备哪些素质？

4-2　监理工程师的职业道德包括哪些内容？

4-3　为什么要实行监理工程师资格考试制度？

4-4　注册监理工程师的权利和义务内容是什么？

4-5　《建筑法》《建设工程质量管理条例》和《建设工程安全生产管理条例》中规定的工程监理单位和监理工程师的职责有哪些？

第5章 建设工程质量控制

工程监理单位应当依照法律、法规及有关技术标准、设计文件和建设工程承包合同，代表建设单位对施工质量实施监理，并对施工质量承担监理责任。

第1节 建设工程质量概述

1. 建设工程质量

建设工程质量简称工程质量。工程质量是指工程满足业主需要的，符合国家法律、法规、技术规范标准、设计文件及合同规定的特性综合。建设工程质量的特性主要表现在以下六个方面：

（1）适用性。即功能，是指工程满足使用目的的各种性能。包括：理化性能，结构性能，使用性能，外观性能等。

（2）耐久性。即寿命，是指工程在规定的条件下，满足规定功能要求使用的年限，也就是工程竣工后的合理使用寿命周期。

（3）安全性。是指工程建成后在使用过程中保证结构安全、保证人身和环境免受危害的程度。

（4）可靠性。是指工程在规定的时间和规定的条件下完成规定功能的能力。

（5）经济性。是指工程从规划、勘查、设计、施工到整个产品使用寿命周期内的成本和消耗的费用。

（6）与环境的协调性。是指工程与其周围生态环境协调，与所在地区经济环境协调以及与周围已建工程相协调，以适应可持续发展的要求。

2. 建设工程质量的形成过程

工程建设的不同阶段，对工程项目质量的形成起着不同的作用和影响。 如图5-1所示。

图 5-1 建设工程质量的形成过程

1）项目可行性研究

在此阶段，需要确定工程项目的质量要求，并与投资目标相协调。项目的可行性研究直接影响项目的决策质量和设计质量。

2）项目决策

项目决策阶段对工程质量的影响主要是确定工程项目应达到的质量目标和水平。

3）工程勘查、设计

工程的地质勘查设计使得质量目标和水平具体化，为施工提供直接依据。

工程设计质量是决定工程质量的关键环节，设计的严密性、合理性，决定了工程建设的成果，是建设工程的安全、适用、经济与环境保护等措施得以实现的保证。

4）工程施工

工程施工活动决定了设计意图能否体现，它直接关系到工程的安全可靠、使用功能的保证，以及外表观感能否体现建筑设计的艺术水平。在一定程度上，工程施工是形成实体质量的决定性环节。

5）工程竣工验收

工程竣工验收对质量的影响是保证最终产品的质量。

3. 影响工程质量的因素

影响工程质量的因素很多，但归纳起来主要有五个方面，简称为 4M1E 因素，如图 5-2 所示。

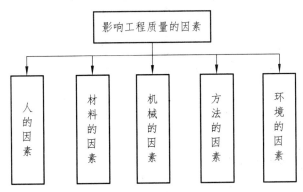

图 5-2　影响工程质量的 4M1E 因素

1）人（Man）

人是生产经营活动的主体，也是工程项目建设的决策者、管理者、操作者，工程建设的全过程，如项目的规划、决策、勘查、设计和施工，都是通过人来完成的。人员的素质，都将直接和间接地对规划、决策、勘查、设计和施工的质量产生影响，因此，建筑行业实行经营资质管理和各类专业从业人员持证上岗制度是保证人员素质的重要管理措施。

2）材料（Material）

工程材料将直接影响建设工程的结构刚度和强度，影响工程外表及观感，影响工程的使用功能，影响工程的使用安全。

3）机械（Machine）

工程用机具设备其产品质量优劣，直接影响工程使用功能质量。施工机具设备的类型是否符合工程施工特点，性能是否先进稳定，操作是否方便安全等，都将会影响工程项目的质量。

4）方法（Method）

在工程施工中，施工方案是否合理，施工工艺是否先进，施工操作是否正确，都将对工程质量产生重大的影响。大力推进采用新技术、新工艺、新方法，不断提高工艺技术水平，是保证工程质量稳定提高的重要因素。

5）环境（Environment）

环境条件包括：工程技术环境、工程作业环境、工程管理环境。对工程质量产生特定的影响。加强环境管理，改进作业条件，把握好技术环境，辅以必要的措施，是控制环境对质量影响的重要保证。

第2节　工程勘查设计阶段的质量控制

建设工程勘查是指根据建设工程的要求，查明、分析、评价建设场地的地质、地理环境特征和岩土工程条件，编制建设工程勘查文件的活动。

建设工程设计是指根据建设工程的要求，对建设工程所需的技术、经济、资源、环境等条件进行综合分析、论证，编制建设工程设计文件的活动。

1. 勘查设计质量的概念

勘查设计质量是指在严格遵守技术标准、法规的基础上，对工程地质条件做出及时、准确的评价，正确处理和协调经济、资源、技术、环境条件的制约，使设计项目能更好地满足业主所需要的功能和使用价值，能充分发挥项目投资的经济效益。

勘查设计的质量有两层意思，首先，应满足业主所需的功能和使用价值，符合业主投资的意图，而业主所需的功能和使用价值，又必然要受到经济、资源、技术、环境等因素的制约，从而使项目的质量目标与水平受到限制；其次，设计都必须遵守有关城市规划、环保、防灾、安全等一系列的技术标准、规范、规程，这是保证设计质量的基础。

2. 勘查设计质量控制的依据

（1）有关的法律、法规，城市规划，勘查设计深度要求。

（2）有关的技术标准，如勘查和设计的强制性标准规范及规程、设计参数、定额、指标等。

（3）项目批准文件，如项目可行性研究报告、项目评估报告及选址报告。

（4）勘查、设计规划大纲、纲要和合同文件。

（5）有关技术、资源、经济、社会协作等方面的协议、数据和资料。

3. 勘查阶段监理工作内容和方法

1）工作内容

（1）建立项目监理机构。

（2）编制勘查阶段监理规划。

（3）收集资料，编写勘查任务书（勘查大纲）或勘查招标文件，确定技术要求和质量标准。

（4）组织考察勘查单位，协助建设单位组织委托竞选、招标或直接委托，进行商务谈判，签订委托勘查合同。

（5）审核满足相应设计阶段要求的相应勘查阶段的勘查实施方案（勘查纲要），提出审核意见。

（6）定期检查勘查工作的实施，控制其按勘查实施方案的程序和深度进行。

（7）控制其按合同约定的期限完成。

（8）按规范有关文件要求检查勘查报告内容和成果，进行验收，提出书面验收报告。

（9）组织勘查成果技术交底。

（10）写出勘查阶段监理工作总结报告。

2）主要监理工作方法

（1）编写勘查任务书、竞选文件或招标文件前，要广泛收集各种有关文件和资料，如计划任务书、规划许可证、设计前段时间的要求、相邻建筑地质资料等。在进行分析整理的基础上提出与工程相适应的技术要求和质量标准。

（2）审核勘查单位的勘查实施方案，重点审核其可行性、精确性。

（3）在勘查实施过程中，应设置报验点，必要时，应进行旁站监理。

（4）对勘查单位提出的勘查成果，包括地形地物测量图、勘测标志、地质勘查报告等进行核查，重点检查其是否符合委托合同及有关技术规范标准的要求，验证其真实性、准确性。

（5）必要时，应组织专家对勘查成果进行评审。

4. 设计准备阶段监理工作内容和方法

1）工作内容

（1）组建项目监理机构，明确监理任务、内容和职责、编制监理规划和设计准备阶段投资进度计划并进行控制。

（2）组织设计招标或设计方案竞赛。协助建设前段时间编制设计招标文件，会同建设单位对投标单位进行资质审查。组织评标或设计竞赛方案评选。

（3）编制设计大纲（设计纲要或设计任务书），确定设计质量要求和标准。

（4）优选设计单位，协助建设单位签订设计合同。

2）主要工作方法

（1）收集和熟悉项目原始资料，充分领会建设单位意图。

（2）项目总目标论证方法。

（3）以初步确定的总建筑规模和质量要求为基础，将论证后所得总投资和总进度切块分解，确定投资和进度规划。

（4）起草设计合同，并协助建设单位尽量与设计单位达成限额设计条款。

5. 设计展开阶段监理工作内容和方法

1）工作内容

（1）设计方案、图纸、概预算和主要设备、材料清单的审查，发现不符合要求的地方，分析原因，发出修改设计的指令。

（2）对设计工作协调控制。及时检查和控制设计的进度，做好各部门间的协调工作，使各专业设计之间相互配合、衔接、及时消除隐患。

（3）参与主要设备、材料的选型。

（4）组织对设计的评审或咨询。

（5）编写设计阶段监理工作总结。

2）主要工作方法

（1）在建设单位与设计单位间发挥桥梁和纽带作用。

（2）跟踪设计，审核制度化。

（3）采用多种方案比较法。

（4）协调各相关单位关系。

6. 设计阶段质量控制原则、任务

1）设计质量控制的原则

（1）应当做到经济效益、社会效益和环境效益相统一。

（2）应当按工程建设的基本程序，坚持先勘查，后设计，再施工的原则。

（3）应力求做到适用、安全、美观、经济。

（4）应符合设计标准、规范的有关规定，计算准确，文字清楚，图纸清晰、准确，避免"错、漏、碰、缺"。

2）设计阶段质量控制的主要任务

（1）审查设计基础资料的正确性和完整性。

（2）协助建设单位编制设计招标文件或方案竞赛文件，组织设计招标或方案竞赛。

（3）审查设计方案的先进性和合理性，确定最佳设计方案。

（4）督促设计单位完善质量体系，建立内部专业交底及会签制度。

（5）进行设计质量跟踪检查，控制设计图纸的质量。

（6）组织施工图会审。

（7）评定、验收设计文件。

第 3 节　工程施工阶段的质量控制

《建设工程质量管理条例》中要求工程监理单位应当选派具备相应资格的总监理工程师和监理工程师进驻施工现场。未经监理工程师签字，建筑材料、建筑构配件和设备不得在工程上使用或安装，施工单位不得进行下一道工序的施工。未经总监理工程师签字，建设单位不拨付工程款，不进行竣工验收。监理工程师应当按照工程监理规范的要求，采取旁站、巡视和平行检验等形式，对建设工程实施监理。

《建设工程安全生产管理条例》中涉及施工过程中质量控制的规定，对工程监理单位提出了具体要求。工程监理单位有下列行为之一的，责令改正，处 50 万元以上 100 万元以下的罚款，降低资质等级或者吊销资质证书；有违法所得的，予以没收；造成损失的，承担连带赔偿责任：

（1）与建设单位或者施工单位串通，弄虚作假、降低工程质量的；

（2）将不合格的建设工程、建筑材料、建筑构配件和设备按照合格签字的。

工程监理单位与被监理工程的施工承包单位以及建筑材料、建筑构配件和设备供应单位有隶属关系或者其他利害关系承担该项建设工程的监理业务的，责令改正，处 5 万元以上 10 万元以下的罚款，降低资质等级或者吊销资质证书；有违法所得的，予以没收。

1. 建设工程施工阶段质量控制的系统过程

1）按工程实体质量形成过程的时间阶段划分

（1）施工准备控制。

① 设计交底和图纸会审。

② 施工生产要素质量审查。

③ 施工组织设计（质量计划）的审查。

④ 审查开工申请。

（2）施工过程控制。

① 作业技术交底。

② 施工过程质量控制。

③ 中间产品质量控制。

④ 分部分项工程质量验收。

2）按工程实体形成过程中物质形态转化的阶段划分

（1）对投入的物质资源质量的控制。

（2）施工过程质量控制。即在使投入的物质资源转化为工程产品的过程中，对影响产品质量的各因素、各环节及中间产品的质量进行控制。

（3）对完成的工程产出品质量的控制与验收。

3）按工程项目施工层次划分

按工程项目施工层次划分为以下五个质量控制子系统，如图 5-3 所示。

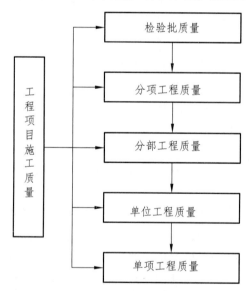

图 5-3　工程项目施工层次划分五个质量控制子系统

2. 建设工程施工阶段质量控制的基本原则

（1）了解工程功能要求、技术特点，明确工程质量标准，严格检查。

（2）坚持事前控制为主，从材料投入开始至工程建设全过程，对影响工程质量的因素进行全面的系统控制，把质量问题消灭在未发生之前。

（3）对关键工序和工程部位，制定质量预控措施，实行重点监理。对工作量大的分项工程，先做样板，在进行大面施工。做好巡视和平行检验。

3.　建设工程施工阶段质量控制的方法

1）质量的事前控制

（1）设计交底前，熟悉施工图纸，并对图纸中存在的问题通过建设单位向设计单位提出书面意见和建议。

（2）参加设计交底及图纸会审，签认设计技术交底纪要。

（3）开工前审查施工承包单位提交的施工组织设计或施工方案，签发《施工组织设计（方案）报审表》，并报建设单位批准后实施。

（4）审查总承包单位所选择的专业分包单位的资质、特种人员的上岗证，符合要求后各专业分包单位可进场施工。

（5）开工前，审查施工承包单位（含分包单位）的质量管理、技术管理和质量保证体系，符合有关规定并满足工程需要时给予批准。

（6）审查施工承包单位报送的测量方案，并进行基准测量复核。

（7）建设单位宣布对总监理工程师的授权，施工承包单位介绍施工准备情况，总监理工程师作监理交底并审查现场开工条件，经建设单位统一后由项目总监理工程师签署施工单位报送的《工程开工报审表》。

（8）对符合有关规定的用于工程的原材料、构配件和设备，使用前施工承包单位通知监理工程师见证取样和送检。

（9）负责对施工承包单位报送本企业试验室的资质进行审核，合格后予以签认。

（10）负责审查施工承包单位报送的其他报表。

2）质量的事中控制

（1）关键工序的控制。

应在施工组织设计中或施工方案中明确质量保证措施，设置质量控制点。应选派与工程技术要求相适应等级的施工人员，施工前应向施工人员进行施工技术交底，保存交底记录，专业监理工程师负责审查关键工序控制要求的落实。施工承包单位应注意遵守质量控制点的有关规定和施工工艺要求，特别是停止点的规定。在质量控制点到来前通知专业监理工程师验收。

（2）检验批工程质量的控制。

（3）分项工程质量的控制。

（4）分部工程质量的控制。

3）质量的事后控制

（1）专业监理工程师组织施工承包单位项目专业质量（技术）负责人等进行分项工程验收。

（2）总监理工程师组织相关单位的相关人员进行相关分部工程验收。

（3）单位工程完工后，施工承包单位应自行组织相关人员进行检查评定，并向建设单位提交工程验收报告。总监理工程师组织由建设单位、设计单位和施工承包单位参加的单位工程或整个工程项目初验，施工承包单位给予配合，及时提交初验所需的资料。

（4）总监理工程师对验收项目初验合格后签发《工程竣工报验单》，并上报建设单位，由建设单位组织由监理单位、施工承包单位、设计单位和政府质量监督部门参加的质量验收。

4. 建设工程施工阶段质量控制工作要点

施工过程中工序质量检查和控制。根据不同的质量控制点采取相应的控制手段，有目的地对施工过程进行巡视和检查。

（1）是否按图纸、规范和批准的施工组织设计的施工方法、工艺要求施工。

（2）使用的材料、构配件是否经过监理签认。

（3）施工现场工长、质量员是否到岗。

（4）操作人员技术水平是否满足现岗要求。

（5）及时纠正施工过程中出现的质量问题，并向总监理工程师报告，监理日志作相应纪录。

（6）严格工序间的交接检查，坚持上道工序不合格不准进行下道工序施工的原则。工序完成，施工单位进行自检，自检合格后填写工程报验单，报送监理机构，监理工程师进行复验，合格后签证。

（7）对施工单位的测量放线进行验收。

（8）严格设计变更，施工图变更必须有设计单位出具设计变更文件，并经总监理工程师签认。

（9）做好工程质量缺陷和事故的处理工作。组织对缺陷和事故的调查和分析，商定处理措施，批准处理措施和方案，并监督处理方案的落实，做好记录。

（10）当工程过程中出现紧急情况，及时征得业主同意，下达工程暂停令。

5. 施工现场工程质量监督方式

1）施工现场巡视

（1）巡视。

巡视是指项目监理机构对施工现场进行的定期或不定期的检查活动。

（2）巡视的作用。

巡视对于实现建设工程目标，加强安全生产管理等起着重要作用。

（3）巡视工作内容和职责。

总监理工程师应根据经审核批准的监理规划和监理实施细则对现场监理人员进行交底，明确巡视检查要点、巡视频率和采取措施及采用的巡视检查记录表。合理安排监理人员进行巡视检查工作，督促监理人员按照监理规划及监理实施细则的要求开展巡视检查工作。总监理工程师应检查监理人员巡视的工作成果，与监理人员就当日巡视检查工作进行沟通，对发现的问题及时采取相应处理措施。

监理人员在巡视检查时，应主要关注施工质量、安全生产两个方面的情况。

监理文件资料管理人员应及时将巡视检查记录表归档，同时，注意巡视检查记录与监理日志、监理通知单等其他监理资料的呼应关系。

2）施工现场平行检验

（1）平行检验。

是项目监理机构在施工单位自检的同时，按照有关规定、建设工程监理合同约定对同一检验项目进行的检测试验活动。平行检验的内容包括工程实体量测（检查、试验、检测）和材料检验等内容。

（2）平行检验的作用。

平行检验是项目监理机构在施工阶段质量控制的重要工作之一，也是工程质量预验收和工程竣工验收的重要依据之一。监理人员不应只根据施工单位自己的检查、验收情况填写验收结论，而应该在施工单位检查、验收的基础之上进行"平行检验"。

（3）平行检验工作内容和职责。

项目监理机构首先应依据建设工程监理合同编制符合工程特点的平行检验方案，明确平行检验的方法、范围、内容、频率等，并设计各平行检验记录表式。

建设工程监理实施过程中，应根据平行检验方案的规定和要求，开展平行检验工作。对平行检验结果不符合规范、标准的检验项目，应分析原因后按照相关规定进行处理。负责平行检验的监理人员应根据经审批的平行检验方案，对工程实体、原材料等进行平行检验。

平行检验的方法包括量测、检测、试验等。在平行检验的同时，要记录相关数据，分析平行检验结果、检测报告结论等，提出相应的建议和措施。

监理文件资料管理人员应将平行检验方面的文件资料等单独整理、归档。平行检验的资料是竣工验收资料的重要组成部分。

3）施工现场旁站

（1）旁站。

旁站是指项目监理机构对工程的关键部位或关键工序的施工质量进行的监督活动。

（2）旁站的作用。

旁站可以起到及时发现问题，第一时间采取措施，防止偷工减料，确保施工工艺工序按施工方案进行，避免其他干扰正常施工的因素发生等作用

（3）旁站工作内容。

根据现行国家标准《建设工程监理规范》（GB/T 50319），工程项目质量控制的重点部位、关键工序应由项目监理机构与承包单位协商后共同确认。根据《房屋建筑工程施工旁站监理管理办法（试行）》，施工单位在需要实施旁站监理的关键部位、关键工序进行施工前 24 h，书面通知项目监理机构。项目监理机构应按照确定的关键部位、关键工序实施旁站。旁站应

在总监理工程师的指导下，由现场监理人员负责具体实施。在旁站实施前，项目监理机构应根据旁站方案和相关的施工验收规范，对旁站人员进行技术交底。

监理人员实施旁站时，发现施工单位有违反工程建设强制性标准行为的，有权责令施工单位立即整改。发现其施工活动已经或者可能危及工程质量的，应当及时向监理工程师或者总监理工程师报告，由总监理工程师下达局部暂停施工指令或者采取其他应急措施。

（4）旁站工作职责。

旁站人员的主要工作职责包括但不限于以下内容：检查施工单位现场质量管理人员到岗、特殊工种人员持证上岗以及施工机械、建筑材料准备情况；在现场跟班监督关键部位、关键工序的施工单位执行施工方案以及工程建设强制性标准情况；核查进场建筑材料、建筑构配件、设备和商品混凝土的质量检验报告等，并在现场监督施工单位进行检验或者委托具有资格的第三方进行复验；做好旁站记录和监理日记，保存旁站原始资料。

总监理工程师应及时掌握旁站工作情况，并采取相应措施解决旁站过程中发现的问题。

监理文件资料管理人员应妥善保管旁站方案、旁站记录等相关资料。

4）施工现场见证取样

（1）见证取样。

是指项目监理机构对施工单位进行的涉及结构安全的试块、试件及工程材料现场取样、封样、送检工作的监督活动。

（2）见证取样的程序和要求。

根据住房和城乡建设部《房屋建筑工程和市政基础设施工程实行见证取样和送检制度的规定》的要求，在建设工程质量检测中实行见证取样和送检制度。

见证取样的通常要求和程序如下：

① 一般规定。

见证取样通常涉及施工方、见证方和试验方三方行为。

试验室的资质资格管理又有几种不同的要求。各级工程质量监督检测机构（有 CMA 章，即计量认证，1 年审查一次）；建筑企业试验室应逐步转为企业内控机构（4 年审查一次）；第三方实验室（有计量认证书，CMA 章；检查附件、备案证书）

其中 CMA（中国计量认证/认可）是依据《中华人民共和国计量法》为社会提供公正数据的产品质量检验机构。计量认证分为两级实施：一级为国家级，由国家认证认可监督管理委员会组织实施；一级为省级，实施效力均完全一致。

② 授权。

③ 取样。

④ 送检。检测单位在接受委托检验任务时，须有送检单位填写的委托单。

⑤ 试验报告。检测单位应在检验报告上加盖"见证取样送检"印章。

3）见证监理人员工作内容和职责

总监理工程师应督促专业监理工程师制定见证取样实施细则。总监理工程师还应检查监理人员见证取样工作的实施情况。见证取样监理人员应根据见证取样实施细则要求、程序实施见证取样工作。监理文件资料管理人员应全面、妥善、真实记录试块、试件及工程材料的见证取样台账以及材料监督台账。

6. 监理对工程的质量控制措施

1）质量控制的组织措施

健全监理组织，专业人员齐全，职责分工明确，工作程序合理，监理制度完善，质量控制到位。

2）质量控制的技术措施

严格审查施工单位质量管理体系，质量管理人员到位。细致审核施工单位报审的施工组织设计关于质量管理措施。

3）质量控制的合同措施

严格筛选分包商和材料供应商。从分包商资质、业绩和技术能力把好分包合同，和供货合同。以承包合同条款约束承包商。

4）质量控制的经济措施

严格质量检查和验收。不符合要求不予签认，不计入工程量。工程获奖，给予奖励（需合同约定）。

第 4 节　设备采购与制造安装的质量控制

1. 设备采购质量控制

设备采购，可采取市场采购，向制造厂商订货或招标采购等方式，采购质量控制主要是采购方案的审查及工作计划中明确的质量要求。

1）市场采购设备的质量控制

建设单位直接采购，监理工程师要协助编制设备采购方案，总包单位或设备安装单位采购，监理工程师要对总承包单位或安装单位编制的采购方案进行审查。

市场采购设备的质量控制要点：

（1）为使采购的设备满足要求，负责设备采购质量控制的监理工程师应熟悉和掌握设计文件中设备的各项要求、技术说明和规范标准。

（2）总承包单位或设备安装单位负责设备采购的人员应有设备的专业知识，了解设备的技术要求，市场供货情况，熟悉合同条件及采购程序。

（3）由总包单位或安装单位采购的设备，采购前要向监理工程师提交设备采购方案，经审查同意后方可实施。

2）向生产厂家订购设备的质量控制

选择一个合格的供货厂商，是向厂家订购设备质量控制工作的首要环节。为此，设备订购前要做好厂商的评审与实地考察。

3）招标采购设备的质量控制

设备招标采购一般用于大型、复杂、关键设备和成套设备及生产线设备的订货。

选择合适的设备供应单位是控制设备质量的重要环节。在设备招标采购阶段，监理单位应该当好建设单位的参谋和帮手，把好设备订货合同中技术标准、质量标准的审查关。

2. 设备制造质量控制

1）设备制造的质量监控方式

（1）驻厂监造。

采取这种方式实施设备监造，监造人员直接进入设备制造厂的制造现场，成立相应的监造小组，编制监造规划，实施设备制造全过程的质量监控。

（2）巡回监控。

质量控制的主要任务是监督管理制造厂商不断完善质量管理体系，监督检查材料进厂使用的质量控制，工艺过程、半成品的质量控制，复核专职质检人员质量检验的准确性、可靠性。

（3）设置质量控制点监控。

针对影响设备制造质量的诸多因素，设置质量控制点，做好预控及技术复核，实现制造质量的控制。

2）设备制造前的质量控制工作

（1）熟悉图纸、合同，掌握标准、规范、规程、明确质量要求。
（2）明确设备制造过程的要求及质量标准。
（3）审查设备制造的工艺方案。
（4）对设备制造分包单位的审查。
（5）检验计划和检验要求的审查。
（6）对生产人员上岗资格的检查。
（7）用料的检查。

3）设备制造过程中的质量控制工作

（1）制造过程的监督和检验。
① 加工作业条件的控制；

② 工序产品的检查与控制；

③ 不合格零件的处置；

④ 设计变更；

⑤ 零件、半成品、制成品的保护。

（2）设备的装配和整机性能检测。

① 设备装配过程的监督；

② 监督设备的调整试车和整机性能检测。

（3）设备出厂的质量控制。

① 出厂前的检查；

② 设备运输的质量控制；

③ 设备运输中重点环节的控制；

④ 设备交货地点的检查与清点。

3. 设备检验

1）设备检验要求

（1）对整机装运的新购设备，应进行运输质量及供货情况的检查。

（2）对解体装运的自组装设备，在对总成、部件及随机附件、备品进行外观检查后，应尽快组织工地组装并进行必要的检测试验。

（3）工地交货的机械设备，一般都由制造厂在工地进行组装、调试和生产性试验，自检合格后才提请订货单位复验，待试验合格后，才能签署验收。

（4）调拨的旧设备的测试验收，应基本达到"完好设备"的标准。

（5）对于永久性或长期性的设备改造项目，应按原批准方案的性能要求，经一定的生产实践考验并鉴定合格后才予验收。

（6）对于自制设备，在经过 6 个月的生产考验后，按试验大纲的性能指标测试验收，决不允许擅自降低标准。

2）设备检验程序

（1）设备进入安装现场前，总承包单位或安装单位应向项目监理机构提交《工程材料/构配件/设备报审表》，同时附有设备出厂合格证及技术说明书、质量检验证明、有关图纸及技术资料，经监理工程师审查，如符合要求，则予以签认，设备方可进入安装现场。

（2）设备进场后，监理工程师应组织设备安装单位在规定时间内进行检查，此时供货方或设备制造单位应派人参加，按供货方提供的设备清单及技术说明书、相关质量控制资料进行检查验收，经检查确认合格，则验收人员签署验收单。

（3）如经检验发现设备质量不符合要求时，则监理工程师拒绝签认，由供货方或制造单位予以更换或进行处理，合格后再进行检查验收。

（4）工地交货的大型设备，一般由厂方运至工地后组装、调整和试验，经自检合格后再由监理工程师组织复核，复验合格后才予以验收。

（5）进口设备的检查验收，应会同国家商检部门进行。

3）设备检验方法

（1）设备开箱检查；

（2）设备的专业检查；

（3）单机无负荷试车或联动试车。

4. 不合格设备的处理

1）大型或专用设备

检验及鉴定其是否合格均有相应的规定，一般要经过试运转及一定时间的运行方能进行判断，有的则需要组成专门的验收小组或经权威部门鉴定。

2）一般通用或小型设备

（1）出厂前装配不合格的设备，不得进行整机检验，应拆卸后找出原因制定相应的方案后再行装配。

（2）整机检验不合格的设备不能出厂。由制造单位的相关部门进行分析研究，找出原因、提出处理方案，如是零部件原因，则应进行拆换，如是装配原因，则重新进行装配。

（3）进场验收不合格的设备不得安装，由供货单位或制造单位返修处理。

（4）试车不合格的设备不得投入使用，并由建设单位组织相关部门进行研究处理。

5. 设备安装的质量控制

1）设备安装准备阶段的质量控制

（1）审查安装单位提交的设备安装施工组织设计和安装施工方案。

（2）检查作业条件：运输道路、水、电、气、照明及消防设施；主要材料、机具及劳动力是否落实，土建施工是否已满足设备安装要求。安装工序中有恒温、恒湿、防震、防尘、防辐射要求时是否有相应的保证措施。当气象条件不利时是否有相应的措施。

（3）采用建筑结构作为起吊、搬运设备的承力点时是否对结构的承载力进行了核算，是否征得设计单位的同意。

（4）设备安装中采用的各种计量和检测器具、仪器、仪表和设备是否符合计量规定（精度等级不得低于被检对象的精度等级）。

（5）检查安装单位的质量管理体系是否建立及健全，督促其不断完善。

2）设备安装过程的质量控制

设备安装过程的质量控制主要包括：设备基础检验、设备就位、调平与找正、二次灌浆等不同工序的质量控制。

其质量控制要点如下：

（1）安装过程中的隐蔽工程，隐蔽前必须进行检查验收，合格后方可进入下道工序。

（2）设备安装中要坚持施工人员自检，下道工序的互检，安装单位专职质检人员的专检及监理工程师的复检（和抽检）并对每道工序进行检查和记录。

（3）安装过程使用的材料，如各种清洗剂、油脂、润滑剂、紧固件等必须符合设计和产品标准的规定，有出厂合格证明及安装单位自检结果。

6. 设备试运行的质量控制

1）设备试运行条件的控制

设备安装单位认为达到试运行条件时，应向项目监理机构提出申请。经现场监理工程师检查并确认满足设备试运行条件时，由总监理工程师批准设备安装承包单位进行设备试运行。试运行时，建设单位及设计单位应有代表参加。

2）试运行过程的质量控制

监理工程师在设备试运行过程的质量控制主要是监督安装单位按规定的步骤和内容进行试运行。

监理工程师应参加试运行的全过程，督促安装单位做好各种检查及记录，如：传动系统、电气系统、润滑、液压、气动系统的运行状况，试车中如出现异常，应立即进行分析并指令安装单位采取相应措施。

第 5 节　工程施工质量验收

建筑工程质量验收是指在施工单位自行检查合格的基础上，由工程质量验收责任方组织，工程建设相关单位参加，对检验批、分项、分部、单位工程及其隐蔽工程的质量进行抽样检验，对技术文件进行审核，并根据设计文件和相关标准以书面形式对工程质量是否达到合格做出确认。

建筑工程采用的主要材料、半成品、成品、建筑构配件、器具和设备应进行进场检验。凡涉及安全、节能、环境保护和主要使用功能的重要材料、产品，应按各专业工程施工规范、验收规范和设计文件等规定进行复验，并应经监理工程师检查认可。各施工工序应按施工技术标准进行质量控制，每道施工工序完成后，经施工单位自检符合规定后，才能进行下道工序施工。各专业工种之间的相关工序应进行交接检验，并应记录，对于监理单位提出检查要求的重要工序，应经监理工程师检查认可，才能进行下道工序施工。

1. 相关概念

1）检验（inspection）

对被检验项目的特征、性能进行量测、检查、试验等，并将结果与标准规定的要求进行比较，以确定项目每项性能是否合格的活动。

2）进场检验（site inspection）

对进入施工现场的建筑材料、构配件、设备及器具，按相关标准的要求进行检验，并对其质量、规格及型号等是否符合要求做出确认的活动。

3）见证检验（evidential testing）

施工单位在工程监理单位或建设单位的见证下，按照有关规定从施工现场随机抽取试样，送至具备相应资质的检测机构进行检验的活动。

4）复验（repeat testing）

建筑材料、设备等进入施工现场后，在外观质量检查和质量证明文件核查符合要求的基础上，按照有关规定从施工现场抽取试样送至试验室进行检验的活动。

5）检验批（inspection lot）

按相同的生产条件或按规定的方式汇总起来供抽样检验用的，由一定数量样本组成的检验体。

6）主控项目（dominant item）

建筑工程中对安全、节能、环境保护和主要使用功能起决定性作用的检验项目。

7）一般项目（general item）

除主控项目以外的检验项目。

8）抽样方案（sampling scheme）

根据检验项目的特性所确定的抽样数量和方法。

9）计数检验（inspection by attributes）

通过确定抽样样本中不合格的个体数量，对样本总体质量做出判定的检验方法。

10）计量检验（inspection by variables）

以抽样样本的检测数据计算总体均值、特征值或推定值，并以此判断或评估总体质量的检验方法。

11）观感质量（quality of appearance）

通过观察和必要的测试所反映的工程外在质量和功能状态。

12）返修（repair）

对施工质量不符合规定的部位采取的整修等措施。

13）返工（rework）

对施工质量不符合规定的部位采取的更换、重新制作、重新施工等措施。

2. 施工质量验收基本要求

（1）工程质量验收均应在施工单位自检合格的基础上进行。

（2）参加工程施工质量验收的各方人员应具备相应的资格。

（3）检验批的质量应按主控项目和一般项目验收。

（4）对涉及结构安全、节能、环境保护和主要使用功能的试块、试件及材料，应在进场时或施工中按规定进行见证检验。

（5）隐蔽工程在隐蔽前应由施工单位通知监理单位进行验收，并应形成验收文件，验收合格后方可继续施工。

（6）对涉及结构安全、节能、环境保护和使用功能的重要分部工程应在验收前按规定进行抽样检验。

（7）工程的观感质量应由验收人员现场检查，并应共同确认。

3. 工程质量验收的划分

建筑工程施工质量验收应划分为单位工程、分部工程、分项工程和检验批。

1）单位工程应按下列原则划分

（1）具备独立施工条件并能形成独立使用功能的建筑物或构筑物为一个单位工程。

（2）对于规模较大的单位工程，可将其能形成独立使用功能的部分划分为一个子单位工程。

2）分部工程应按下列原则划分

（1）可按专业性质、工程部位确定。

（2）当分部工程较大或较复杂时，可按材料种类、施工特点、施工程序、专业系统及类别将分部工程划分为若干子分部工程。

3）分项工程按下列原则划分

可按主要工种、材料、施工工艺、设备类别进行划分。

4）检验批按下列原则划分

可根据施工、质量控制和专业验收的需要，按工程量、楼层、施工段、变形缝进行划分。

4. 工程质量验收程序

（1）检验批应由专业监理工程师组织施工单位项目专业质量检查员、专业工长等进行验收。

（2）分项工程应由专业监理工程师组织施工单位项目专业技术负责人等进行验收。

（3）分部工程应由总监理工程师组织施工单位项目负责人和项目技术负责人等进行验收。勘查、设计单位项目负责人和施工单位技术、质量部门负责人应参加地基与基础分部工程的验收。设计单位项目负责人和施工单位技术、质量部门负责人应参加主体结构、节能分部工程的验收。

（4）单位工程中的分包工程完工后，分包单位应对所承包的工程项目进行自检，并应按本标准规定的程序进行验收。验收时，总包单位应派人参加。分包单位应将所分包工程的质量控制资料整理完整，并移交给总包单位。

（5）单位工程完工后，施工单位应组织有关人员进行自检。总监理工程师应组织各专业监理工程师对工程质量进行竣工预验收。存在施工质量问题时，应由施工单位整改。整改完毕后，由施工单位向建设单位提交工程竣工报告，申请工程竣工验收。

（6）建设单位收到工程竣工报告后，应由建设单位项目负责人组织监理、施工、设计、勘查等单位项目负责人进行单位工程验收。

第 6 节　工程质量问题与质量事故的处理

工程质量问题是指工程质量不合格，必须进行返修、加固或报废处理，由此造成一定的直接经济损失的。

工程质量事故是指工程质量不合格，影响主要构件强度、刚度及稳定性，影响结构安全和建筑寿命，造成不可挽回的永久性缺陷和重大质量隐患，存在倒塌、失稳、倾斜危险，必须进行返修、加固或报废处理，直接经济损失达到一定程度的一种行为；它也是工程本身缺乏安全性的一种状态。

1. 工程质量问题的处理

1）工程质量问题的处理方式

（1）当质量问题在萌芽状态，应及时制止，并要求施工单位立即更换不合格材料、设备或不称职人员，或要求施工单位立即改变不正确的施工方法和操作工艺。

（2）质量问题已出现时，应立即向施工单位发出《监理通知》，要求其对质量问题进行补救处理，并采取有效措施后，填报《监理通知回复单》报监理单位。

（3）当某道工序或分项工程完工以后，出现不合格项，监理工程师应填写《不合格项处置记录》，要求施工单位及时采取措施予以整改。监理工程师应对其补救方案进行确认，跟踪处理过程，对处理结果进行验收，否则不允许进行下道工序或分项的施工。

（4）在交工使用后的保修期内发现的施工质量问题，监理工程师应及时签发《监理通知》，指令施工单位进行修补、加固或返工处理。

2）工程质量问题的处理程序

（1）当发生工程质量问题时，监理工程师首先应判断其严重程度。

对可以通过返修或返工弥补的质量问题，可签发《监理通知》，责成施工单位写出质量问题调查报告，提出处理方案，填写《监理通知回复单》。报监理工程师审核后，批复承包单位处理，必要时应经建设单位和设计单位认可，处理结果应重新进行验收。

对需要加固补强的质量问题或质量问题的存在影响下道工序和分项工程的质量时，应签发《工程暂停令》，指令施工单位停止有质量问题部位和与其有关联部位及下道工序的施工。必要时，应要求施工单位采取防护措施，责成施工单位写出质量问题调查报告，由设计单位提出处理方案，并征得建设单位同意，批复承包单位处理。处理结果应重新进行验收。

（2）施工单位接到《监理通知》后，在监理工程师的组织参与下，尽快进行质量问题调查并完成报告编写。

（3）监理工程师审核、分析质量问题调查报告，判断和确认质量问题产生原因。必要时，监理工程师应组织设计、施工、供货和建设单位各方共同参加分析。

（4）在原因分析的基础上，认真审核签认质量问题处理方案。

（5）指令施工单位按既定的处理方案实施处理并进行跟踪检查。

（6）质量问题处理完毕，监理工程师应组织有关人员对处理的结果进行严格的检查、鉴定和验收，写出质量问题处理报告，报建设单位和监理单位存档。

2. 工程质量事故等级划分

1）房屋建筑和市政基础设施工程质量事故等级划分

根据《关于做好房屋建筑和市政基础设施工程质量事故报告和调查处理工作的通知》（建质〔2010〕111号），工程质量事故造成的人员伤亡或者直接经济损失，工程质量事故分为4个等级：

（1）特别重大事故，是指造成30人以上死亡，或者100人以上重伤，或者1亿元以上直接经济损失的事故。

（2）重大事故，是指造成10人以上30人以下死亡，或者50人以上100人以下重伤，或者5 000万元以上1亿元以下直接经济损失的事故。

（3）较大事故，是指造成3人以上10人以下死亡，或者10人以上50人以下重伤，或者1 000万元以上5 000万元以下直接经济损失的事故。

（4）一般事故，是指造成3人以下死亡，或者10人以下重伤，或者100万元以上1 000万元以下直接经济损失的事故。

本等级划分所称的"以上"包括本数，所称的"以下"不包括本数。

2）公路水运建设工程质量事故等级划分

根据《公路水运建设工程质量事故等级划分和报告制度》（交办安监〔2016〕146号）中规定，依据直接经济损失或工程结构损毁情况（自然灾害所致除外），公路水运建设工程质量事故分为特别重大质量事故、重大质量事故、较大质量事故和一般质量事故四个等级；直接经济损失在一般质量事故以下的为质量问题。

（1）特别重大质量事故，是指造成直接经济损失1亿元以上的事故。

（2）重大质量事故，是指造成直接经济损失5000万元以上1亿元以下，或者特大桥主体结构垮塌、特长隧道结构坍塌，或者大型水运工程主体结构垮塌、报废的事故。

（3）较大质量事故，是指造成直接经济损失1000万元以上5000万元以下，或者高速公路项目中桥或大桥主体结构垮塌、中隧道或长隧道结构坍塌、路基（行车道宽度）整体滑移，或者中型水运工程主体结构垮塌、报废的事故。

（4）一般质量事故，是指造成直接经济损失100万元以上1000万元以下，或者除高速公路以外的公路项目中桥或大桥主体结构垮塌、中隧道或长隧道结构坍塌，或者小型水运工程主体结构垮塌、报废的事故。

本条所称的"以上"包括本数，"以下"不包括本数。

3）安全生产事故等级划分

根据《安全生产事故报告和调查处理条例》（国务院第493号令）中生产安全事故造成的人员伤亡或者直接经济损失，一般将其分为以下等级：

（1）特别重大事故，是指造成30人以上死亡，或者100人以上重伤（包括急性工业中毒，下同），或者1亿元以上直接经济损失的事故。

（2）重大事故，是指造成10人以上30人以下死亡，或者50人以上100人以下重伤，或者5000万元以上1亿元以下直接经济损失的事故。

（3）较大事故，是指造成3人以上10人以下死亡，或者10人以上50人以下重伤，或者1000万元以上5000万元以下直接经济损失的事故。

（4）一般事故，是指造成3人以下死亡，或者10人以下重伤，或者1000万元以下直接经济损失的事故。

本条款所称的"以上"包括本数，所称的"以下"不包括本数。

3. 工程质量事故处理依据

工程质量事故处理的主要依据有四个方面：

1）质量事故的实况资料

（1）施工单位的质量事故调查报告。

（2）监理单位调查研究所获得的第一手资料。

２）合同文件

工程承包合同、设计委托合同、设备与器材购销合同、监理合同等相关合同文件。确定在施工过程中有关各方是否按照合同有关条款实施其活动，借以探寻事故产生的可能原因。

３）有关的技术文件和档案

（1）设计文件。

可以对照设计文件，核查施工质量是否完全符合设计的规定和要求，也可根据所发生的质量事故情况，核查设计中是否存在问题或缺陷，成为导致质量事故的一方面原因。

（2）与施工有关的技术文件、档案和资料，如：施工组织设计或施工方案、施工计划；施工记录、施工日志；有关建筑材料的质量证明资料；现场制备材料的质量证明资料；对事故状况的观测记录、试验记录或试验报告；其他有关资料

４）相关的建设法规

（1）勘查、设计、施工、监理等单位资质管理方面的法规。

涉及单位等级的划分，各级企业应具备的条件，所能承担的任务范围，以及其等级评定的申请、审查、批准、升降管理等方面。

（2）从业者资格管理方面的法规。

（3）建筑市场方面的法规。

涉及工程承发包活动，以及国家对建筑市场的管理活动。

（4）建筑施工方面的法规。

涉及施工技术管理、建设工程监理、建筑安全生产管理、施工机械设备管理和建设工程质量监督管理。

（5）关于管理标准化方面的法规。

涉及技术标准、经济标准和管理标准。

4.　工程质量事故处理程序

工程质量事故处理程序如图 5-4 所示。

5.　工程质量事故处理方案的确定及鉴定验收

１）工程质量事故处理方案类型

（1）修补处理。

当工程质量虽未达到规定的标准和要求，存在一定缺陷，但通过修补或更换器具、设备后还可达到要求的标准，又不影响使用功能和外观要求时，可修补处理。

（2）返工处理。

当工程质量未达到规定的标准和要求，存在的严重质量问题，对结构的使用和安全构成重大影响，且又无法通过修补处理时，返工处理。

1	发生工程质量事故
2	监理工程师征得建设单位同意后，签发《工程暂停令》
3	施工单位进行质量事故调查，提出质量事故调查报告和经设计等相关单位认可的处理方案
4	监理机构审查施工单位报送的质量事故调查报告和处理方案并签署意见
5	施工单位实施处理，项目监理机构对处理过程进行跟踪检查，对处理结果进行验收
6	具备复工条件时，施工单位报送工程复工报审表及有关资料，总监理工程师签署审核意见
7	建设单位批准后，总监理工程师签发《工程复工令》
8	项目监理机构向建设单位提交质量事故书面报告
9	处理记录整理归档

图 5-4　工程质量事故处理程序

（3）不做处理。

某些工程质量问题虽然不符合规定的标准和要求构成质量事故，但视其严重情况，经过分析、论证、法定检测单位鉴定和设计等有关单位认可，对工程或结构使用及安全影响不大，也可不做专门处理。通常不用专门处理的情况有以下几种：

① 不影响结构安全和正常使用。

② 有些质量问题，经过后续工序可以弥补。

③ 经法定检测单位鉴定合格。

④ 出现的质量问题，经检测鉴定达不到设计要求，但经原设计单位核算，仍能满足结构安全和使用功能。

2）工程质量事故处理的鉴定验收

监理工程师应通过组织检查和必要的鉴定，对质量事故的技术处理进行验收并予以最终确认。

（1）检查验收。

工程质量事故处理完成后，监理工程师在施工单位自检合格报验的基础上，应严格按施工验收标准及有关规范的规定进行，结合监理人员的旁站、巡视和平行检验结果，依据质量事故技术处理方案设计要求，通过实际量测，检查各种资料数据进行验收，并应办理交工验收文件，组织各有关单位会签。

（2）必要的鉴定。

凡涉及结构承载力等使用安全和其他重要性能的处理工作，或质量事故处理施工过程中建筑材料及构配件保证资料严重缺乏，或对检查验收结果各参与单位有争议时，常需做必要的试验和检验鉴定工作。

（3）验收结论。

对所有质量事故无论经过技术处理，通过检查鉴定验收还是不需专门处理的，均应有明确的书面结论。验收结论通常有以下 7 种：

① 事故已排除，可以继续施工。

② 隐患已消除，结构安全有保证。

③ 经修补处理后，完全能够满足使用要求。

④ 基本上满足使用要求，但使用时应有附加限制条件。

⑤ 对耐久性的结论。

⑥ 对建筑物外观影响的结论。

⑦ 对短期内难以做出结论的，可提出进一步观测检验意见。

第 7 节　工程质量管理标准化

现行国家标准《建筑工程施工质量验收统一标准》（GB 50300）中要求建设工程施工现场应具有健全的质量管理体系、相应的施工技术标准、施工质量检验制度和综合施工质量水平评定考核制度。

住房和城乡建设部发布了《关于开展工程质量管理标准化工作的通知》（建质〔2017〕242 号）中要求建立健全企业日常质量管理、施工项目质量管理、工程实体质量控制、工序质量过程控制等管理制度、工作标准和操作规程，建立工程质量管理长效机制，实现质量行为规范化和工程实体质量控制程序化，促进工程质量均衡发展，有效提高工程质量整体水平。力争到 2020 年底，全面推行工程质量管理标准化。

住房和城乡建设部于 2018 年 12 月 25 日发布了《城市轨道交通工程土建施工质量标准化管理技术指南》，指南以"管理行为标准化和工程实体质量控制标准化"为核心，建立覆盖城市轨道交通工程全过程、全员参与的质量标准化管理体系，实行规范化管理。

1. 工程质量管理标准化主要内容

工程质量管理标准化，是依据有关法律法规和工程建设标准，从工程开工到竣工验收备案的全过程，对工程参建各方主体的质量行为和工程实体质量控制实行的规范化管理活动。其核心内容是质量行为标准化和工程实体质量控制标准化。

（1）质量行为标准化。依据《建筑法》《建设工程质量管理条例》和现行国家《建设工程项目管理规范》（GB 50326）等法律法规和标准规范，按照"体系健全、制度完备、责任明确"的要求，对企业和现场项目管理机构应承担的质量责任和义务等方面做出相应规定，主要包括人员管理、技术管理、材料管理、分包管理、施工管理、资料管理和验收管理等。

（2）工程实体质量控制标准化。按照"施工质量样板化、技术交底可视化、操作过程规范化"的要求，从建筑材料、构配件和设备进场质量控制、施工工序控制及质量验收控制的全过程，对影响结构安全和主要使用功能的分部、分项工程和关键工序做法以及管理要求等做出相应规定。

2. 工程质量管理标准化重点任务

（1）建立质量责任追溯制度。明确各分部、分项工程及关键部位、关键环节的质量责任人，严格施工过程质量控制，加强施工记录和验收资料管理，建立施工过程质量责任标识制度，全面落实建设工程质量终身责任承诺和竣工后永久性标牌制度，保证工程质量的可追溯性。

（2）建立质量管理标准化岗位责任制度。将工程质量责任详细分解，落实到每一个质量管理、操作岗位，明确岗位职责，制定简洁、适用、易执行、通俗易懂的质量管理标准化岗位手册，指导工程质量管理和实施操作，提高工作效率，提升质量管理和操作水平。

（3）实施样板示范制度。在分项工程大面积施工前，以现场示范操作、视频影像、图片文字、实物展示、样板间等形式直观展示关键部位、关键工序的做法与要求，使施工人员掌握质量标准和具体工艺，并在施工过程中遵照实施。通过样板引路，将工程质量管理从事后验收提前到施工前的预控和施工过程的控制。按照"标杆引路、以点带面、有序推进、确保实效"的要求，积极培育质量管理标准化示范工程，发挥示范带动作用。

（4）促进质量管理标准化与信息化融合。充分发挥信息化手段在工程质量管理标准化中的作用，大力推广建筑信息模型（BIM）、大数据、智能化、移动通信、云计算、物联网等信息技术应用，推动各方主体、监管部门等协同管理和共享数据，打造基于信息化技术、覆盖施工全过程的质量管理标准化体系。

（5）建立质量管理标准化评价体系。及时总结具有推广价值的工作方案、管理制度、指导图册、实施细则和工作手册等质量管理标准化成果，建立基于质量行为标准化和工程实体质量控制标准化为核心内容的评价办法和评价标准，对工程质量管理标准化的实施情况及效果开展评价，评价结果作为企业评先、诚信评价和项目创优等重要参考依据。

3. ISO9001-2015 质量管理标准

ISO 是"国际标准化组织"的英语简称，其全称是 International Organization for Standardization。国际标准 ISO 9001 是由 ISO/TC 176/SC2（国际标准化组织质量管理和质量保证技术委员会质量体系分技术委员会）负责制定和修订。由技术委员会通过的国际标准草案提交各成员团体投票表决，需取得至少 75% 参加表决的成员团体的同意，国际标准草案才能作为国际标准正式发布。

　　ISO 9001 为企业提供了一种具有科学性的质量管理和质量保证方法和手段，可用以提高内部管理水平。文件化的管理体系使全部质量工作有可知性、可见性和可查性，通过培训使员工更理解质量的重要性及对其工作的要求；使企业内部各类人员的职责明确，避免推诿扯皮，减少领导的麻烦；可以使产品质量得到根本的保证；为客户和潜在的客户提供信心；提高企业的形象，增加了竞争的实力；可以满足市场准入的要求。

　　1）总　则

　　采用质量管理体系是组织的一项战略性决策。能够帮助其提高整体绩效，为推动可持续发展奠定良好基础。组织根据 ISO 9001 实施质量管理体系具有如下潜在益处：

　　（1）能稳定提供满足顾客要求并符合的法律法规的产品和服务的能力。

　　（2）能促成增强顾客满意的机会。

　　（3）能应对与其环境和目标相关的风险和机遇。

　　（4）能证实符合规定的质量管理体系要求的能力。

　　2）质量管理原则

　　质量管理原则是质量管理理论和实践的系统总结，他们之间相互关联、相互作用，应将其作为一个集合系统加以认识理解。质量管理原则包括：

　　（1）以顾客为关注焦点。

　　① 释义：质量管理的主要关注点是满足顾客要求并且努力超越顾客的期望。

　　② 理论依据：组织只有赢得顾客和其他相关方的信任才能获得持续成功。与顾客相互合作的每个方面，都提供了为顾客创造更多价值的机会。理解顾客和其他相关方当前和未来的需求，有助于组织的持续成功。

　　③ 主要作用：增加顾客价值；提高顾客满意；增进顾客忠诚；增加重复性业务；提高组织的声誉；扩展顾客群；增加收入和市场份额。

　　④ 实施方法：了解组织能获得价值的直接和间接顾客；了解顾客当前和未来的需求和期望；将组织的目标与顾客的需求和期望联系起来；将顾客的需求和期望，在整个组织内予以沟通；为满足顾客的需求和期望，对产品和服务进行策划、设计、开发、生产、支付和支持；测算和监控顾客满意度，并采取适当措施；确定有可能影响到顾客满意度的相关方的需求和期望，确定并采取措施；积极管理与顾客的关系，以具用持续成功。

　　（2）领导作用。

　　① 释义：各层领导应当建立统一的宗旨及方向，并且应当创造并保持一个能使员工充分发挥来实现这个目标的内部环境。

　　② 理论依据：统一的宗旨和方向，以及全员参与，能够使组织将战略、方针、过程和资源保持一致，以实现其目标。

　　③ 主要作用：提高实现组织质量目标的有效性和效率；组织的过程更加协调；改善组织各层次、各职能间的沟通；开发和提高组织及其人员的能力，以获得期望的结果。

　　④ 实施方法：在整个组织内，就其使命、愿景、战略、方针和过程进行沟通；在组织的所有层次创建并保持共同的价值观和公平、道德的行为模式；培育诚信和正直的文化；鼓

励在整个组织范围内履行对质量的承诺；确保各级领导者成为组织人员中的实际楷模；为组织人员提供履行职责所需的资源、培训和权限；激发、鼓励和表彰员工的贡献。

（3）全员参与。

① 释义：整个组织内各级人员的胜任、授权和参与，是提高组织创造价值和提供价值能力的必要条件。

② 理论依据：为了有效和高效的管理组织，各级人员得到尊重并参与其中是极其重要的。通过表彰、授权和提高能力，促进在实现组织的质量目标过程中的做到全员参与。

③ 主要作用：通过组织内人员对质量目标的深入理解和内在动力的激发以实现其目标；在改进活动中，提高人员的参与程度；促进个人发展；提高员工主动性和创造力；提高员工的满意度；增强整个组织的信任和协作；促进整个组织对共同价值观和文化的关注。

④ 实施方法：与员工沟通，以增进他们对个人贡献的重要性的认识；促进整个组织的协作；提倡公开讨论，分享知识和经验；让员工确定工作中的制约因素，毫不犹豫地主动参与；赞赏和表彰员工的贡献、钻研精神和进步；针对个人目标进行绩效的自我评价；为评估员工的满意度和沟通结果进行调查，并采取适当的措施。

（4）过程方法。

① 释义：当活动被作为相互关联的功能连贯的过程进行系统管理时，可更加有效和高效地始终得到预期的结果。

② 理论依据：质量管理体系是由相互关联的过程所组成的。理解体系是如何产生结果的，能够使组织尽可能地完善体系和绩效

③ 主要作用：提高对关键过程的关注和改进机会的能力；通过协调一致的过程体系，始终得到预期的结果；通过过程的有效管理、资源的高效利用及职能交叉障碍的减少，尽可能提高绩效；使组织能够向相关方提供关于其一致性、有效性和效率方面的信任。

④ 实施方法：确定体系和过程需要达到的目标；为管理过程确定职责、权限和义务；了解组织的能力，事先确定资源约束条件；确定过程相互依赖的关系，分析个别过程的变更对整个体系的影响；对体系的过程及其相互关系继续管理，有效和高效地实现组织的质量目标；确保获得过程运行和改进的必要信息，并监视、分析和评价整个体系的绩效；对能影响过程输出和质量管理体系整个结果的风险进行管理。

（5）改进。

① 释义：成功的组织总是致力于持续改进。

② 理论依据：改进对于组织保持当前的业绩水平，对其内外部条件的变化做出反应并创造新的机会都是非常必要的。

③ 主要作用：改进过程绩效、组织能力；提高顾客满意度；增强对调查和确定基本原因以及后续的预防和纠正措施的关注；提高对内外部的风险和机会的预测和反应能力；增加对增长性和突破性改进的考虑；通过加强学习实现改进；增加改革的动力。

④实施方法：促进在组织的所有层次建立改进目标；对各层次员工进行培训，使其懂得如何应用基本工具和方法实现改进目标；确保员工有能力成功地制定和完成改进项目；开发和部署整个组织实施的改进项目；跟踪、评审和审核改进项目的计划、实施、完成和结果；将新产品开发或产品、服务和过程的更改都纳入改进中予以考虑；赞赏和表彰改进。

（6）基于事实的决策（循证决策）。

① 释义：基于数据和信息的分析和评价的决策更有可能产生期望的结果。

② 理论依据：决策是一个复杂的过程，并且总是包含一些不确定因素。它经常涉及多种类型和来源的输入及其解释，而这些解释可能是主观的。重要的是理解因果关系和潜在的非预期后果。对事实、证据和数据的分析可导致决策更加客观，因而更有信心。

③ 主要作用：改进决策过程；改进对实现目标过程的绩效和能力的评估；改进运行的有效性和效率；增加评审、挑战和改变意见和决策的能力；增加证实以往决策有效性的能力。

④ 实施方法：确定、测量和监视证实组织绩效的关键指标；使相关人员能够获得所需的全部数据；确保数据和信息足够准确、可靠和安全；使用适宜的方法对数据和信息进行分析和评价；确保人员对分析和评价所需的数据是胜任的；依据证据，权衡经验和直觉进行决策并采取措施。

（7）关系管理。

① 释义：为了持续成功，组织需要管理与供方等相关方的关系。

② 理论依据：相关方影响组织的绩效，组织管理与所有相关方的关系，以最大限度地发挥其在组织绩效方面的作用。对供方及合作伙伴的关系网的管理是非常重要的。

③ 主要作用：通过对每一个与相关方有关的机会和限制的响应，提高组织及其相关方的绩效；对目标和价值观，与相关方有共同的理解；通过共享资源和能力，以及管理与质量有关的风险，增加为相关方创造价值的能力；使产品和服务稳定流动的、管理良好的供应链。

④ 实施方法：确定组织和相关方（例如：供方、合作伙伴、顾客、投资者、雇员或整个社会）的关系；确定需要优先管理的相关方的关系；建立权衡短期收益与长期考虑的关系；收集并与相关方共享信息、专业知识和资源；适当时，测量绩效并向相关方报告，以增加改进的主动性；与供方、合作伙伴及其他相关方共同开展开发和改进活动；鼓励和表彰供方与合作伙伴的改进和成绩。

3）PDCA 循环

PDCA 循环是美国质量管理专家休哈特博士首先提出的，由戴明采纳、宣传，获得普及，所以又称戴明环。全面质量管理的思想基础和方法依据就是 PDCA 循环。PDCA 循环的含义是将质量管理分为四个阶段，即计划（Plan）、执行（Do）、检查（Check）、处理（Act）。在质量管理活动中，要求把各项工作按照做出计划、实施计划、检查实施效果，然后将成功的纳入标准，不成功的留待下一循环去解决。这一工作方法是 PDCA 循环质量管理的基本方法，也是企业管理各项工作的一般规律。

（1）P（Plan）阶段。

即根据顾客的要求和组织的方针，为提供结果建立必要的目标和过程。

步骤 1：分析现状，找出问题。

强调的是对现状的把握和发现问题的意识、能力，发现问题是解决问题的第一步，是分析问题的条件。

步骤 2：分析产生问题的原因。

找准问题后分析产生问题的原因至关重要，运用头脑风暴法等多种集思广益的科学方法，把导致问题产生的所有原因统统找出来。

步骤3：区分主因和次因。

确认主因和次因，是最有效解决问题的关键。筛选方案，统计质量工具能够发挥较好的作用。正交试验设计法、矩阵图都是进行多方案设计中效率高、效果好的工具方法。

步骤4：拟定措施、制定计划。

有了好的方案，其中的细节也不能忽视，计划的内容如何完成好，需要将方案步骤具体化，逐一制定对策，明确回答出方案中的"5W1H"，即：为什么制定该措施（Why）、达到什么目标（What）、在何处执行（Where）、由谁负责完成（Who）、什么时间完成（When）、如何完成（How）。使用过程决策程序图或流程图，将方案的具体实施步骤分解。

（2）D（Do）阶段。

即按照预定的计划、标准，根据已知的内外部信息，设计出具体的行动方法、方案，进行布局。再根据设计方案和布局，进行具体操作，努力实现预期目标的过程。

步骤5：执行措施、执行计划

设计出具体的行动方法、方案，进行布局，采取有效的行动；产品的质量、能耗等是设计出来的，通过对组织内外部信息的利用和处理，做出设计和决策，是当代组织最重要的核心能力。设计和决策水平决定了组织执行力。

对策制定完成后就进入了实验、验证阶段也就是做的阶段。在这一阶段除了按计划和方案实施外，还必须要对过程进行测量，确保工作能够按计划进度实施。同时采集数据，收集原始记录和数据等项目文档。

（3）C（Check）阶段。

即确认实施方案是否达到了目标。

步骤6：检查验证、评估效果

方案是否有效、目标是否完成，需要进行效果检查后才能得出结论。将采取的对策进行确认后，对采集到的证据进行总结分析，把完成情况同目标值进行比较，看是否达到了预定的目标。如果没有出现预期的结果时，应该确认是否严格按照计划实施对策，如果是，就意味着对策失败，那就要重新进行最佳方案的确定。

（4）A（Act）阶段。

步骤7：标准化，固定成绩

标准化是维持企业治理现状不下滑，积累、沉淀经验的最好方法，也是企业治理水平不断提升的基础。可以这样说，标准化是企业治理系统的动力，没有标准化，企业就不会进步，甚至下滑。

对已被证明的有成效的措施，要进行标准化，制定成工作标准，以便以后的执行和推广。

步骤8：问题总结，处理遗留问题

所有问题不可能在一个PDCA循环中全部解决，遗留的问题会自动转进下一个PDCA循环，如此，周而复始，螺旋上升。处理阶段是PDCA循环的关键。因为处理阶段就是解决存在问题，总结经验和吸取教训的阶段。该阶段的重点又在于修订标准，包括技术标准和管理制度。没有标准化和制度化，就不可能使PDCA循环转动向前。

PDCA循环的8个步骤如图5-5所示。

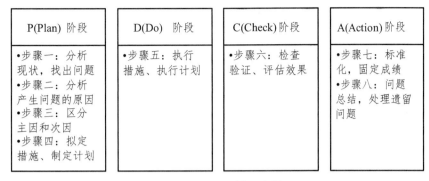

图 5-5　PDCA 循环步骤

PDCA 循环，可以使我们的思想方法和工作步骤更加条理化、系统化、图像化和科学化。它具有如下特点：

（1）大环套小环、小环保大环、推动大循环。

PDCA 循环，层层循环，形成大环套小环，小环里面又套更小的环。大环是小环的母体和依据，小环是大环的分解和保证。各级部门的小环都围绕着企业的总目标朝着同一方向转动。通过循环把企业上下或工程项目的各项工作有机地联系起来，彼此协同，互相促进。

（2）不断前进、不断提高。

PDCA 循环就像爬楼梯一样，一个循环运转结束，生产的质量就会提高一步，然后再制定下一个循环，再运转、再提高，不断前进，不断提高。

（3）门路式上升。

PDCA 循环不是在同一水平上循环，每循环一次，就解决一部分问题，取得一部分成果，工作就前进一步，水平就进步一步。每通过一次 PDCA 循环，都要进行总结，提出新目标，再进行第二次 PDCA 循环，使品质治理的车轮滚滚向前。PDCA 每循环一次，品质水平和治理水平均更进一步，如图 5-6 所示。

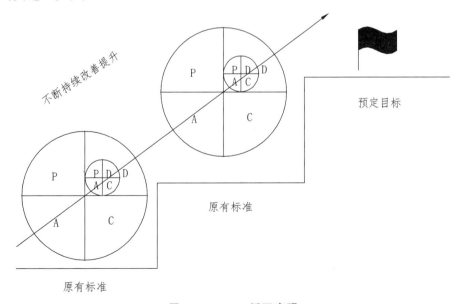

图 5-6　PDCA 循环实现

本章小结

本章介绍了建设工程质量的概念，说明了建设工程质量的形成过程，分析了影响工程质量的因素，说明了工程勘查设计阶段、施工阶段、设备采购制造安装阶段的质量控制；确定了工程施工质量验收应遵守的规定；描述了工程质量问题与质量事故的处理的程序与方法；介绍了工程质量管理标准化主要内容。

思考题

5-1 什么是建设工程质量？建设工程质量有何特点？

5-2 建设工程质量的影响因素有哪些？

5-3 何谓建设工程质量控制？建设工程质量控制有哪些原则？

5-4 现场质量监督的方式有哪些？

5-5 简述设备安装阶段的质量控制。

5-6 简述建设工程质量事故的分类。

5-7 简述建设工程质量事故处理的程序。

5-8 简述建设工程勘查设计、保修阶段的质量管理工作内容。

5-9 建设工程竣工验收具备的条件是什么？

5-10 简述工程质量管理标准化的重点任务。

第6章　建设工程投资控制

第1节　建设工程投资

1. 建筑工程投资概念

建筑工程投资一般是指进行某项工程从建设到形成生产能力花费的全部费用。即该建设项目有计划地形成固定资产、扩大再生产能力和维持最低量流动基金的一次性费用总和。

工程总投资，一般是指进行某项工程建设花费的全部费用。生产性工程建设总投资包括建设投资和铺底流动资金两部分；非生产性工程建设总投资则只包括建设投资。

建设投资由设备及工具器具购置费、建筑安装工程费、工程建设其他费、预备费（包括基本预备费和涨价预备费）、建设期贷款利息和固定资产投资方向调节税（目前暂不征）组成，如图6-1所示。

我国现行建设工程投资构成中的建筑安装工程费用也有按照分部分项工程费、措施项目费、其他项目费、规费、税金来划分的。

建设投资可以分为静态投资部分和动态投资部分。

静态投资部分由建筑安装工程费、设备及工具器具购置费、工程建设其他费用和基本预备费组成。

设备及工具、器具购置费用是指按照建设项目设计文件要求，建设单位（或其委托单位）购置或自制达到固定资产标准的设备和新扩建项目配置的首套工具、器具及生产家具所需的投资。它由设备及工具、器具原价和包括设备成套公司服务费在内的运杂费组成。在生产性建设项目中，设备及工具、器具投资可称为"积极投资"，它占项目投资费用比重的提高，标志着技术的进步和生产部门有机构成的提高。

建筑安装工程费用是指建设单位用于建筑物安装工程方面的投资，包括用于建筑物的建造及有关准备、清理等工程的投资，用于需要安装设备的安置、装配工程的投资，是以货币表现的建筑安装工程的价值，其特点是必须通过兴工动料、追加活劳动才能实现。在工程项目决策以后的施工阶段，设计施工图确定，此时的工程投资称为工程项目造价，它更符合实际情况。

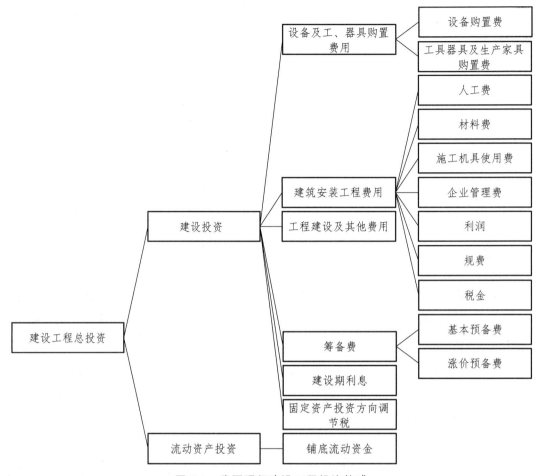

图 6-1　我国现行建设工程投资构成

工程建设其他费用是指未纳入以上两项的，由项目投资支付的，为保证工程建设顺利完成和交付使用后能够正常发挥效用而发生的各项费用总和。它可分为三类，第一类是土地转让费，包括土地征用及迁移补偿费、土地使用权出让金；第二类是与项目建设有关的费用，包括建设单位管理费、勘查设计费、研究试验费、财务费用（如建设期贷款利息）等费用；第三类是与未来企业生产经营有关的费用，包括联合试运转费、生产准备费等费用。

动态的投资部分，是指在建设期内，因建设期贷款利息、工程建设需缴纳的固定资产投资方向调节税和国家新批准的税费、汇率、利率变动，以及建筑期价格变动引起的建设投资增加额，包括涨价预备费、建设期贷款利息和固定资产投资方向调节税。

2. 建设工程项目投资的特点

建设工程项目投资的特点是由建设工程项目的特点决定的。

（1）建设工程项目投资数额巨大。

建设工程项目投资数额巨大，动辄上千万，数十亿。建设工程项目投资数额巨大的特点使它关系到国家、行业或地区的重大经济利益，对国计民生也会产生重大的影响。从这一点也说明了建设工程投资管理的重要意义。

（2）建设工程项目投资差异明显。

每个建设工程项目都有其特定的用途、功能、规模，每项工程的结构、空间分割、设备配置和内外装饰都有不同的要求，工程内容和实物形态都有其差异性。同样的工程处于不同的地区或不同的时段在人工、材料、机械消耗上也有差异。所以，建设工程项目投资的差异十分明显。

（3）建设工程项目投资需单独计算。

每个建设工程项目都有专门的用途，所以其结构、面积、造型和装饰也不尽相同。即使是用途相同的建设工程项目，技术水平、建筑等级和建筑标准也有所差别。建设工程项目还必须在结构、造型等方面适应项目所在地的气候、地质、水文等自然条件，这就使建设工程项目的实物形态千差万别。再加上不同地区构成投资费用的各种要素的差异，最终导致建设工程项目投资的千差万别。因此，建设工程项目只能通过特殊的程序（编制估算、概算、预算、合同价、结算价及最后确定竣工决算等），就每个项目单独计算其投资。

（4）建设工程项目投资确定依据复杂。

建设工程项目投资的确定依据繁多，关系复杂。在不同的建设阶段有不同的确定依据，且互为基础和指导，互相影响。如预算定额是概算定额（指标）编制的基础，概算定额（指标）又是估算指标编制的基础；反过来，估算指标又控制概算定额（指标）的水平，概算定额（指标）又控制预算定额的水平。这些都说明了建设工程项目投资的确定依据复杂的特点。不同的建设阶段工程投资确定如图 6-2 所示。

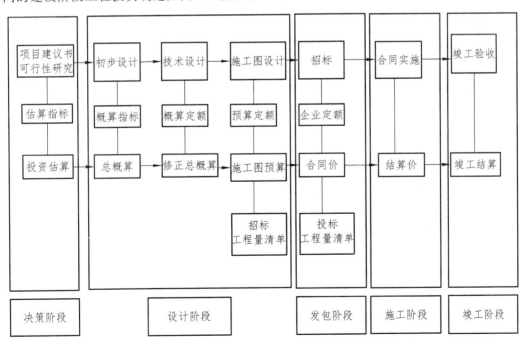

图 6-2　建设工程投资确定示意图

（5）建设工程项目投资确定层次繁多。

凡是按照一个总体设计进行建设的各个单项工程汇集的总体即为一个建设工程项目。在建设工程项目中凡是具有独立的设计文件、竣工后可以独立发挥生产能力或工程效益的工程为单项工程，也可将它理解为具有独立存在意义的完整的工程项目。各单项工程又可分解为各个能独立施工的单位工程。考虑到组成单位工程的各部分是由不同工人用不同工具和材料完成的，又可以把单位工程进一步分解为分部工程。然后还可按照不同的施工方法、构造及规格，把分部工程更细致地分解为分项工程。此外，需分别计算分部分项工程投资、单位工程投资、单项工程投资，最后才能汇总形成建设工程项目投资。可见建设工程项目投资的确定层次繁多。

（6）建设工程项目投资需动态跟踪调整。

每个建设工程项目从立项到竣工都有一个较长的建设期，在此期间都会出现一些不可预料的变化因素，对建设工程项目投资产生影响。如工程设计变更，设备、材料、人工价格变化，国家利率、汇率调整，因不可抗力出现或因承包方、发包方原因造成的索赔事件出现等，必然要引起建设工程项目投资的变动。所以，建设工程项目投资在整个建设期内都属于不确定的，需随时进行动态跟踪、调整，直至竣工决算后才能真正确定建设工程项目投资。

3. 影响工程造价的主要因素分析及对策

（1）市场价格变化：人工、材料、机械设备等由于国家政策或供求关系而引起波动，应搜集价格信息，实行货比三家，满足要求情况下，优先选择价格低。

（2）设计原因：设计错误、设计漏项、设计标准变化、设计过于保守、图纸提供不及时等。将应定期召开设计会议，按照总体进度安排，向建设方提出优先设计的专业、部位等，要求设计建立质量保证体系，层层把关，避免设计错误、设计漏项，确保设计审图一次通过，如设计标准变化监理单位可及时提出变更要求，通过以上办法，减少索赔的发生；如设计过于保守，通过审核图纸，利用监理经验，给业主提出书面建议以变更设计，降低造价。

（3）业主原因：装修设计不确定、增加内容、组织不落实、建设手续不全、协调不利、未及时提供合格场地等。业主原因极易引起施工索赔的发生，监理单位应和业主保持紧密联系，关注业主合同责任、义务的落实情况，协助办理。

（4）施工原因：施工方案不合理、材料代用、施工质量有问题、赶工、进度拖延等。对施工方案、材料代用严格审批并提出降价的合理化建议；施工过程中加强巡视和验收，防止施工质量问题；要求施工方按进度计划均衡施工。

（5）客观原因：自然因素、基础处理、社会原因、法规变化等。客观原因的出现不可阻挡，但能预测，采取方案对比，选择合理方案避免或减少风险。

4. 建设工程投资控制的目标

控制是为确保目标的实现而服务的，一个系统若没有目标，就不需要、也无法进行控制。目标的设置应是很严肃的，应有科学的依据。

工程项目建设过程是一个周期长、投入大的生产过程，建设者在一定时间内占有的经验知识是有限的，不但常常受到科学条件和技术条件的限制，而且也受到客观过程的发展及其表现程度的限制，因而不可能在工程建设伊始，就设置一个科学的、一成不变的投资控制目标，而只能设置一个大致的投资控制目标，这就是投资估算。随着工程建设实践、认识、再实践、再认识，投资控制目标逐渐清晰、准确，这就是设计概算、施工图预算、承包合同价等。也就是说，投资控制目标的设置应是随着工程项目建设实践的不断深入而分阶段设置，具体来讲，投资估算应是建设工程设计方案选择和进行初步设计的投资控制目标；设计概算应是进行技术设计和施工图设计的投资控制目标；施工图预算或建安工程承包合同价则应是施工阶段投资控制的目标。有机联系的各个阶段目标相互制约，相互补充，前者控制后者，后者补充前者，共同组成建设工程投资控制的目标系统。

目标要既有先进性又有实现的可能性，目标水平要能激发执行者的进取心和充分发挥他们的工作能力，挖掘他们的潜力。若目标水平太低，如对建设工程投资高估冒算，则对建造者缺乏激励性，建造者亦没有发挥潜力的余地，目标形同虚设；若目标水平太高，如在建设工程立项时投资就留有缺口，建造者一再努力也无法达到，则可能产生灰心情绪，使工程投资控制成为一纸空文。

5.　建设工程投资控制的基本原则

（1）系统控制原则。

在投资控制的过程中，要协调好与进度控制和质量控制的关系，做到三大目标控制的有机配合和相互平衡，而不能片面强调投资控制。

（2）全过程控制原则。

要求从设计阶段就开始进行投资控制，并将投资控制工作贯穿于建设工程实施的全过程，直至整个工程建成且延续到保修期结束。在明确全过程控制的前提下，还要特别强调早期控制的重要性。越早进行控制，投资控制的效果越好，节约投资的可能性越大。建设工程累计投资和节约投资可能性曲线如图 6-3 所示。

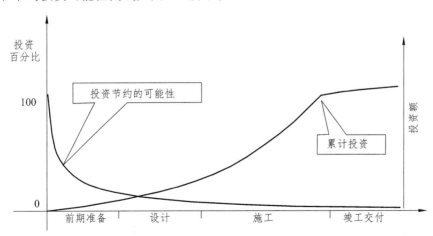

图 6-3　建设工程累计投资和节约投资可能性曲线

从图 6-3 可以看出，投资额最大的是施工阶段；对投资效果的影响最大的是前期准备阶段；投资节约的可能性最大的前期，尤其是设计阶段。

对投资目标进行全方位控制时，应当注意以下几个问题：要认真分析建设工程及其投资构成的特点，了解各项费用的变化趋势和影响因素；要抓住主要矛盾，有所侧重；要根据各项费用的特点选择适当的控制方式。

第 2 节　建设工程投资控制主要工作

投资控制是我国建设工程监理的一项主要任务，贯穿于监理工作的各个环节。根据现行国家标准《建设工程监理规范》（GB/T 50319）的规定，工程监理单位要依据法律法规、工程建设标准、勘查设计文件及合同，在施工阶段对建设工程进行造价控制。同时，工程监理单位还应根据建设工程监理合同的约定，在工程勘查、设计、保修等阶段为建设单位提供相关服务工作。以下分别是施工阶段和在相关服务阶段监理机构在投资控制中的主要工作。

1）施工阶段投资控制的主要工作

工程项目施工阶段是建设资金大量使用而项目经济效益尚未实现的阶段，在该阶段进行投资控制具有周期长、内容多、工作量大等特点，监理工程师做好施工阶段的投资控制对于防止"三超"的出现具有十分重要的意义。

建筑行业里的"三超"就是指在概算上估算超了；在预算上概算超了；在结算中预算超了。即：概算超估算、预算超概算、结算超预算。如图 6-4 所示。

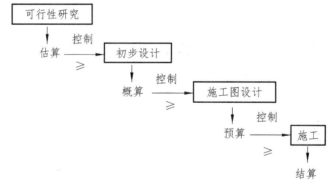

图 6-4　投资"三超"控制示意图

在我国，由于种种原因，三超现象普遍性存在。这也辩证地说明了建设工程中的工程投资控制非常的重要。

施工阶段投资控制的主要工作如下：

（1）进行工程计量和付款签证。

① 专业监理工程师对施工单位在工程款支付报审表中提交的工程量和支付金额进行复核，确定实际完成的工程量，提出到期应支付给施工单位的金额，并提出相应的支持性材料。

② 总监理工程师对专业监理工程师的审查意见进行审核，签认后报建设单位审批。

③ 总监理工程师根据建设单位的审批意见，向施工单位签发工程款支付证书。

（2）对完成工程量进行偏差分析。

项目监理机构应建立月完成工程量统计表，对实际完成量与计划完成量进行比较分析，发现偏差的，应提出调整建议，并应在监理月报中向建设单位报告。

（3）审核竣工结算款。

① 专业监理工程师审查施工单位提交的竣工结算款支付申请，提出审查意见。

② 总监理工程师对专业监理工程师的审查意见进行审核，签认后报建设单位审批，同时抄送施工单位，并就工程竣工结算事宜与建设单位、施工单位协商；达成一致意见的，根据建设单位审批意见向施工单位签发竣工结算款支付证书；不能达成一致意见的，应按施工合同约定处理。

（4）处理施工单位提出的工程变更费用。

总监理工程师组织专业监理工程师对工程变更费用及工期影响做出评估。总监理工程师组织建设单位、施工单位等共同协商确定工程变更费用及工期变化，会签工程变更单。项目监理机构可在工程变更实施前与建设单位、施工单位等协商确定工程变更的计价原则、计价方法或价款。建设单位与施工单位未能就工程变更费用达成协议时，项目监理机构可提出一个暂定价格并经建设单位同意，作为临时支付工程款的依据。工程变更款项最终结算时，应以建设单位与施工单位达成的协议为依据。

（5）处理费用索赔。

① 项目监理机构应及时收集、整理有关工程费用的原始资料，为处理费用索赔提供证据。

② 审查费用索赔报审表。需要施工单位进一步提交详细资料时，应在施工合同约定的期限内发出通知。与建设单位和施工单位协商一致后，在施工合同约定的期限内签发费用索赔报审表，并报建设单位。当施工单位的费用索赔要求与工程延期要求相关联时，项目监理机构可提出费用索赔和工程延期的综合处理意见，并应与建设单位和施工单位协商。

③ 因施工单位原因造成建设单位损失，建设单位提出索赔时，项目监理机构应与建设单位和施工单位协商处理。

2）相关服务阶段投资控制的主要工作

（1）工程勘查设计阶段。

① 协助建设单位编制工程勘查设计任务书和选择工程勘查设计单位，并应协助签订工程勘查设计合同。

② 审核勘查单位提交的勘查费用支付申请表，以及签发勘查费用支付证书。审核设计单位提交的设计费用支付申请表，以及签认设计费用支付证书。

③ 审查设计单位提交的设计成果，并应提出评估报告。

④ 审查设计单位提出的新材料、新工艺、新技术、新设备在相关部门的备案情况。必要时应协助建设单位组织专家评审。

⑤ 审查设计单位提出的设计概算、施工图预算，提出审查意见。

⑥ 分析可能发生索赔的原因，制定防范对策。

⑦ 协助建设单位组织专家对设计成果进行评审。

⑧ 根据勘查设计合同，协调处理勘查设计延期、费用索赔等事宜。

（2）工程保修阶段。

对建设单位或使用单位提出的工程质量缺陷，工程监理单位应安排监理人员进行检查和记录，并应要求施工单位予以修复，同时应监督实施，合格后应予以签认。

工程监理单位应对工程质量缺陷原因进行调查，并应与建设单位、施工单位协商确定责任归属。对非施工单位原因造成的工程质量缺陷，应核实施工单位申报的修复工程费用，并应签认工程款支付证书。

第3节　工程变更的投资控制

工程变更一般是指在工程施工过程中，根据合同约定对施工的程序，工程的内容、数量、质量要求及标准等做出变更。

在工程项目的实施过程中，由于多方面的情况变更，经常出现工程量变化、施工进度变化，以及发包方与承包方在执行合同中的争执等许多问题。这些问题的产生，一方面，是由于勘查设计工作不细，以致在施工过程中发现许多招标文件中没有考虑或估算不准确的工程量，因而不得不改变施工项目或增减工程量；另一方面，是由于发生不可预见的事件，如自然或社会原因引起的停工或工期拖延等。由于工程变更所引起的工程量的变化、承包人的索赔等，都有可能使项目投资超出原来的预算投资，监理工程师必须严格予以控制，密切注意其对未完工程投资支出的影响及对工期的影响。

1. 工程变更的原因

工程变更一般主要有以下几个方面的原因：

（1）业主新的变更指令，对建筑的新要求。如业主有新的意图，业主修改项目计划、削减项目预算等。

（2）由于设计人员、监理方人员、承包商事先没有很好地理解业主的意图，或设计的错误，导致图纸修改。

（3）工程环境的变化，预定的工程条件不准确，要求实施方案或实施计划变更。

（4）由于产生新技术和知识，有必要改变原设计、原实施方案或实施计划，或由于业主指令及业主责任的原因造成承包商施工方案的改变。

（5）政府部门对工程新的要求，如同家计划变化、环境保护要求、城市规划变动等。

（6）由于合同实施出现问题，必须调整合同目标或修改合同条款。

2. 工程变更的范围和内容

根据国家发展和改革委员会等九部委联合编制的《标准施工招标文件》中的通用合同条

款的规定：除专用合同条款另有约定外，在履行合同中发生以下情形之一，应按照本条规定进行变更。

（1）取消合同中任何一项工作，但被取消的工作不能转由发包人或其他人实施。

（2）改变合同中任何一项工作的质量或其他特性。

（3）改变合同工程的基线、标高、位置或尺寸。

（4）改变合同中任何一项工作的施工时间或改变已批准的施工工艺或顺序。

（5）为完成工程需要追加的额外工作。

（6）在履行合同过程中，承包人可以对发包人提供的图纸、技术要求，以及在其他方面提出合理化建议。

除以上规定以外，FIDIC（国际咨询工程师联合会）"施工合同条件"规定，每项变更可包括：

（1）对合同中任何工作的工作量的改变（此类改变并不一定必然构成变更）。

（2）任何工程质量或其他特性上的变更。

（3）工程任何部分标高、位置和尺寸上的改变。

（4）取消任何工作，除非它已被他人完成。

（5）永久工程所必需的任何附加工作，永久设备、材料或服务，包括任何联合竣工检验、钻孔和其他检验以及勘查工作。

（6）工程的实施顺序或实际安排的改变等。

3. 工程变更的种类

工程变更的种类按变更的原因可分为五类：

（1）工程项目的增加和设计变更。在工程承包范围内，由于设计变更、遗漏、新增等原因而增加工程项目或增减工程量，其价值影响在合同总造价的 10% 以内时一般不变更合同，但可按实际增减数量计价。超过 10% 时，则需变更合同价。如果超过承包范围，则应通过协商，重新议价，另外签订补充合同或重签合同。

（2）市场物价变化：在以往大中型项目工程承包中，一般采取对合同总造价实行静态投资包干管理，企图一次包死，不做变更。但由于大中型项目履约期长、市场价变化大，这种承包方式与实际严重背离，造成了很多问题，使合同无法正常履行。目前我国已逐步实行动态管理，合同造价随市场价格变化而变化，定期公布物价调整系数，甲乙双方据以结算工程价款，因而导致合同变更。

（3）施工方案变更：在施工过程中由于地质发生重大变化，设计变更，社会环境影响，物资设备供应重大变动，工期提前等造成施工方案变更。

（4）国家政策变动：合同签订后，由于国家、地方政策、法令、法规、法律变动，导致合同承包总价的重大增减，经管理机构现场代表协商签订后，予以合理变更。

（5）人力不可抗拒和不可预见的影响：如发生重大洪灾、地震、台风、战争和非乙方责任引起的火灾、破坏等，经甲方代表现场核实签证后，可协商延长工期并给承包商适当的补偿。

4. 工程变更管理程序

工程变更管理程序如图 6-5 所示。

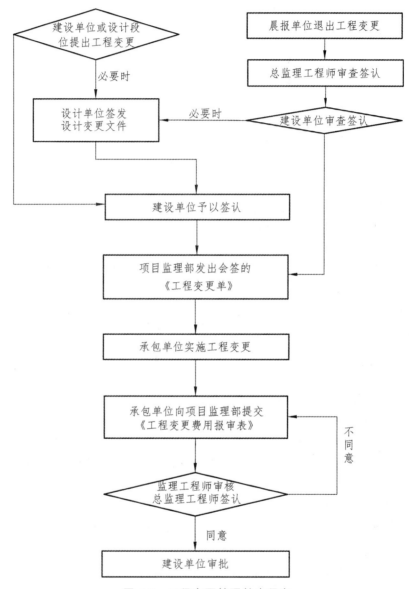

图 6-5 工程变更管理基本程序

5. 分部分项工程费的调整

现行国家标准《建设工程工程量清单计价规范》（GB 50500）规定，因工程变更引起已标价工程量清单项目或其工程数量发生变化时，应按照下列规定调整：

（1）已标价工程量清单中有适用于变更工程项目的，应采用该项目的单价。但当工程变更导致该清单项目的工程数量发生变化，且工程量偏差超过 15% 时，增加部分的工程量的综合单价应予调低；当工程量减少 15% 以上时，减少后剩余部分的工程量的综合单价应予调高。

（2）已标价工程量清单中没有适用但有类似于变更工程项目的，可在合理范围内参照类似项目的单价。

（3）已标价工程量清单中没有适用也没有类似于变更工程项目的，应由承包人根据变更工程资料、计量规则和计价办法、工程造价管理机构发布的信息价格和承包人报价浮动率提出变更工程项目的价，并应报发包人确认后调整。承包人报价浮动率可按式（6-1）、式（6-2）计算：

招标工程：承包人报价浮动率 $L = (1 - 中标价/招标控制价) \times 100\%$　　　　（6-1）

非招标工程：承包人报价浮动率 $L = (1 - 报价/施工图预算) \times 100\%$　　　　（6-2）

（4）已标价工程量清单中没有适用也没有类似于变更工程项目，且工程造价管理机构发布的信息价格缺价的，应由承包人根据变更工程资料、计量规则、计价办法和通过市场调查等取得有合法依据的市场价格提出变更工程项目的单价，并应报发包人确认后调整。

6.　工程变更措施项目费调整

工程变更引起施工方案改变并使措施项目发生变化时，承包人提出调整措施项目费的，应事先将拟实施的方案提交发包人确认，并应详细说明与原方案措施项目相比的变化情况。拟实施的方案经发承包双方确认后执行，并应按照下列规定调整措施项目费：

（1）安全文明施工费应按照实际发生变化的措施项目计算，措施项目中的安全文明施工费不得作为竞争性费用。

（2）采用单价计算的措施项目费，应按照实际发生变化的措施项目，按价款调整的规定确定单价。

（3）按总价（或系数）计算的措施项目费，按照实际发生变化的措施项目调整，但应考虑承包人报价浮动因素，即调整金额按照实际调整金额乘以式（6-1）、式（6-2）计算得出的承包人报价浮动率计算。如果承包人未事先将拟实施的方案提交给发包人确认，则应视为工程变更不引起措施项目费的调整或承包人放弃调整措施项目费的权利。

7.　承包人报价偏差的调整

如果工程变更项目出现承包人在工程量清单中填报的综合单价与发包人招标控制价相应清单项目的综合单价偏差超过 15%，则工程变更项目的综合单价可由发承包双方协商调整。

8.　删减工程或工作的补偿

如果发包人提出的工程变更，因非承包人原因删减了合同中的某项原定工作或工程，致使承包人发生的费用或（和）得到的收益不能被包括在其他已支付或应支付的项目中，未被包含在任何替代的工作或工程中，则承包人有权提出并得到合理的费用及利润补偿。

第 4 节　投资控制监理工作基本程序

　　监理工程师要严格按照既定程序对工程量计量和支付,以及工程竣工结算过程中的投资控制做到规范,认真核实。基本程序如下图 6-6、图 6-7 所示。

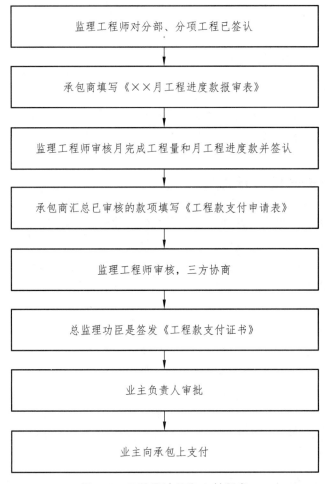

监理工程师对分部、分项工程已签认

↓

承包商填写《××月工程进度款报审表》

↓

监理工程师审核月完成工程量和月工程进度款并签认

↓

承包商汇总已审核的款项填写《工程款支付申请表》

↓

监理工程师审核,三方协商

↓

总监理功臣是签发《工程款支付证书》

↓

业主负责人审批

↓

业主向承包上支付

图 6-6　工程量计量和支付程序

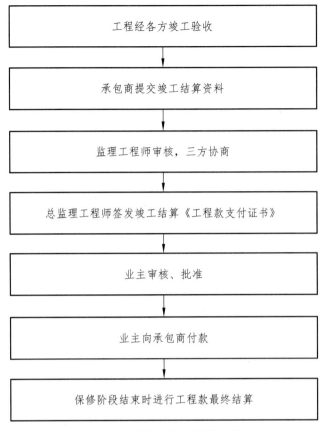

图 6-7　工程竣工结算的基本程序

1）严格履行投资控制程序

（1）应要求承包单位依据施工图纸、概预算、合同的工程量建立工程量台账。

（2）应要求承包单位于施工进度计划批准后 10 天内，依据建设工程施工合同将合同内价款分解切块，编制与进度计划相应的工程项目各阶段及各年、季、月度的资金使用计划。

（3）应审核承包单位的资金使用计划，并与建设单位、承包单位协商确定相应工程款支付计划。

（4）总监理工程师应从造价、项目的功能要求、质量和工期等方面审查工程变更的方案，并宜在工程变更前与建设单位、承包单位协商确定工程变更的价款或计算价款的原则、方法。

（5）应对工程合同价中政策允许调整的建筑材料、构配件、设备等价格、包括暂估价、不完全价等进行主动控控制。

（6）应依据施工合同有关条款、施工图纸，对工程进行风险分析，找出工程造价最易突破的部分和最易发生费用索赔的因素和部位，并制定防范性对策。

（7）应经常检查工程和工程款支付的情况，对实际发生值与计划控制值进行分析、比较，提出投资控制的建议，并应在监理月报中向建设单位报告。

（8）应严格执行工程计量和工程款支付的程序和进度要求。

（9）通过《工作联系单》与建设单位、承包单位沟通信息，提出工程投资控制的建议。

2）严格工程量计量标准

（1）工程量计量原则上每月计量一次，确认计量周期。

（2）承包单位应于每月计量周期截止到日前，根据工程实际进度及监理工程师签认的分项工程，上报月完成工程量。

（3）监理工程师对承包单位的申报进行核实，必要时应与承包单位协商，所计量的工程量应经总监理工程师同意，由监理工程师签认。

（4）对某些特定的分项、分部工程的计量方法则由项目监理部、建设单位和承包单位协商约定。

（5）对一些不可预见的工程量，如地基基础处理、地下不明障碍物处理等，监理工程师应会同承包单位如实进行计量。

3）严格工程款支付手续

（1）工程预付款。

① 承包单位填写《工程款支付申请表》，报项目监理部。

② 项目总监理工程师审核是否符合建设工程施工合同的约定，并及时签发工程预付款的《工程款支付证书》。

③ 监理工程师应按合同的约定，及时抵扣工程预付款。

4）支付工程款

① 监理工程师应要求承包单位根据已经计量确认的当月完成工程量，按建设工程施工合同的约定计算月工程进度款，并填写《月工程进度款报审表》报项目监理部，监理工程师审核签认后，应在监理月报中向建设单位报告。

② 应要求承包单位根据当期发生且经审核签署的《月工程进度款报审表》《工程变更费用报审表》和《费用索赔审批表》等计算当期工程款，填写《工程款支付申请表》，报送项目监理机构。

③ 监理工程师应依据建设工程施工合同及当地政府有关规定，定额进行审核、确认应支付的工程款额度。

④ 监理工程师审核后，由项目总监理工程师签发《工程款支付证书》报建设单位。

5）严格竣工结算程序

（1）工程竣工，经建设单位组织有关各方验收合格后，承包单位应在规定的时间内向项目监理部提交竣工结算资料。

（2）监理工程师应及时进行审核，并与承包单位、建设单位协商和协调，提出审核意见。

（3）总监理工程师根据各方协商的结论，签发竣工结算《工程款支付证书》。

（4）建设单位收到总监理工程师签发的结算支付证书后，应及时按合同的约定与承包单位办理竣工结算有关事项。

第 5 节　工程费用索赔的控制

现行国家标准《建设工程工程量清单计价规范》（GB 50500）对索赔进行了调整，其中，未对索赔范围做出限制，这与国际工程所指的广义索赔保持一致，即在合同履行过程中，对于非己方的过错而应由对方承担责任的情况下造成的损失，向对方提出补偿的要求。建设工程施工中的索赔是发、承包双方行使正当权利的行为，承包人可向发包人索赔，发包人也可向承包人索赔。索赔是工程承包中经常发生并随处可见的正常现象。由于施工现场条件、气候条件的变化，施工进度的变化，以及合同条款、规范、标准文件和施工图纸的变更、差异、延误等因素的影响，使得工程承包中不可避免地出现索赔，进而导致项目的投资发生变化。因此索赔的控制是建设工程施工阶段投资控制的重要手段。项目监理机构应及时收集、整理有关工程费用的原始资料，包括施工合同、采购合同、工程变更单、监理记录、监理工作联系单等，为处理费用索赔提供证据。

现场签证由于施工生产的特殊性，在施工过程中往往会出现一些与合同工程或合同约定不一致或未约定的事项，现场签证就是指发包人现场代表（或其授权的监理人、工程造价咨询人）与承包人现场代表就这类事项所做的签认证明。

1. 索赔的主要类型

1）承包人向发包人的索赔

（1）不利的自然条件与人为障碍引起的索赔。

不利的自然条件是指施工中遭遇到的实际自然条件比招标文件中所描述得更为困难和恶劣，是一个有经验的承包人无法预测的不利的自然条件与人为障碍，导致了承包人必须花费更多的时间和费用，在这种情况下，承包人可以向发包人提出索赔要求。地质条件变化引起的索赔。一般来说，在招标文件中规定，由发包人提供有关该项工程的勘查所取得的水文及地表以下的资料。但在合同中往往写明承包人在提交投标书之前，已对现场和周围环境及与之有关的可用资料进行了考察和检查，包括地表以下条件及水文和气候条件。承包人应对其对上述资料的解释负责。但合同条件中经常还有另外一条：在工程施工过程中，承包人如果遇到了现场气候条件以外的外界障碍或条件，在他看来这些障碍和条件是一个有经验的承包人也无法预见到的，则承包人应就此向监理工程师提供有关通知，并将一份副本呈交发包人。收到此类通知后，如果监理工程师认为这类障碍或条件是一个有经验的承包人无法合理预见到的，在与发包人和承包人适当协商以后，应给予承包人延长工期和费用补偿的权利，但不包括利润。以上两条并存的合同文件，往往是承包人同发包人及监理工程师各执一端争议的缘由所在。

（2）工程中人为障碍引起的索赔。

在施工过程中，如果承包人遇到了地下构筑物或文物，如地下电缆、管道和各种装置等，只要是图纸上并未说明的，承包人应立即通知监理工程师，并共同讨论处理方案。如果导致工程费用增加，承包人即可提出索赔。这种索赔发生争议较少。由于地下构筑物和文物等确属是有经验的承包人难以合理预见的人为障碍，一般情况下，因遭遇人为障碍而要求索赔的数额并不太大，但闲置机器而引起的费用是索赔的主要部分。如果要减少突然发生的障碍的影响，监理工程师应要求承包人详细编制其工作计划，以便在必须停止一部分工作时，仍有其他工作可做。当未预知的情况所产生的影响是不可避免时，监理工程师应立即与承包人就解决问题的办法和有关费用达成协议，给予工期延长和成本补偿。如果遇困难，可发出变更命令，并确定合适的费率和价格。

（3）工程变更引起的索赔。

在工程施工过程中，由于工地上不可预见的情况，环境的改变，或为了节约成本等，在监理工程师认为必要时，可以对工程或其任何部分的外形、质量或数量做出变更。任何此类变更，承包人均不应以任何方式使合同作废或无效。但如果监理工程师确定的工程变更单价或价格不合理，或缺乏说服承包人的依据，则承包人有权就此向发包人进行索赔。

（4）工期延期的费用索赔。

工期延期的索赔通常包括两个方面：一是承包人要求延长工期；二是承包人要求偿付由于非承包人原因导致工程延期而造成的损失。一般这两方面的索赔报告要求分别编制因为工期和费用索赔并不一定同时成立。例如：由于特殊恶劣气候等原因承包人可以要求延长工期，但不能要求赔偿；也有些延误时间并不影响关键路线的施工，承包人可能得不到延长工期的承诺。但是，如果承包人能提出证据说明其延误造成的损失，就有可能有权获得这些损失的赔偿，有时两种索赔可能混在一起，即可以要求延长工期，又可以获得对其损失的赔偿。

一项工程可能遇到各种意外的情况或由于工程变更而必须延长工期。但由于发包人原因，坚持不予延期，迫使承包人加班赶工来完成工程，从而导致工程成本增加，如何确定加速施工所发生的附加费用，合同双方可能差距很大。因为影响附加费用款额的因素很多，如：投入的资源量、提前的完工天数、加班津贴、施工新单价等。解决这一问题建议采用"奖金"的办法，鼓励承包人克服困难，加速施工。即规定当某一部分工程或分部工程每提前完工一天，发给承包人奖金若干。这种支付方式的优点是：不仅促使承包人早日建成工程，早日投入运行，而且计价方式简单。

（5）发包人不正当地终止工程而引起的索赔。

由于发包人不正当地终止工程，承包人有权要求补偿损失，其数额是承包人在被终止工程中的人工、材料、机械设备的全部支出，以及各项管理费用、保险费、贷款利息、保函费用的支出（减去已结算的工程款），并有权要求赔偿其盈利损失。

（6）法律、货币及汇率变化引起的索赔。

法律改变引起的索赔。如果在基准日期（招标工程以投标截止日期前的 28 天，非招标工程以合同签订前 28 天）以后，由于发包人国家或地方的任何法规、法令、政令或其他法律或规章发生了变更，导致了承包人成本增加。对承包人由此增加的开支，发包人应予补偿。

货币及汇率变化引起的索赔。如果在基准日期以后，工程施工所在国政府或其授权机构对支付合同价格的一种或几种货币实行货币限制或货币汇兑限制，则发包人应补偿承包人因此而受到的损失。如果合同规定将全部或部分款额以一种或几种外币支付给承包人，则这项支付不应受上述指定的一种或几种外币与工程施工所在国货币之间的汇率变化的影响。

（7）拖延支付工程款的索赔。

如果发包人在规定的应付款时间内未能按工程师的任何证书向承包人支付应付款额，承包人可在提前通知发包人的情况下，暂停工作或减缓工作速度，并有权获得任何误期的补偿和其他额外费用的补偿（如利息）。

2）发包人向承包人的索赔

由于承包人不履行或不完全履行约定的义务，或者由于承包人的行为使发包人受到损失时，发包人可向承包人提出索赔。

（1）工期延误索赔。

在工程项目的施工过程中，由于多方面的原因，往往使竣工日期拖后，影响到发包人对该工程的利用，给发包人带来经济损失，按国际惯例，发包人有权对承包人进行索赔，即由承包人支付误期损害赔偿费。承包人支付误期损害赔偿费的前提是：这一工期延误的责任属于承包人方面。施工合同中的误期损害赔偿费，通常是由发包人在招标文件中确定的。发包人在确定误期损害赔偿费的标准时，一般要考虑以下因素：

① 发包人盈利损失；

② 由于工程拖期而引起的贷款利息增加；

③ 工程拖期带来的附加监理费；

④ 由于工程拖期不能使用，继续租用原建筑物或租用其他建筑物的租赁费。

至于误期损害赔偿费的计算方法，在每个合同文件中均有具体规定。一般按每延误一天赔偿一定的款额计算，累计赔偿额一般不超过合同总额的 5%～10%。

（2）质量不满足合同要求索赔。

当承包人的施工质量不符合合同的要求，或使用的设备和材料不符合合同规定，或在缺陷责任期未满以前未完成应该负责修补的工程时，发包人有权向承包人追究责任，要求补偿所受的经济损失。如果承包人在规定的期限内未完成缺陷修补工作，发包人有权雇佣他人来完成工作，发生的成本和利润由承包人负担。如果承包人自费修复，则发包人可索赔重新检验费。

（3）承包人不履行的保险费用索赔。

如果承包人未能按照合同条款指定的项目投保，并保证保险有效，发包人可以投保并保证保险有效，发包人所支付的必要的保险费可在应付给承包人的款项中扣回。

（4）对超额利润的索赔。

如果工程量增加很多，使承包人预期的收入增大，因工程量增加承包人并不增加任何固定成本，合同价应由双方讨论调整，收回部分超额利润。由于法规的变化导致承包人在工程实施中降低了成本，产生了超额利润，应重新调整合同价格，收回部分超额利润。

（5）发包人合理终止合同或承包人不正当地放弃工程的索赔。

如果发包人合理地终止承包人的承包，或者承包人不合理放弃工程，则发包人有权从承包人手中收回由新的承包人完成工程所需的工程款与原合同未付部分的差额。

2. 索赔费用的计算

1）索赔费用的组成

（1）人工费。包括增加工作内容的人工费、停工损失费和工作效率降低的损失费等累计，其中增加工作内容的人工费应按照计日工费计算，而停工损失费和工作效率降低的损失费按窝工费计算，窝工费的标准双方应在合同中约定。

（2）设备费。当工作内容增加引起的设备费索赔时，设备费的标准按照机械台班费计算。因窝工引起的设备费索赔，当施工机械属于施工企业自有时，按照机械折旧费计算索赔费用；当施工机械是施工企业从外部租赁时，索赔费用的标准按照设备租赁费计算。

（3）材料费。材料费的索赔包括：由于索赔事项材料实际用量超过计划用量而增加的材料费；由于客观原因材料价格大幅度上涨；由于非承包人责任工程延期导致的材料价格上涨和超期储存费用。

材料费中应包括运输费、仓储费，以及合理的损耗费用。如果由于承包人管理不善，造成材料损坏失效，则不能列入索赔计价。

（4）管理费。此项又可分为现场管理费和企业管理费两部分。索赔款中的现场管理费是指承包人完成额外工程、索赔事项工作，以及工期延长期间的现场管理费，包括管理人员工资、办公、通信、交通费等。索赔款中的企业管理费主要指的是工程延期期间所增加的管理费。包括总部职工工资、办公大楼、办公用品、财务管理、通信设施以及企业领导人员赴工地检查指导工作等开支。

（5）利润。一般来说，由于工程范围的变更、文件有缺陷或技术性错误、业主未能提供现场等引起的索赔，承包商可以列入利润。但对于工程暂停的索赔，由于利润通常是包括在每项实施工程内容的价格之内的，而延长工期并未影响削减某些项目的实施，也未导致利润减少。所以，一般监理工程师很难同意在工程暂停的费用索赔中加进利润损失。索赔利润的款额计算通常是与原报价单中的利润百分率保持一致。

（6）迟延付款利息。发包人未按约定时间进行付款的，应按银行同期贷款利率支付迟延付款的利息。

2）索赔费用的计算方法

费用索赔的计算方法主要有：实际费用法、总费用法和修正总费用法。

（1）实际费用法。

实际费用法是工程索赔时最常用的一种方法。也称额外成本法。在这种计算方法中，需要注意的是不要遗漏费用项目。

（2）总费用法。

这种方法对业主不利，因为实际发生的总费用中可能有承包人的施工组织不合理因素；承包人在投标报价时为竞争中标而压低报价，中标后通过索赔可以得到补偿。所以这种方法只有在难以采用实际费用法时采用。

（3）修正总费用法。

即在总费用计算的原则上，去掉一些不合理的因素，使其更合理。

第 6 节　价值工程的投资控制应用

价值工程（Value Engineering，简称 VE），也叫价值分析（Value Analysis，简称 VA），是一种技术与经济相结合的分析方法，也是一项控制成本，推动新产品开发行之有效的管理技术。价值工程是美国通用电气公司工程师麦尔斯在 1947 年首先提出的。麦尔斯是从研究材料的作用问题中，总结出了一套在保证获得同样功能的前提下降低成本的科学分析方法，当时称为价值分析（VA）。后来该方法被广泛应用于新产品开发、老产品改进、材料选用和工程建设等许多领域，取得了显著效果。1954 年美国海军舰船局制定了一套价值分析程序，并命名为价值工程（VE）。

1. 相关概念

1）价值（Value）

价值工程中的"价值"不同于政治经济学中有关价值的概念，它是指投入与产出或效用与费用的比值。价值的定义可用式（6-3）表示：

$$V = \frac{F}{C} \tag{6-3}$$

式中　V——价值；

　　　F——功能；

　　　C——成本。

2）功能（Function）

功能是指产品所具有的特定用途和使用价值，是构成产品本质的核心内容。如住宅的功能是提供居住空间，建筑物基础的功能是承受荷载，施工机具的作用是有效地完成施工生产任务，等等。

3）成本（Cost）

价值工程中成本是指产品的总成本，即寿命周期成本。即该产品从调研、设计、制造、使用直至报度为止的产品寿命周期所花的全部费用。

2. 价值工程的特征

对价值工程的定义，曾有各种各样的表达方式，其中比较公认的定义有：价值工程是以最低的产品寿命周期费用，可靠地实现必要的功能，着重于产品或作业功能分析的有组织的活动。

从以上定义可以看出价值工程有如下三个基本特征：

（1）价值工程是以提高价值为目的。

价值工程不是为了单纯地强调提高产品的功能，也不是一味地追求降低成本，而是致力于功能与成本两者比值的提高。因此，价值工程要从用户利益、社会利益、企业利益相结合的观点出发，从事产品的开发与改进。

根据 VE 的基本公式，提高价值的途径有：

① 功能不变，成本降低。

② 功能提高，成本不变。

③ 功能大幅度提高，成本略有提高。

④ 功能略有下降，但成本大幅度下降。

⑤ 功能提高，成本降低。

（2）价值工程以功能分析为核心。

价值工程之所以能取得显著效果，达到提高价值的目标，关键在于进行功能分析，通过功能分析，搞清产品的功能是否满足用户需要，搞清它的基本功能和辅助功能，弄清哪些功能是用户需要的，哪些是不需要的，哪些是由于设计上或制造上的需要而派生出来的。通过分析，搞清各功能之间的关系，找出解决的办法。

功能分析是价值工程活动中的重要手段，是核心，功能分析有如下作用：

① 通过功能分析，能够确定产品的必要功能，剔除不必要的多余功能。

② 通过功能分析可以选择出最经济的实现方式。

③ 通过功能分析可以创造出新的产品。

（3）价值工程是以集体的智慧进行改革和创新为基础。

提高产品价值，涉及企业生产经营活动的各个方面，需要运用多种学科的知识和经验，因此，只有依靠各方面的专家和有经验的职工，才能获得成功。

从方法论上讲，价值工程活动十分强调用系统的思想和系统的分析方法提高价值。不仅要把价值工程的研究对象本身当作一个系统来研究，而且，要把开展价值工程活动的全过程用系统工程的思想、原理和方法进行分析研究。

有组织的活动，除了上述各种组织外，还包括价值工程活动本身的组织，即按照一定的程序开展工作。只有这样，才能有条不紊地进行。

3. 价值工程的工作程序

价值工程是一项有目的有步骤的活动，它解决问题有完整的步骤和严密的组织。价值工程活动的全过程，即工作程序的实施过程实质是发现问题、分析问题、解决问题的过程，具体地说，就是对价值工程研究对象选定后，针对价值工程对象进行功能成本的系统分析，找出功能和成本上存在的问题，提出切实可行的方案并付诸实施，取得较好的技术经济效果，以提高研究对象的价值。价值工程的程序构成了一个完整的系统，各程序步骤环环紧扣，衔接明确，具有很强的逻辑性。

整个价值工程活动可归纳为围绕以下 7 个问题开展：

① 这是什么？

② 它的功能是什么？
③ 它的成本是多少？
④ 它的价值有多少？
⑤ 有无替代方案能实现同样功能？
⑥ 新方案能满足功能要求吗？
⑦ 新方案的成本是多少？

顺序回答和解决这 7 个问题的过程，就是价值工程的工作程序和步骤。即：选定目标对象，收集情报资料，进行功能分析，提出改进方案，分析和评价方案，实施方案，评价活动的成果。见表 6-1 所示。

表 6-1　价值工程的工作程序

阶段	价值工程实施步骤		提出问题
	基本步骤	详细步骤	
分析	功能定义	选择对象	这是什么
		收集情报	
		功能定义	它的功能是什么
		功能整理	
	功能评价	功能成本分析	它的成本是多少
		功能评价	它的价值是多少
		确定对象范围	
评价	制定改进方案	创造	有无替代方案能实现同样功能
		概略评价	
		具体化调查	新方案能满足功能要求吗？
		详细评价	新方案的成本是多少
		提案	

4. 功能评价及其方法

功能定义、功能分类、功能整理是对功能进行定性分析，这对于以功能为中心的价值工程活动来说是远远不够的，还必须对功能进行定量分析。功能评价就是采取一定的技术方法对功能进行定量分析，用一个数值来表示功能的大小或重要程度。功能评价的目的是探讨功能的价值，找出最低的功能区域，明确需要改进的具体功能范围和重点对象。

常用的功能评价方法有功能成本法 ，功能评价系数法和最合适区域法。

1）功能成本法

功能成本法又叫功能价值法，即用某种方法找出实现某一功能的功能评价值，并以此作为评价功能的基准，同实现该功能的目前成本相比较，根据其比值对这一功能进行评价。这种方法的关键是确定功能值 F，把功能设定为可以与成本统一核算的单位。

功能成本法的基本程序是：

第 1 步：计算功能领域的目前成本（C）。

为了能够分析每一功能领域的价值，通常还要将成本分摊到相关的功能领域中。一个零部件往往有多种功能，一个功能可能涉及许多零部件。

零部件的现实成本是客观的。但计算功能领域的现实成本都要加入主观判断。

第 2 步：确定功能评价值（F）。

（1）功能评价值。

在价值工程活动中的核心公式中，C（成本）是有账可查，或是可以相当准确地测算出来的；而功能，它本是个抽象的概念，往往很难用数量来正确度量，更难将各项不同的功能加总起来。因此，必须寻找一个可以适用并可以加总的表示功能的量。这个量就称为功能评价值（F）。

这方法实际上是一种用成本来度量功能的方法。因为，实现某一功能总要付出一定的成本，在一个设计方案中，为实现某一功能而实际付出的成本，称为该功能在该设计方案中的现实成本，而实现该功能的方式、方法可能有许多种，不同的方案中，实现该功能的成本也就不同，其中最低者，称为实现该功能的最低成本。由于我们要以这最低成本作为评价基准去评价功能的成本情况，所以功能的最低成本称为功能评价值（F）。在企业中常常以这一最低成本作为实现该功能的成本目标，所以也称作目标成本。

实现一个功能的最低成本 F 与实现该功能的现实成本 C 的比值，作为评价各种方案的一个指标。

（2）确定功能评功价值的方法。

① 经验估计法。

这种方法是集中价值分析人员的经验和可能掌握的技术情报，设想出尽可能多的实现产品功能的方案，预测各方案的成本，从中选出最低者作为目标成本（功能评价值）。

② 实际调查法。

实际调查法是调查企业内外完成同样功能的产品实际资料，广泛收集它们的现实功能数据及成本资料，从中选出功能实现程度相同但成本是最低的产品，在以 X 轴代表功能实现程度，Y 轴代表成本的坐标图上画点×。然后把图中的最低两点连成一条直线。如图 6-8 所示。

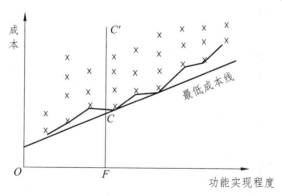

图 6-8　功能-成本实际调查法

例如在图 6-8 中功能实现程度为 F，在几种不同成本的产品中可以选其中最低成本 C 作为功能实现程度为 F 的最低成本。图中 C' 点为现实成本，而目标成本为 C，则成本降低幅度为 $C' - C$。

实际调查法的优点在于最低成本线的确定是根据实际价值标准，有实际的技术条件保证使之实现，因而比较可靠。缺点是这样得来的最低成本值可能偏保守，而且此法费时、费力、效率较低。

第 3 步：计算功能价值系数，确定重点功能改进对象。

算出功能目前成本和确定了功能评价值之后，即可根据计算功能价值系数（V_i），其结果可能有三种情况：

① $V_i \approx 1$，这表明实现该功能的目前成本与目标成本相适应，是一种比较理想的状况。

② $V_i < 1$，这表明该功能的目前成本高于目标成本，应作为功能改进的对象，降低目前成本，使 V_i 越近于 1，结合计算成本降低幅度，把成本降低幅度大的功能作为重点改进对象。

③ $V_i > 1$，这表明用较少的成本实现了规定的功能。在这种情况下，可保持目前成本，或在成本允许的条件下，适当提高其成本。

2）功能评价系数法

功能评价系数法是采用各种方法对功能打分，求出功能重要系数，然后将功能重要系数与成本系数相比较，求出功能价值系数的方法。

功能评价系数的基本程序是：

第 1 步：确定功能重要系数（FI）。

功能重要度系数是各个功能（或零件）的得分与全部功能（或全部零件）得分之和的比值，计算式为

$$功能系数(FI) = 功能单元得分(f_i)/得分总和(\sum f_i)$$

确定功能重要度系数的方法主要有强制确定法、最合适区域法、基点分析法、倍数确定法等。这里主要介绍倍数确定法。

它是根据各部件之间功能重要程度的比值来确定功能评价值的。具体步骤为：

① 用环比法确定各部件功能重要度比值；

② 算出各部件的功能修正比值；

③ 将各部件的修正比值分别除以所修正比总和，求出各部件的功能重要度系数。

其计算过程见示例表 6-2。

表 6-2　功能重要度系数计算示例

部件	功能相互比值	功能修正比值	功能重要度系数
A	7	10.5	0.55
B	0.25	1.5	0.08
C	6	6	0.32
D		1	0.05
合计		19	1

表 6-2 功能相互比值栏中 7、0.25、6 分别表示 A 部件功能比 B 部件功能重要 7 倍，B 部件功能比 C 部件功能重要 0.25 倍，C 部件功能比 D 部件功能重要 6 倍。功能修正比值栏中以 D 部件为基准，比值定为 1，C 部件比 D 部件重要 6 倍，故修正比值为 $1 \times 6 = 6$。依此类推，得出 B、A 部件的修正比值分别为 1.05 和 10.5。

第 2 步，计算成本系数（CI）

查出各个零件的目前成本，相加后得到成本总和，然后用成本总和分别去除各零件的单项成本，得到该零件的成本系数，计算公式为：

$$成本系数(CI) = 功能单元成本得分(C_i)/成本总和(\sum C_i)$$

计算成本系数时，有两种情况必须注意：一种是功能成本系数；另一种是零件成本系数。属何种情况，依确定功能重要系数的对象而定。以功能为对象确定功能重要系数，就必须计算功能成本系数，若以零件为对象功能重要系数，则必须计算零件成本系数。

第 3 步，计算价值系数（VI），确定重点改进对象

分析对象价值系数计算如示例表 6-3 所示，预计成本 200 元是通过市场调查预测确定的。分析结果，功能单元 B、D、E 作为功能改进对象，选择单元 B 为重点改进对象。

表 6-3 部件成本系数和价值系数表

部件名称	功能评价系数	现实成本（元）	成本系数	价值系数	按功能评价系数分配的目标成本（元）	成本应降低的幅度（元）
计算公式	①	②	③ = ②/200	④ = ①/③	⑤ = 200×①	⑥ = ②-③
A	0.27	54	0.27	1	54	—
B	0.2	80	0.4	0.5	40	40
C	0.38	20	0.1	3.3	66	—
D	0.13	32	0.16	0.8	26	6
E	0	4	0.02	0	0	4
F	0.07	10	0.05	1.4	14	—
合计	1	200	1		200	50

本章小结

本章说明了建设工程投资控制的基本原则；概括了建设工程投资控制主要工作；分析了工程变更的原因，阐述了工程变更的范围和内容，给出工程变更管理程序，阐述了工程变更措施项目费调整方法；给出了投资控制监理工作基本程序，以及工程费用索赔的控制方法；介绍了价值工程在工程投资控制中的应用。

思考题

6-1　什么是建设工程总投资？简述建设工程总投资的构成。

6-2　建设工程投资确定的依据有哪些？

6-3　建设工程投资控制的主要任务有哪些？

6-4　监理工程师如何对设计概算和施工图预算进行审查？

6-5　简述建设工程承包合同价格的分类及其适用条件。

6-6　工程计量的一般程序是什么？

6-7　合同价款调整的内容有哪些？

6-8　工程变更价款的确定方法？

6-9　简述工程监理如何处理施工单位提出的工程变更费用。

6-10　简述价值工程在投资控制中的作用与其工作程序。

第7章　建设工程进度控制

第1节　建设工程进度控制概述

1. 建筑工程监理进度控制的含义

建设工程进度控制是指对工程项目建设各阶段的工作内容、工作程序、持续时间和衔接关系根据进度总目标及资源优化配置的原则编制计划并付诸实施，然后在进度计划的实施过程中经常检查实际进度是否按计划要求进行，对出现的偏差情况进行分析，采取补救措施或调整、修改原计划后再付诸实施，如此循环，直到建设工程竣工验收交付使用。

建设工程进度控制的最终目的是确保建设项目按预定的时间动用或提前交付使用，建设工程进度控制的总目标是建设工期。

监理工程师的进度控制与被监理单位的进度控制的区别在于监理工程师在实施进度控制时，还必须注意监理合同的委托范围与委托阶段。

2. 影响建设工程进度的不利因素

影响建设工程进度的不利因素有很多，如人为因素、技术因素、设备、材料及构配件因素、机具因素、资金因素、水文、地质与气象因素，以及其他自然与社会环境等方面的因素。其中，人为因素是最大的干扰因素。从产生的根源看，有的来源于建设单位及上级主管部门；有的来源于勘查设计、施工及材料、设备供应单位；有的来源于政府、建设主管部门、有关协作单位和社会；有的来源于各种自然条件；也有的来源于建设监理单位本身。在工程建设过程中，常见的影响因素如下：

1）业主（建设单位）因素

提供的地质勘查资料、控制水准点、坐标点不准确或错误；提供的图纸不及时，不配套；依据客户的要求而进行的设计变更；所提供的施工场地不能满足工程施工的正常需要，在主体混凝土浇筑时需要办理临时占道手续不及时；资金不足，不能及时向施工承包单位或材料供应商按合同约定支付工程款等。当然诸如施工过程中地下障碍物的处理，建设单位组织管理协调能力不足使工程施工不能正常进行，不可预见事件的发生等也是影响施工进度的不利因素。

2）勘查设计单位的因素

勘查资料不正确，特别是地质资料错误或遗漏；设计内容不完善，规范应用不恰当，设计有缺陷或错误；设计对施工的可能性未考虑或考虑不周；施工图纸供应不及时、不配套，或出现重大差错；为项目设计配置的设计人员不合理，各专业之间缺乏协调配合，致使各专业之间出现设计矛盾；设计人员专业素质差、设计内容不足，设计深度不够；设计单位管理机构调整、人员调整，不能按要求及时解决在施工过程中出现的设计问题。

3）施工单位的因素

施工单位管理水平低，经验不足，致使施工组织设计不合理、施工进度计划不合理，采用的施工方案不得当；施工人员资质、资格、经验、水平低，人数少，技术管理不足，不能看透图纸、通晓规范、熟悉图集，不能理解深层次的设计意图，致使对设计图纸产生歧义，形成质量缺陷；技术交底不到位，自检不到位，致使施工中存在质量缺陷且对质量缺陷的处理不及时；现场劳务承包单位素质较差或劳动力较少，或施工机械供应不足；材料供应不及时，材料的数量、型号及技术参数不能满足施工要求；总承包商协调各分包商能力不足，相互配合不及时不到位；施工现场安全防范不到位，安全隐患较多，或出现安全事故；施工单位自有资金不足，或资金安排不合理，垫付能力差，无法支付相关费用等。

4）材料设备因素

材料、构配件、机具、设备供应环节的差错，品种、规格、质量、数量、时间等不能满足工程的需要；特殊材料及新材料的不合理使用；施工设备不配套，选型失当，安装有误，有故障等。

5）监理单位因素

项目监理部监理人员的专业素质、工作经验较差，或监理人员人数较少，不能及时发现施工中存在的问题，不能及时协调解决施工中出现的问题，不能根据施工现场实际情况及时采取有效措施保证工程按计划施工等。

6）社会环境的因素

临时停水、停电、断路；重大政治活动、社会活动、节假日、市容整顿、交通道路的限制等。

7）自然环境因素

如复杂的地质工程条件；不明的水文气象条件；地下埋藏文物的保护、处理；洪水、地震、台风等不可抗力等。

当然，影响施工进度的因素并不限于这些，还有影响施工进度的其他未明因素。在上述诸多影响因素中，建设单位和施工单位对工程进度的影响最大，勘查设计单位、材料供应商和监理单位次之。为了保证项目施工进度的顺利实施，建设、施工、监理单位就必须对影响施工进度的各种因素进行全面的评估和分析，采取各种控制措施，从主客观方面消除影响进度的各种不利因素。

3. 建设工程进度控制的原理

1）动态控制原理

建设工程进度控制，尤其是进入到实质性施工阶段，进度控制是一个不断进行的动态控制，也是一个循环进行的过程。它是从项目施工开始，实际进度就进入了运动的轨迹，也就是计划进入执行的动态。实际进度按照计划进度进行时，两者相吻合；当实际进度与计划进度不一致时，便产生超前或落后的偏差，分析偏差产生的原因，采取相应的措施，调整原来计划，使两者在新的起点上重合，继续按其进行施工活动，并且尽量发挥组织管理的作用，使实际工作按计划进行。但是在新的干扰因素作用下，又会产生新的偏差。施工进度计划控制就是采用这种动态循环的控制方法。

2）系统原理

（1）施工进度计划系统。

为了对施工项目实行进度控制，首先必须编制施工项目的各种进度计划。其中有施工项目总进度计划、单位工程进度计划、分部分项工程进度计划、季度和月（周）作业计划，这些计划组成一个施工项目进度计划系统。计划的编制对象由大到小，计划的内容从粗到细。编制时从总体计划到局部计划，逐层进行控制目标分解，以保证计划控制目标的落实。执行计划时，从周作业计划开始实施，逐级按目标控制，从而达到对施工项目整体进度目标的控制。

（2）施工进度实施组织系统。

施工项目实施过程中的各专业队伍都是遵照计划规定的目标去努力完成一个个任务的。项目经理和有关劳动调配、材料设备、采购运输等各职能部门都按照施工进度规定的要求进行管理、落实和完成各自的任务。项目部各级负责人，从项目经理、施工队长、班组长及其所属全体成员组成了施工项目实施的完整组织系统。

（3）施工进度控制组织系统。

为了保证施工项目进度实施，自公司经理、项目经理、一直到作业班组都设有专门职能部门或人员负责对项目检查汇报，统计整理实际施工进度的资料，并与计划进度比较分析和进行调整等工作。当然，不同层次人员负有不同进度控制职责，相互分工协作，形成一个纵横连接的施工项目控制组织系统。所以，无论是控制对象，还是控制主体；无论是进度计划，还是控制活动都是一个完整的系统。进度控制实际上就是用系统的理论和方法解决系统问题。

3）信息反馈原理

信息是项目进度控制的依据。项目进度计划的信息从上到下传递到项目实施的相关部门及人员，以使计划得以贯彻落实。而施工的实际进度信息通过基层施工项目进度控制的工作人员，在分工的职责范围内，经过对其加工、整理、统计，再将信息逐级向上反馈，直到各有关部门和人员，经比较分析做出决策，调整进度计划，以使进度计划仍能符合预定工期目标。这就需要建立信息系统，以便不断地进行信息的传递和反馈。项目进度控制的过程也是一个信息传递和反馈的过程。

4）弹性原理

施工项目工期长、影响因素多。这就要求计划编制人员能根据统计经验估计各种因素的影响程度和出现的可能性，并在确定进度目标时进行目标的风险分析，使进度计划留有余地，即使得计划具有一定的弹性。在进行项目进度控制时，可以利用这些弹性缩短工作的持续时间，或改变工作之间的搭接关系，以使项目最终能实现拟定的工期目标。这就是施工项目进度控制中对弹性原理的应用。

5）封闭循环原理

项目进度计划控制的全过程是计划—实施—检查—比较分析—确定调整措施—修改再计划等一种循环的活动。从编制项目施工进度计划开始，经过实施过程中的跟踪检查，收集有关实际进度的信息，比较和分析实际进度与计划进度之间的偏差，找出产生偏差的原因和解决办法，确定调整措施，再修改原进度计划，形成了一个封闭的循环系统。进度控制过程就是这种封闭循环不断运行的过程。

6）网络计划技术原理

网络计划技术是用网络计划对任务的工作进度进行安排和控制，以保证实现预定目标的科学的计划管理技术。在施工项目进度的控制中利用网络计划技术原理编制进度计划，根据收集的实际进度信息，比较和分析进度计划，在此基础上按既定目标对网络计划不断改进、优化以寻求满意的施工方案。利用网络计划的工期优化、工期与成本优化和资源优化的理论调整计划，以实现拟定的工期目标、费用目标和资源目标。网络计划技术原理是施工项目进度控制的完整的计划管理和分析计算的理论基础。

4. 建设工程监理进度控制的程序

（1）建立监理进度控制体系，明确监理进度组织与协调机制。
（2）监理进度控制目标与控制性计划的确定。
（3）施工单位的进度计划与进度控制措施的审查与批准。
（4）进度计划实施中的监测与调整。
（5）工期索赔的处理。

5. 建设工程实施阶段进度控制监理的主要任务

1）设计准备阶段进度控制的任务

（1）收集有关工期的信息，进行工期目标和进度控制决策。
（2）编制工程项目建设总进度计划。

（3）编制设计准备阶段详细工作计划，并控制其执行。

（4）进行环境及施工现场条件的调查和分析。

2）设计阶段进度控制的任务

（1）编制设计阶段工作计划，并控制其执行。

（2）编制详细的出图计划，并控制其执行。

3）施工阶段进度控制的任务

（1）编制施工总进度计划，并控制其执行。

（2）编制单位工程施工进度计划，并控制其执行。

（3）编制工程年、季、月实施计划，并控制其执行。

第 2 节   建设工程进度控制计划体系

建设工程进度控制计划体系：建设、监理、设计、施工单位的计划系统。

1. 建设单位的计划系统

1）工程项目前期工作计划

工程项目前期工作计划是指对工程项目可行性研究、项目评估、初步设计的工作进度安排，它可使工程项目前期决策阶段各项工作的时间得到控制。

2）工程项目建设总进度计划

工程项目建设总进度计划是指初步设计被批准后，在编报工程项目年度计划之前，根据初步设计，对开始建设至竣工投产（动用）全过程的统一部署。

需要报送的表格部分有：

（1）《工程项目一览表》。

（2）《工程项目总进度计划表》。

（3）《投资计划年度分配表》。

（4）《工程项目进度平衡表》。

3）工程项目年度计划

工程项目年度计划是依据工程项目建设总进度计划和批准的设计文件进行编制的。

需要报送的表格部分有：

（1）《年度计划项目表》。

（2）《年度竣工投产交付使用计划表》。

（3）《年度建设资金平衡表》。

2. 监理单位的计划系统

为了有效地控制建设工程进度，监理工程师要在设计准备阶段向建设单位提供有关工期的信息，协助建设单位确定工期总目标，并进行环境及施工现场条件的调查和分析。在设计阶段和施工阶段，监理工程师不仅要审查设计单位和施工单位提交的进度计划，更要编制监理进度计划，以确保进度控制目标的实现。

1）监理总进度计划

监理总进度计划是依据工程项目可行性研究报告、工程项目前期工作计划和工程项目建设总进度计划编制的，其目的是对建设工程进度控制总目标进行规划，明确建设工程前期准备、设计、施工、动用前准备及项目动用等各个阶段的进度安排。

2）监理总进度分解计划

（1）按工程进展阶段分解：设计准备阶段进度计划；设计阶段进度计划；施工阶段进度计划；动用前准备阶段进度计划。

（2）按时间分解：年度进度计划；季度进度计划；月度进度计划

3. 设计单位的计划系统

（1）设计总进度计划。

设计准备到施工图设计完成。

（2）阶段性设计进度计划。

① 设计准备工作进度计划。

② 初步设计（技术设计）工作进度计划。

③ 施工图设计工作进度计划。

主要考虑各单位工程的设计进度及其搭接关系。

（3）设计作业进度计划。

4. 施工单位的计划系统

（1）施工准备工作计划。

（2）施工总进度计划。

是根据施工部署中施工方案和工程项目的开展程序，对全工地所有单位工程做出时间上的安排。其目的在于确定各单位工程及全工地性工程的施工期限及开竣工日期，进而确定施工现场劳动力、材料、成品、半成品、施工机械的需要数量和调配情况，以及现场临时设施的数量、水电供应量和能源、交通需求量。因此，科学、合理地编制施工总进度计划，是保证整个建设工程按期交付使用，充分发挥投资效益，降低建设工程成本的重要条件。

（3）单位工程施工进度计划。

（4）分部分项工程进度计划。

第3节　建设工程进度计划的表示方法和编制程序

建设工程进度计划的表示方法有多种，常用的有横道图和网络图两种表示方法。

1. 横道图

1）横道图概述

横道图又称为甘特图，条状图，通过条状图来显示项目进度和其他时间相关的系统进展的内在关系随着时间进展的情况。以提出者亨利·L·甘特先生的名字命名，他制定了一个完整地用条形图表进度的标志系统。由于横道图形象简单，在简单、短期的项目中，都得到了最广泛的运用。横道图是以作业排序为目的，将活动与时间联系起来的最早尝试的工具之一，帮助项目管理者描述工作中心、超时工作等资源的使用。

横道图以图示通过活动列表和时间刻度表示出特定项目的顺序与持续时间。一条线条图，横轴表示时间，纵轴表示项目，线条表示期间计划和实际完成情况。直观表明计划何时进行，进展与要求的对比。便于管理者弄清项目的剩余任务，评估工作进度。

横道图包含以下三个含义：

① 以图形或表格的形式显示活动。

② 通用的显示进度的方法。

③ 构造时含日历天和持续时间，不将周末节假算在进度内。

2）横道图的优缺点

（1）优点。

形象、直观，且易于编制和理解。

（2）缺点。

① 不能明确地反映出各项工作之间错综复杂的相互关系；

② 不能明确地反映出影响工期的关键工作和关键线路；

③ 不能反映出工作所具有的机动时间；

④ 不能反映工程费用与工期之间的关系；

⑤ 不便于进行方案比选。

图 7-1 是某大楼基础工程施工进度计划横道图及劳动力变化曲线图。

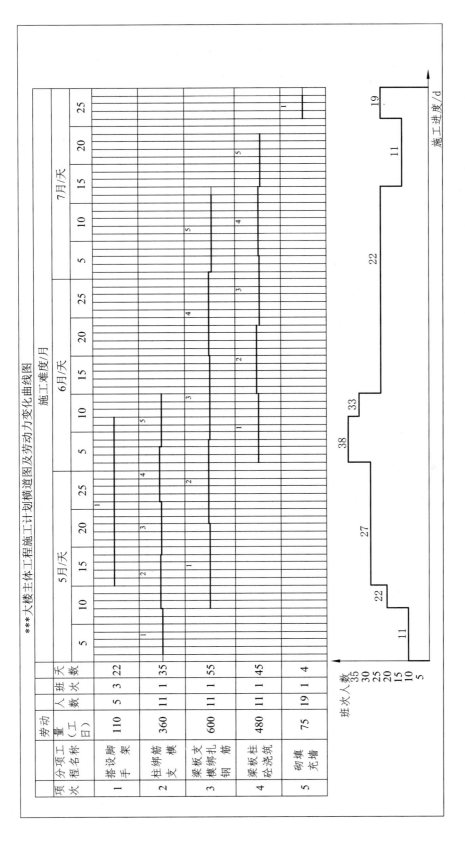

图 7-1 某大楼主体工程施工进度计划横道图及劳动力变化曲线图

3）横道图绘制步骤

（1）明确项目牵涉到的各项活动、项目。内容包括项目名称（包括顺序）、开始时间、工期，任务类型（依赖/决定性）和依赖于哪一项任务。

（2）创建横道图草图。将所有的项目按照开始时间、工期标注到横道图上。

（3）确定项目活动依赖关系及时序进度。使用草图，按照项目的类型将项目联系起来，并安排项目进度。此步骤将保证在未来计划有所调整的情况下，各项活动仍然能够按照正确的时序进行。也就是确保所有依赖性活动能并且只能在决定性活动完成之后按计划展开。同时避免关键性路径过长。关键性路径是由贯穿项目始终的关键性任务所决定的，它既表示了项目的最长耗时，也表示了完成项目的最短可能时间。请注意，关键性路径会由于单项活动进度的提前或延期而发生变化。而且要注意不要滥用项目资源，同时，对于进度表上的不可预知事件要安排适当的富裕时间。但是，富裕时间不适用于关键性任务，因为作为关键性路径的一部分，它们的时序进度对整个项目至关重要。

（4）计算单项活动任务的工时量。

（5）确定活动任务的执行人员及适时按需调整工时。

（6）计算整个项目时间。

2. 网络计划

1）网络计划概述

网络计划即网络计划技术，是指用于工程项目的计划与控制的一项管理技术。网络图是一种图解模型，形状如同网络，故称为网络图。

随着现代化生产的不断发展，项目的规模越来越大，影响因素越来越多，项目的组织管理工作也越来越复杂。1956年，为了适应对复杂系统进行管理的需要，美国杜邦·耐莫斯公司的摩根·沃克与莱明顿公司的詹姆斯·E·凯利合作，利用公司的 Univac 计算机，开发了面向计算机描述工程项目的合理安排进度计划的方法，即 Critical Path Method，后来被称作关键路线法（简称 CPM），是网络计划的基本形式之一。

网络计划技术既是一种科学的计划方法，又是一种有效的生产管理方法。

网络计划最大特点就在于它能够提供施工管理所需要的多种信息，有利于加强工程管理，它有助于管理人员合理地组织生产，做到心里有数，知道管理的重点应放在何处，怎样缩短工期，在哪里挖掘潜力，如何降低成本。在工程管理中提高应用网络计划技术的水平，必能进一步提高工程管理的水平。

网络计划技术包括以下基本内容：

（1）网络图。

网络图是指网络计划技术的图解模型，反映整个工程任务的分解和合成。分解，是指对工程任务的划分；合成，是指解决各项工作的协作与配合。分解和合成是解决各项工作之间，按逻辑关系的有机组成。绘制网络图是网络计划技术的基础工作。

（2）时间参数。

在实现整个工程任务过程中，包括人、事、物的运动状态。这种运动状态都是通过转化为时间函数来反映的。反映人、事、物运动状态的时间参数包括：各项工作的作业时间、开工与完工的时间、工作之间的衔接时间、完成任务的机动时间及工程范围和总工期等。

（3）关键路线。

通过计算网络图中的时间参数，求出工程工期并找出关键路径。在关键路线上的作业称为关键作业，这些作业完成的快慢直接影响着整个计划的工期。在计划执行过程中关键作业是管理的重点，在时间和费用方面则要严格控制。

（4）网络优化。

网络优化，是指根据关键路线法，通过利用时差，不断改善网络计划的初始方案，在满足一定的约束条件下，寻求管理目标达到最优化的计划方案。网络优化是网络计划技术的主要内容之一，也是较之其他计划方法优越的主要方面。

2）网络图的特点

（1）网络计划能够明确表达各项工作之间的逻辑关系。

（2）通过网络计划时间参数的计算，可以找出关键线路和关键工作。

（3）通过网络计划时间参数的计算，可以明确各项工作的机动时间。

（4）网络计划可以利用电子计算机进行计算、优化和调整。

在网络计划中，各项工作之间先后顺序关系为逻辑关系。分为工艺逻辑关系和组织逻辑关系。

工艺关系是由生产工艺客观上所决定的各项工作之间先后顺序关系。

组织关系是在生产组织安排中，考虑劳动力、机具、材料或工期影响，在各项工作之间主观上安排先后顺序关系。

图 7-2 是某大楼主体工程施工进度计划网络图。

3）网络图分类

箭线、节点、线路是构成了网络图的三个基本要素。网络图中，按节点和箭线所代表的含义不同，可分为双代号网络图和单代号网络图两大类。

（1）双代号网络图。

以箭线及其两端节点的编号表示工作的网络图称为双代号网络图。即用两个节点一根箭线代表一项工作，工作名称写在箭线上面，工作持续时间写在箭线下面，在箭线前后的衔接处画上节点编上号码，并以节点编号 i 和 j 代表一项工作名称，如图 7-3 所示。

在网络图中，相对于某一项工作（称其为本工作）来讲，紧接在其前边的工作称为紧前工作，紧接在其后边的工作称为紧后工作；与本工作同时进行的工作称为平行工作；从网络图起点节点开始到达本工作之前为止的所有工作，称为本工作的先行工作，从紧后工作到达网络图终点节点的所有工作，称为本工作的后续工作。

虚工作是既无工作内容，也不需要时间和资源，是为使各项工作之间的逻辑关系得到正确表达而虚设的工作。虚工作的箭线用虚线表示。

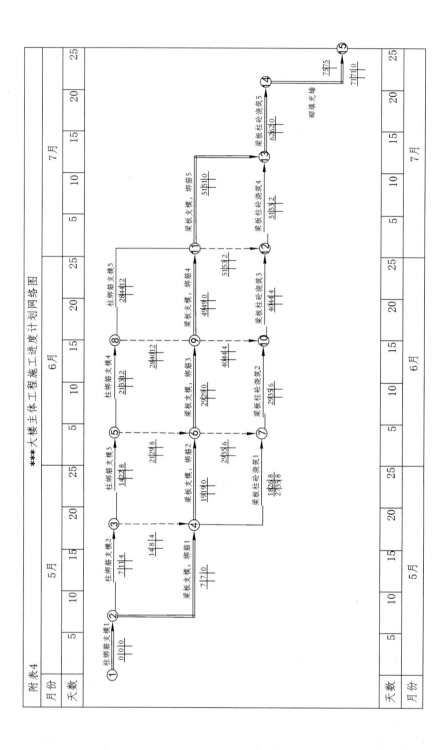

图 7-2　某大楼主体工程施工进度计划网络图

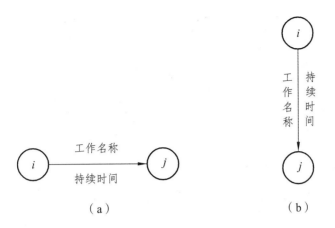

图 7-3　双代号网络图中工作表示方法

（2）单代号网络图。

以节点及其编号表示工作，以箭线表示工作之间的逻辑关系的网络图称为单代号网络图。即每一个节点表示一项工作，节点所表示的工作名称、持续时间和工作代号等标注在节点内，如图 7-4 所示。

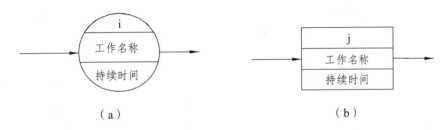

图 7-4　单代号网络图中工作的表示方法

本书将重点介绍双代号网络图的绘制与应用。

4）双代号网络图的绘图规则

（1）一项工作应只有唯一的一条箭线和相应的一对节点编号，箭尾的节点编号应小于箭头的节点编号，如图 7-5。

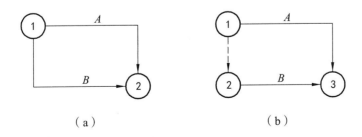

图 7-5　不同工作共用一组节点编号的错误画法

（2）双代号网络图中应只有一个起始节点，只有一个终点节点，如图 7-6 所示。

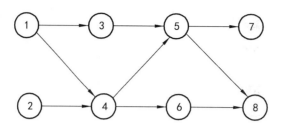

图 7-6　有多个起点节点和多个终点节点的网络图

（3）在网络图中严禁出现循环回路，如图 7-7 所示。

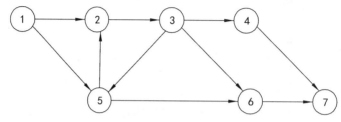

图 7-7　有循环回路的网络图

（4）双代号网络图中，严禁出现没有箭头节点或没有箭尾节点的箭线，如图 7-8 所示。

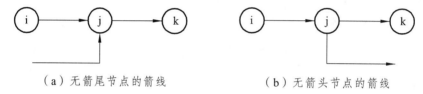

（a）无箭尾节点的箭线　　　　　　　（b）无箭头节点的箭线

图 7-8　没有箭尾节点和没有箭头节点的箭线

（5）双代号网络图节点编号顺序应从小到大，可不连续，但严禁重复。

（6）某些节点有多条外向箭线或多条内向箭线时，在不违反"一项工作应只有唯一的一条箭线和相应的一对节点编号"的前提下，可使用母线法绘图，如图 7-9 所示。

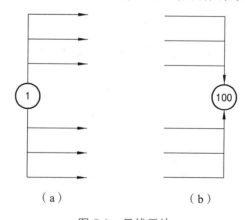

（a）　　　　　　　　　　（b）

图 7-9　母线画法

（7）绘制网络图时，宜避免箭线交叉，当交叉不可避免时，可采用暗桥法、断线法等方法表示，如图 7-10 所示。

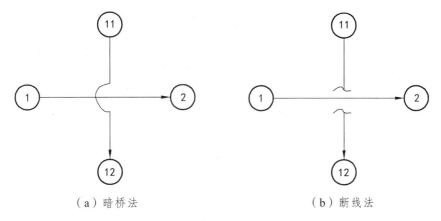

（a）暗桥法　　　　　　　　　　　（b）断线法

图 7-10　交叉箭线的处理方法

（8）对平行搭接进行的工作，在双代号网络图中，应分段表达。

（9）网络图应条理清楚，布局合理。

（10）分段绘制。

5）双代号网络计划时间参数

（1）工作的时间参数。

① 工作的持续时间（t_{ij}）：持续时间，指本工作从开始到结束需要的时间。

② 工作的最早开始时间（ES_{ij}）：最早开始时间，指各项工作紧前工作全部完成后，本工作最有可能开始的时刻。

③ 工作的最早完成时间（EF_{ij}）：最早完成时间，指各项紧前工作全部完成后，本工作有可能完成的最早时刻。

④ 工作的最迟开始时间（LS_{ij}）：最迟开始时间，指不影响整个网络计划工期完成的前提下，本工作的最迟开始时间。

⑤ 工作的最迟完成时间（LF_{ij}）：最迟完成时间，不影响整个网络计划工期完成的前提下，本工作的最迟完成时间。

⑥ 工作的总时差（TF_{ij}）：总时差，指不影响计划工期的前提下，本工作可以利用的动机时间。

⑦ 工作的自由时差（FF_{ij}）：自由时差，不影响紧后工作最早开始的前提下，本工作可以利用的机动时间。

（2）工作时间参数与工期的计算公式。

$$ES_{ij} = \max(ES_{hi} + t_{hi}) = \max(EF_{hi}) \tag{7-1}$$

$$EF_{ij} = ES_{ij} + t_{ij} \tag{7-2}$$

$$LS_{ij} = \min(LS_{jk} - t_{ij}) = LF_{ij} - t_{ij} \tag{7-3}$$

$$LF_{ij} = LS_{ij} + t_{ij} \tag{7-4}$$

$$TF_{ij} = LF_{ij} - EF_{ij} = LS_{ij} - ES_{ij} \tag{7-5}$$

$$FF_{ij} = ES_{jk} - ES_{ij} - t_{ij} \qquad (7-6)$$

式中，角标 hi 意义为工作 ij 的紧前工作，由于可能不止一个紧前工作，最晚完成的紧前工作限制了工作 ij 的开始时间，故取众多紧前工作中开始时间的最大值；角标 jk 意义为工作 ij 的紧后工作，由于可能不止一个紧后工作，最早开始的紧后工作限制了工作 ij 的完成时间，故取众多紧后工作中开始时间的最小值。

（3）关键工作与关键线路的概念。

① 关键工作：在网络计划中总时差最小的工作称为关键工作。

② 关键线路：网络计划总持续时间最长的线路称为关键线路。

（4）用六时标注法计算时间参数。

再计算过程中，可以用六时标注法在网络图中标出计算得出的时间参数，如图 7-11 所示。

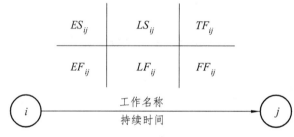

图 7-11　六时标注法计算时间参数

3. 建设工程进度计划的编制程序

（1）总进度目标的论证。

建设项目总进度目标论证的工作步骤如下：

① 调查研究和收集资料；

② 项目结构分析；

③ 进度计划系统的结构分析；

④ 项目的工作编码；

⑤ 编制各层进度计划；

⑥ 协调各层进度计划的关系，编制总进度计划；

⑦ 若所编制的总进度计划不符合项目的进度目标，则设法调整；

⑧ 若经过多次调整，进度目标无法实现，则报告项目决策者。

（2）进度计划编制前的调查研究。

调查研究的内容包括：

① 工程任务情况；

② 实施条件；

③ 设计资料；

④ 有关标准、定额、规程、制度；

⑤ 资源需求与供应情况；

⑥ 资金需求与供应情况；

⑦ 有关统计资料、经验总结及历史资料等。

（3）目标工期的设定。

进度控制目标主要分为：

① 建设周期；

② 设计周期；

③ 施工工期。

（4）进度计划的编制。

整个建设工程进度计划的编制程序按照不同阶段划分为 10 个具体步骤，如图 7-12 所示。

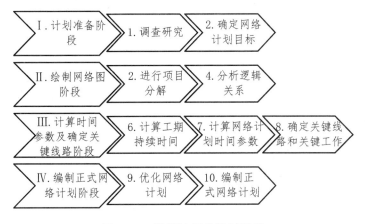

图 7-12 进度计划的编制程序

第 4 节 建设工程进度计划实施中的监测与调整

1. 建设工程进度监测的系统过程

建设工程进度监测系统过程主要包括以下工作：

（1）进度计划执行中的跟踪检查：跟踪检查的主要工作是定期收集反映实际工程进度的有关数据。

（2）整理、统计和分析收集的数据：对收集的数据进行整理、统计和分析，形成与计划具有可比性的数据。

（3）实际进度与计划进度对比：将实际进度的数据与计划进度的数据进行比较从而得出实际进度比计划进度是拖后、超前还是一致。

建设工程进度监测系统如图 7-13 所示：

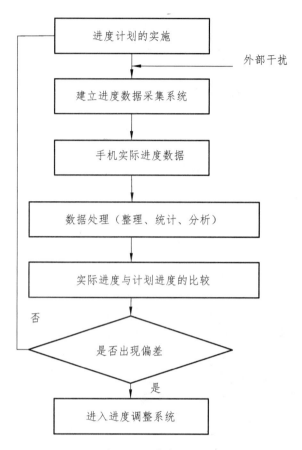

图 7-13　建设工程进度监测系统过程

2. 进度调整的系统过程

（1）分析产生偏差的原因。

（2）分析偏差对后续工作和总工期的影响。

（3）确定影响后续工作和总工期的限制条件。

（4）采取进度调整措施。

（5）实施调整后的进度计划。

建设工程进度调整系统过程如图 7-14 所示。

3. 实际进度与计划进度的比较方法

常用的进度比较方法有横道图比较法、S 形曲线比较法、香蕉曲线法、前锋线比较法、列表比较法等。

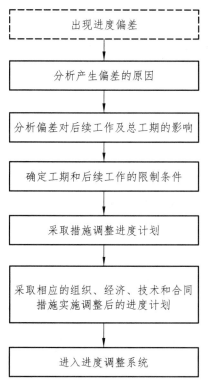

图 7-14　建设工程进度调整系统过程

1）横道图比较法

横道图比较法是将在项目实施中检查实际进度收集的信息，经调整后直接用横道线并列标于原计划的横道线处，进行直观比较的方法。例如某基础工程的施工实际进度与计划进度比较，如图 7-15 所示。其中细线条表示该工程计划进度，粗实线表示实际进度。从图中实际进度与计划进度的比较可以看出，到第 9 周末进行实际进度检查时，挖土方和做垫层两项工作已经完成；支模板按计划也应该完成，但实际只完成 75%，任务量拖欠 25%；绑扎钢筋按计划应该完成 60%，而实际只完成 20%，任务量拖欠 40%。

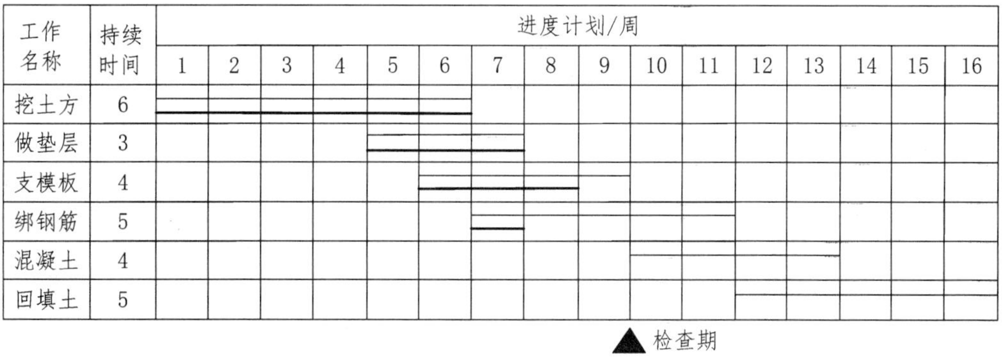

工作名称	持续时间	进度计划/周															
		1	2	3	4	5	6	7	8	9	10	11	12	13	14	15	16
挖土方	6																
做垫层	3																
支模板	4																
绑钢筋	5																
混凝土	4																
回填土	5																

▲ 检查期

图 7-15　某项目基础工程的进度横道图比较法

横道图比较法又可分为以下几种：

（1）匀速进展横道图比较法。

匀速进展指的是项目进行中，单位时间完成的任务量是相等的。这种比较方法的步骤为：

① 编制横道图进度计划。

② 在进度计划上标出检查日期。

③ 将检查收集的实际进度数据，按比例用涂黑的粗线标于进度线的下方。如图 7-16 所示。

④ 比较分析实际进度与计划进度。

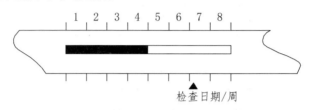

图 7-16　匀速进展横道图比较法

（2）非匀速进展横道图比较法。

① 编制横道图进度计划；

② 在横道线上方标出各主要时间工作的计划完成任务量累计百分比。

③ 在横道线下方标出相应时间工作的实际完成任务量累计百分比。

④ 用涂黑粗线标出工作的实际进度，从开始之日标起，同时反映出该工作在实施过程中的连续与间断情况，如图 7-17 所示。

⑤ 通过比较同一时刻实际完成任务量累计百分比和计划完成任务量累计百分比，判断工作实际进度与计划进度之间的关系。

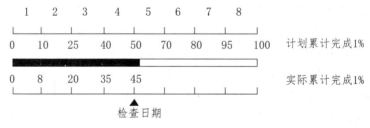

图 7-17　匀速进展横道图比较法

2）S 曲线比较法。

S 曲线比较法是以横坐标表示时间，纵坐标表示累计完成任务量，绘制一条按计划时间累计完成任务量的 S 曲线。然后将工程项目实施过程中各检查时间实际累计完成任务量的 S 曲线也绘制在同一坐标系中，进行实际进度与计划进度比较的一种方法。

S 曲线的绘制方法：

（1）确定单位时间计划和实际完成的任务量。

（2）确定单位时间计划和实际累计完成的任务量。

（3）确定单位实际计划和实际累计完成任务量的百分比。

（4）绘制计划和实际的 S 形曲线。

（5）分析比较 S 形曲线。

比较两条 S 形曲线可以得到如下信息：

（1）工程项目实际进度与计划进度比较情况。

当实际进展点落在计划 S 型曲线左侧，则表示此时实际进度比计划进度超前；若落在其右侧，则表示拖后；若刚好落在其上，则表示二者一致。

（2）工程项目实际进度比计划进度超前或拖后的时间。

如图 7-18 所示，表示 T_a 时刻实际进度超前的时间，表示 T_b 时刻实际进度拖后的时间。

（3）工程项目实际进度比计划进度超额或拖欠的任务量。

如图 7-18 所示，表示 T_a 时刻超额完成的任务量，表示在 T_b 时刻拖欠的任务量。

（4）预测工程进度。

如图 7-18 所示，后期工程按原计划速度进行，则工期拖延预测值为。

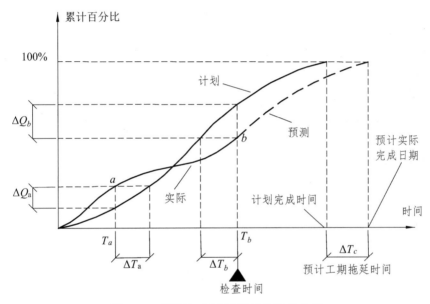

图 7-18　时间与完成任务量关系 S 曲线

3）香蕉曲线比较法

香蕉曲线是由两条 S 曲线组合而成的闭合曲线。

工程项目累计完成的任务量与计划时间的关系，可以用一条 S 曲线表示。对于一个工程项目的网络计划来说，如果以其中各项工作的最早开始时间安排进度而绘制 S 曲线，称为 ES 曲线；如果以其中各项工作的最迟开始时间安排进度而绘制 S 曲线，称为 LS 曲线。两条 S 曲线具有相同的起点和终点，因此，两条曲线是闭合的。在一般情况下，ES 曲线上的其余各点均落在 LS 曲线的相应点的左侧。由于该闭合线形似"香蕉"，故称为香蕉曲线，如图 7-19 所示。

香蕉曲线的绘制方法：

（1）以工程项目的网络计划为基础，计算各项工作的最早开始时间和最迟开始时间。

（2）确定各项工作在各单位时间的计划完成任务量，分别按以下两种情况考虑。

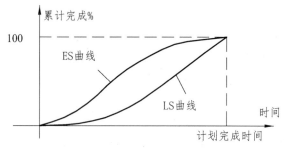

图 7-19　香蕉曲线比较图

① 根据按最早开始时间安排进度计划，确定各项工作在各单位时间的计划完成任务量；

② 根据按最迟开始时间安排进度计划，确定各项工作在各单位时间的计划完成任务量。

（3）计算工程项目总任务量，即对所有工作在各单位时间计划完成的任务量累加求和。

（4）分别根据各项工作按最早开始时间和最迟开始时间安排的进度计划，确定工程项目在各单位时间计划完成的任务量。

（5）分别根据各项工作按最早开始时间和最迟开始时间安排的进度计划，确定不同时间累计完成的任务量或任务量百分比。

（6）绘制香蕉曲线。分别根据各项工作按最早开始时间和最迟开始时间安排的进度计划而确定的累计完成任务量或任务量百分比描绘各点，并连接各点得到 ES 曲线和 LS 曲线，由 ES 曲线和 LS 曲线组成香蕉曲线。

香蕉曲线比较法的作用：

（1）合理安排工程项目进度计划。

（2）定期比较工程项目的实际进度与计划进度。

（3）预测后期工程进展趋势，如图 7-20 所示。

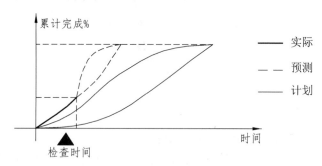

图 7-20　工程进展趋势预测图

4）前锋线比较法

前锋线比较法的步骤如下：

（1）绘制时标网络计划图。工程项目实际进度前锋线是在时标网络计划图上标示，为清楚起见，可在时标网络计划图的上方和下方各设一时间坐标。如图 7-21 所示。

（2）绘制实际进度前锋线。一般从时标网络图上方时间坐标的检查日期开始绘制，依次连接相邻工作的实际进展位置点，最后与时标网络图下方坐标的检查日期相连接。

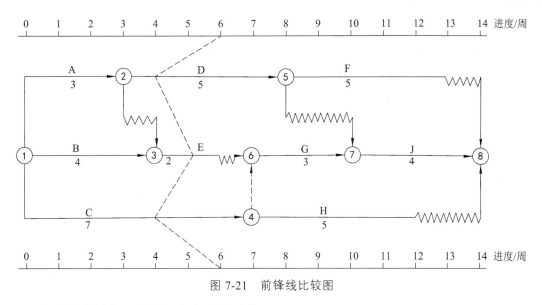

图 7-21　前锋线比较图

工作实际进展位置点的标定方法有两种：

① 按该工作已完任务量比例进行标定；

② 按尚需作业时间进行标定。

（3）进行实际进度与计划进度的比较。前锋线可以直观地反映出检查日期有关工作实际进度与计划进度之间的关系。对某项工作来说，其实际进度与计划进度之间的关系可能存在以下三种情况：

① 工作实际进度位置点落在检查日期的左侧，表明该工作实际进度拖后，拖后的时间为二者之差；

② 工作实际进展位置点与检查日期重合，表明该工作实际进度与计划进度一致；

③ 工作实际进展位置点落在检查日期的右侧，表明该工作实际进度超前，超前的时间为二者之差。

（4）预测进度偏差对后续工作及总工期的影响。通过实际进度与计划进度的比较确定进度偏差后，还可根据工作的自由时差和总时差预测该进度偏差对后续工作及项目总工期的影响。由此可见，前锋线比较法既适用于工作实际进度与计划进度的局部比较，又可用来分析和预测工程项目整体进度状况。

5）列表比较法

列表比较法是记录检查日期应该进行的工作名称及其已经作业的时间，然后列表计算有关时间参数，并根据工作总时差进行实际进度与计划进度比较的方法。

采用列表比较法进行实际进度与计划进度的比较步骤如下：

（1）对于实际进度检查日期应进行的工作，根据已作业的时间，确定其尚需作业时间。

（2）根据原进度计划，计算检查日期应该进行的工作从检查日期开始至原计划最迟完成时的尚余时间。

（3）计算工作尚有总时差，其值等于工作从检查日期到原计划最迟完成时间尚余时间与该工作尚需作业时间之差。

（4）比较实际进度与计划进度，可能有以下几种情况。

① 如果尚有总时差与原有总时差相等，说明该工作实际进度与计划进度一致；

② 如果尚有总时差大于原有总时差，说明该工作实际进度超前，超前时间为二者之差；

③ 如果尚有总时差小于原有总时差，且仍为非负值，说明该工作实际进度拖后，拖后时间为二者之差，但不影响总工期；

④ 如果尚有总时差小于原有总时差，且为负值，说明该工作实际进度拖后，拖后时间为二者之差，此时工作实际进度偏差将影响总工期。

4. 进度计划实施中的调整方法

当出现进度偏差时，需要分析该偏差对后续工作及总工期产生的影响。分析的方法主要是利用网络计划中工作的总时差和自由时差的概念进行判断。由时差概念可知：当偏差小于该工作的自由时差时，对进度计划无影响；当偏差大于自由时差，而未超过总时差时，对后续工作的最早开始时间有影响，对总工期无影响；当偏差大于总时差时，对后续工作和总工期都有影响。

在对实施的进度计划分析的基础上，确定调整原计划的方法，一般有以下两种：

1）改变某些工作间的逻辑关系

若实施中的进度产生的偏差影响了总工期，并且有关工作之间的逻辑关系允许改变，可以改变关键线路和超过计划工期的非关键线路上的有关工作之间的逻辑关系，达到缩短工期的目的。

2）缩短某些工作的持续时间

这种方法不改变工作之间的逻辑关系，只是缩短某些工作的持续时间，而使施工进度加快，以保证实现计划工期。

这种方法通常可在网络图上直接进行，其调整方法一般可分为以下三种情况：

（1）网络计划中某项工作进度拖延的时间在该项工作的总时差范围内和自由时差以外

若用 Δ 表示此项工作拖延的时间，FF 表示该工作的自由时差，TF 表示该工作的总时差，则有 $FF < \Delta < TF$。此时并不会对总工期产生影响，而只对后续工作产生影响。因此，在进行调整前，需确定后续工作允许拖延的时间限制，并以此作为进度调整的限制条件。当后续工作由多个平行的分包单位负责实施时，后续工作在时间上的拖延可能使合同不能正常履行而使受损的一方提出索赔。因此，应注意寻找合理的调整方案，把对后续工作的影响减少到最低程度。

（2）网络计划中某项工作进度拖延的时间在该项工作的总时差以外。

即 $\Delta > TF$。此时，不管该工作是否为关键工作，这种拖延都对后续工作和总工期产生影响，其进度计划的调整方法又可分为以下三种情况。

① 项目总工期不允许拖延。这时只能通过缩短关键线路上后续工作的持续时间来保证总工期目标的实现。

②　项目总工期允许拖延。此时可用实际数据代替原始数据，并重新计算网络计划有关参数即可。

③　项目总工期允许拖延的时间有限。此时可以总工期的限制时间作为规定工期，并对还未实施的网络计划进行工期优化，通过压缩网络计划中某些工作持续时间，来使总工期满足规定工期的要求。

（3）网络计划中某项工作进度超前。

在一个项目施工总进度计划中，由于某些工作的超前，致使资源的使用发生变化，打乱了原计划对资源的合理安排，特别是当采用多个平行分包单位进行施工时。因此，实际中若出现进度超前的情况，进度控制人员必须综合分析对后续工作产生的影响，提出合理的进度调整方案。

第 5 节　建设工程进度控制的措施

一般情况下，建设工程进度的控制措施主要有合同措施、经济措施、组织措施、技术措施等。

1.　合同措施

施工合同是建设单位与施工单位订立的，用来明确责任、权利关系的具有法律效力的协议文件，是运用市场经济体制组织项目实施的基本手段。建设单位根据施工合同要求施工单位在合同工期内完成工程建设任务，按施工合同约定的方式、比例支付相应的工程款。因此，合同措施是建设单位进行目标控制的重要手段，是确保目标控制得以顺利实施的有效措施。

（1）合同工期的确定。

一般来说，合同工期主要受建设单位的要求工期、工程的定额工期以及投标价格的影响。工程招投标时，建设单位通常不采用定额工期而是根据自身的实际需要确定投标工期，只从价格上选择相对低价者中标。多数施工单位为了中标，往往忽视工程造价与合同工期之间的辩证关系，致使在工程实施过程中，由于工程报价低，在要求增加人力、机械设备时显得困难，制约了工程进度，不能按合同工期期限完成。因此，建设单位要科学合理地确定工期并允许投标工期在平衡投标报价中发挥作用，以减小在进度目标控制中存在的风险。按照有关法规规定合同工期一般不应低于工程定额工期的 80%，建设单位可根据工程定额工期及此范围确定合理的合同工期。

（2）工程款支付的合同控制。

工程进度控制与工程款的合同支付方式密不可分，工程进度款既是对施工单位履约程度的量化，又是推进项目运转的动力。工程进度控制要牢牢把握这一关键，在合同约定支付方式中加以体现，确保阶段性进度目标的顺利实现。对于工程款的支付可按形象进度计量，即将工程项目总体目标分解为若干个阶段性目标，在每一阶段完成并验收合格后根据投标预算中该阶段的造价支付进度款。这不但使工程进度款的支付准确明了，更重要的是提高了施工单位的主观能动性，使其主动优化施工组织和进度计划，加快施工进度，多劳多得，缩短工期提高效益。

（3）合同工期延期的控制。

合同工期延期一般是由于建设单位、工程变更、不可抗力等原因造成的，而工期延误是施工单位组织不力或因管理不善等原因造成的，两者概念不同。因此，合同约定中应明确合同工期顺延的申报条件和许可条件，即导致工期拖延的原因不是施工单位自身的原因引起的。由于建设单位原因造成工期的拖延是申请合同工期延期的首要条件，但并非一定可以获得批准。在工程进度控制中还要判断延期事件是否处于施工进度计划的关键线路上，才能获得合同工期的延期批准。若延期事件是发生在非关键线路上，且延长的时间未超过总时差，工期延期申请是不能获得批准的。此外，合同工期延期的批准还必须符合实际情况和时效性。通常约定为在延期事件发生后 14 天内向建设单位代表或监理工程师提出申请，并递交详细报告，否则申请无效。

2. 经济措施

（1）严格工期违约责任。

建设单位要想取得好的工程进度控制效果，实现工期目标，必须严格工期违约责任、明确具体措施，对企图拖延、蒙混工期的施工单位起到震慑作用。对因施工单位原因造成的工期延误，以合同价款的若干比例按每延误一日向建设单位支付工期违约金，并在工程进度款支付中扣除，施工单位在下一阶段目标或合同工期内赶上进度计划的可予以退还违约金。违约金支付上限不超过法规规定的合同总价款的 5%。

（2）确定奖罚结合的激励机制。

长期以来，在实现工程进度控制目标的巨大压力下，针对施工单位合同工期的约束大多只采取"罚"字诀，但效果并不明显。从根本上讲建设单位的初衷是如期完工而不在于"罚"，而某些工程项目施工单位在考虑赶工投入的施工成本后会得出情愿受罚的结论，原因是违约金上限不能超过合同总价款的 5%，这与增加人员投入、材料周转的费用相接近，且拖延工期有时会直接降低一定的施工成本。所以，工程进度控制只采用罚的办法是比较被动的，而采取奖罚结合的办法可以引导施工单位变被动为主动。施工单位在合同工期内提前完工奖励的幅度可以约定为一个具体数值或是与违约金支付的比例相当。由于奖励比惩罚的作用更大，争创品牌的施工单位自然会积极配合建设单位的进度控制，尽可能为此荣誉而努力，也有利于促成双方诚信合作的良性循环。

3. 组织措施

组织协调是实现进度控制的有效措施。为有效控制工程项目的进度，必须处理好参建各方工作中存在的问题，建立协调的工作关系，通过明确各方的职责、权利和工作考核标准，充分调动和发挥各方工作的积极性、创造性及潜在能力。

（1）突出工作重心，明确相关责任。

对于参建单位来说，工程项目的三大控制和安全管理目标都同等重要，但各方的侧重又有所不同。通常情况下，施工单位在保证施工质量与安全情况下主抓进度，监理单位则将安全和质量作为控制的重点，建设单位则将质量和投资作为控制的重点。就进度控制来说，施工单位的主要职责是根据合同工期编制和执行施工进度计划，并在监理单位监督下确保工程质量合格和施工安全，如造成工期拖延，建设单位和监理单位有权要求其增加人力、物力的投入并承担损失和责任。

（2）加强对施工项目部的管理。

施工单位工程项目部是建设项目实施的主体，建设单位进度控制的现场协调离不开工程项目部人员的积极配合。因此，工程项目部组成人员的素质尤为重要。建设单位应当要求工程项目部的人员配备与招投标文件相符，并主动加强与工程项目部人员的相互沟通，了解其技术管理水平和能力，正确引导其自觉地为实现目标控制而努力。对于工程项目部内那些消极应付、不积极配合工作的人员，建设单位和监理单位管理人员有权对其组成人员的调整提出意见。

4. 技术措施

（1）明确设计文件的深度、完整性及各专业交叉施工时所应注意的问题（相关失误所对应的处罚措施）。

（2）明确施工方案的科学性、先进行、合理性及防治质量通病的措施。

（3）明确施工中所应采用的先进施工工艺、技术方法、机械设备（及其相关的经济补偿措施）等。

（4）采用网络计划技术及其他科学实用的计划方法，并结合电子计算机的应用，对建设工程进度实施动态控制。

上述四种措施主要是以提高预控能力、加强主动控制的办法来达到加快施工进度的目的。在项目实施过程中，要将被动控制与主动控制紧密地结合起来，认真分析各种因素对工程进度目标的影响程度，及时将实际进度与计划进度进行对比，制定纠正偏差的方案，并采取赶工措施，使实际进度与计划进度保持一致。

5. 参建各方所应做好的相关工作

工程进度受各种因素的影响，其顺利的实施既需要参建各方的密切配合，也需要建设、施工、监理单位根据经验分析、评估施工过程中可能存在的风险及影响因素，利用进度控制的六大原理及四种措施对施工进度做好控制。结合上面的影响因素分析，参建各方在项目进度实施过程中，还应做好各自的本职工作，充分发挥主观能动性，消除主观因素带来的不利影响，并尽可能将客观因素带来的不利影响降到最低程度。对此，下面将谈谈为保证施工进度的顺利实施，参建各方在自己的职责范围内所应做好的相关工作。

1）建设单位所应做好的相关工作

（1）选择信誉好、素质较高的勘查、设计、施工、监理单位，并运用进度控制的四种措施加强对相关方的约束。

（2）提高本职工作质量，为勘查、设计、施工、监理单位提供准确详细的资料并做好相关配合工作。

（3）加强资金筹措与储备，按合同约定及时支付相关款项。

（4）做好施工进度的跟踪、分析、调控，克服自身方面影响施工进度的不利因素。

（5）慎重设计变更，前期设计时尽可能将相关要求考虑全面，减少施工过程中的设计变更。

（6）合理确定合同工期。

2）勘查设计单位所应做好的相关工作

（1）调配高素质的专业人员，优质地完成勘查设计资料，避免资料的原则性错误及遗漏。

（2）及时准确地提供勘查设计资料。

（3）加强各专业设计的协调、配合、交流工作，避免专业设计的冲突与矛盾。

（4）及时解决施工过程中出现的设计问题。

3）施工单位所应做好的相关工作

（1）组建高素质的项目管理机构，使项目部各职能部门的管理经验、技术水平满足施工需要。

（2）正确领会设计意图，做好技术交底及施工自检工作，保证施工的顺利进行，消除因质量缺陷对施工进度所带来的影响。

（3）做好现场安全管理，消除安全隐患，避免因安全因素给施工进度带来的影响。

（4）组织选择高素质的劳务队伍，并保证劳动力数量满足施工需要。

（5）组织好施工所需材料、设备的供应，满足施工的正常需要。

（6）建立施工现场的应急预案，分析可能影响施工进度的各种不利因素，及相应的应对措施。

（7）加强对各分包方的组织协调管理，保证施工的顺利进行。

（8）制定科学详细的施工进度计划，并利用进度控制的六大原理、四种措施加强对施工进度计划的跟踪、分析、调控。

4）监理单位所应做好的相关工作

（1）组建高素质较高的项目监理机构，并明确职责分工。

（2）加强技术管理搞好质量、安全的预控，消除因质量、安全因素给施工进度带来的不利影响，保障施工的顺利进行。

（3）根据合同约定及现场情况，制定科学完善的进度控制工作细则。

（4）利用进度控制的六大原理、四种措施加强对进度计划的跟踪、控制和检查工作。

（5）督促并协助施工单位搞好施工组织工作。

（6）加强施工进度的组织协调工作。

综上所述，影响项目施工进度的因素是多方面的，有些可以预见，有些则是不可预见的。施工进度的顺利实施，既需要参建各方的共同协作努力，也需要整个社会提供一个良好的建设环境，为建设项目按照拟定的计划实施创造有利的条件。

本章小结

本章介绍了建筑工程监理进度控制的含义，分析了影响建设工程进度的不利因素，阐述了建设工程进度控制的原理；确定了建设工程监理进度控制的程序，说明了建设工程进度控制计划体系：建设、监理、设计、施工单位的计划系统的作用；描述了建设工程进度计划的表示方法和编制程序，给出了建设工程进度计划实施中的监测与调整措施。

思考题

7-1　什么是建设工程进度控制？

7-2　建设工程进度控制的任务和措施有哪些？

7-3　建设工程进度监测与调整包含哪些系统过程？

7-4　进度偏差对后续工作及总工期有何影响？应如何调整？

7-5　监理工程师对工程延期如何处理？

7-6　简述网络图的绘制规则。

7-7　香蕉曲线是如何形成的？其作用有哪些？

7-8　何谓工作的总时差和自由时差？关键线路和关键工作的确定方法有哪些？

7-9　何谓工艺关系和组织关系？试举例说明。

7-10　某网络计划的有关资料如表 7-1 所示，试绘制双代号网络计划，并在图中标出各项工作的六个时间参数。最后，用双箭线标明关键线路。

表 7-1　某网络计划数据

工作	A	B	C	D	E	F	G	H	I	J	K
持续时间	22	10	13	8	15	17	15	6	11	12	20
紧前工作	/	/	B、E	A、C、H	/	B、E	E	F、G	F、G	A、C、I、H	F、G

第8章　建设工程合同管理

我国《合同法》规定：合同是"平等主体的自然人、法人、其他组织之间设立、变更、终止民事权利义务关系的协议"。合同又名"契约"或"合约"。合同是具有民事能力的双方签订的具有法律效力的文本，双方签字确认后，双方的责任、权利、义务就得到了明确，受法律的保护，双方应共同遵守。

建设工程合同是合作的双方履行责任、义务，享受权利的法律基础，合同规定的条款是双方行为准则。建设单位与工程参建单位通过合同管理来确保合同的顺利履行，调控建设项目的运行状态，合理分担合同风险，实现合同目标。

第1节　建设工程合同的基本概念

1. 建设工程合同

建设工程合同是承包人进行工程建设，发包人支付价款的合同。建设工程合同应当采用书面形式。建设工程的招标投标活动，应当依照有关法律的规定公开、公平、公正进行。按照《合同法》的规定，建设工程合同包括三种：即建设工程勘查合同、建设工程设计合同、建设工程施工合同。同时也规定建设工程实行监理的，发包人应当与监理人采用书面形式订立委托监理合同。发包人与监理人的权利和义务以及法律责任，应当依照本法委托合同以及其他有关法律、行政法规的规定。

（1）建设工程勘查合同。

建设工程勘查合同是承包方进行工程勘查，发包人支付价款的合同。建设工程勘查单位称为承包方，建设单位或者有关单位称为发包方（也称为委托方）。

建设工程勘查合同的标的是为建设工程需要而作的勘查成果。工程勘查是工程建设的第一个环节，也是保证建设工程质量的基础环节。为了确保工程勘查的质量，勘查合同的承包方必须是经国家或省级主管机关批准，持有"勘查许可证"，具有法人资格的勘查单位。

建设工程勘查合同必须符合国家规定的基本建设程序，勘查合同由建设单位或有关单位提出委托，经与勘查部门协商，双方取得一致意见，即可签订，任何违反国家规定的建设程序的勘查合同均是无效的。

（2）建设工程设计合同。

建设工程设计合同是承包方进行工程设计，委托方支付价款的合同。建设单位或有关单位为委托方，建设工程设计单位为承包方。

建设工程设计合同为建设工程需要而作的设计成果。工程设计是工程建设的第二个环节，是保证建设工程质量的重要环节。工程设计合同的承包方必须是经国家或省级主要机关批准，持有《设计许可证》，具有法人资格的设计单位。只有具备了上级批准的设计任务书，建设工程设计合同才能订立。小型单项工程必须具有上级机关批准的文件方能订立。如果单独委托施工图设计任务，应当同时具有经有关部门批准的初步设计文件方能订立。

（3）建设工程施工合同。

建设工程施工合同是工程建设单位与施工单位，也就是发包方与承包方以完成商定的建设工程为目的，明确双方相互权利义务的协议。建设工程施工合同的发包方可以是法人，也可以是依法成立的其他组织或公民，而承包方必须是法人。

（4）建设工程物资采购合同。

建设工程物资采购合同，是指具有平等主体的自然人、法人、其他组织之间为实现建设工程物质的买卖，设立、变更、终止相互权利义务关系的协议，它属于买卖合同，依照协议，出资人转移建设工程物资的所有权于买受人，买受人接受建设工程物资并支付价款。签订合同的双方都有各自的经济目的，采购合同是经济合同，双方受"经济合同法"保护和承担责任。一般分为材料采购合同和设备采购合同。

（5）建设工程监理合同。

建设工程监理合同的全称叫建设工程委托监理合同，也简称为监理合同，是指工程建设单位聘请监理单位代其对工程项目进行管理，明确双方权利、义务的协议。建设单位称委托人、监理单位称受托人。

2. 建设工程合同分类

（1）建设工程合同根据建设单位投资购买的对象、内容、性质不同分类，主要有三种形式：

① 购买服务的咨询、检测合同。建设单位将对工程建设相关事项的咨询、检测工作委托给具有相应资质的参建单位来完成，主要是购买他们的智力服务。在工程建设过程中，主要有工程前期咨询合同、工程造价咨询合同、工程设计合同、工程勘查合同、检测合同等。

② 购买工程的合同。主要是建设工程总承包施工合同、分包工程施工合同。建设工程经咨询、设计、勘查等前期论证后开始建设工程施工招标投标，通过公开招标投标确定施工单位，建设单位与有资质的中标单位签订施工合同。

③ 购买工程建设过程中所需的材料及设备合同，主要是指建设单位需采购工程建设过程中重要的材料设备或随工程建设的家具设备而签订的物资采购合同。

（2）建设工程合同根据工程计价方式分类，建设工程合同主要有三类形式，如图 8-1 所示。

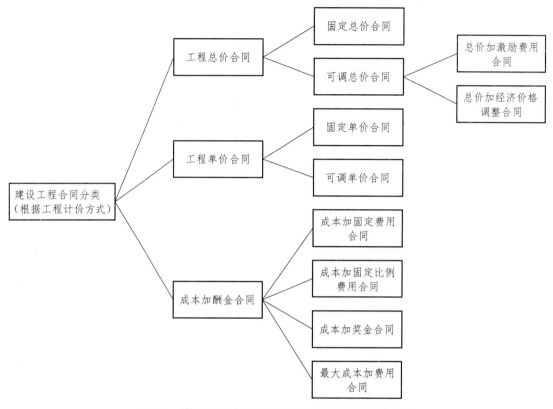

图 8-1　建设工程合同分类图（根据工程计价方式）

（1）工程总价合同。是指根据合同规定的工程施工内容和有关条件，业主应付给承包商的款额是一个规定的金额，即明确的总价。总价合同也称作总价包干合同，即根据施工招标时的要求和条件，当施工内容和有关条件不发生变化时，业主付给承包商的价款总额就不发生变化。

总价合同又分固定总价合同（FFP）和可调总价合同两种。可调总价合同又可分为总价加激励费用合同（FPIF）和总价加经济价格调整合同（FP-EPA）。

① 固定总价合同特点：

固定总价合同的价格计算是以图纸及规定、规范为基础，承发包双方就施工项目协商一个固定的总价，由承包方一笔包死，不能变化。采用这种合同，合同总价只有在设计和工程范围有所变更的情况下才能随之做相应的变更，除此之外，合同总价是不能变动的。因此，作为合同价格计算依据的图纸及规定、规范应对工程做出详尽的描述，一般在施工图设计阶段，施工详图已完成的情况下。采用固定总价合同，承包方要承担实物工程量、工程单价、地质条件、气候和其他一切客观因素造成亏损的风险。在合同执行过程中，承发包双方均不能因为工程量、设备、材料价格、工资等变动和地质条件恶劣、气候恶劣等理由，提出对合同总价调值的要求，因此承包方要在投标时对一切费用的上升因素做出估计并包含在投标报价之中。因此，这种形式的合同适用于工期较短（一般不超过一年），对最终产品的要求又非常明确的工程项目，这就要求项目的内涵清楚，项目设计图纸完整齐全，项目工作范围及工程量计算依据确切。

② 可调总价合同特点：

可调值总价合同的总价一般也是以图纸及规定、规范为计算基础，但它是按"时价"进行计算的，这是一种相对固定的价格。在合同执行过程中，由于通货膨胀而使所用的工料成本增加，对合同总价进行相应的调值，即合同总价依然不变，只是增加调值条款。因此可调总价合同均明确列出有关调值的特定条款，往往是在合同特别说明书中列明。调值工作必须按照这些特定的调值条款进行。这种合同与固定总价合同不同在于，它对合同实施中出现的风险做了分摊，发包方承担了通货膨胀这一不可预测费用因素的风险，而承包方只承担了实施中实物工程量成本和工期等因素的风险。可调值总价合同适用于工程内容和技术经济指标规定很明确的项目，由于合同中列明调值条款，所以在工期一年以上的项目较适于采用这种合同形式。

（2）工程单价合同。单价合同是亦称"单价不变合同"。由合同确定的实物工程量单价，在合同有效期间原则上不变，并作为工程结算时所用单价；而工程量则按实际完成的数量结算，即量变价不变合同。单价合同表式中，通常包括有单价一览表，发包单位只在表中列出分项工程名目，一般不列其工程量。投标人在填报时，逐项报出单价；有时招标人已在单价一览表上填有单价，则要求投标人相应填报逐项单价增减的百分比。单价合同形式目前被国际承包市场广为采用。其中投标人只承担单价方面的风险，与同行开展竞争。一旦中标签约，中标人按单价承包。但如完成的实际工程量与合同中的设计工程量（如有时）出入较大而导致合同单价不合理时，则承包人可根据合同有关规定的条款，向建设单位（业主）要求调整单价。因此，在签约时，应当规定一个工程量增减的幅度而允许调整单价的范围，并作为合同条文确定下来，以共同遵守。

单价合同也可以分为固定单价合同和可调单价合同。

① 固定单价合同。这也是经常采用的合同形式，特别是在设计或其他建设条件（如地质条件）还不太落实的情况下（计算条件应明确），而以后又需增加工程内容或工程量时，可以按单价适当追加合同内容。在每月（或每阶段）工程结算时，根据实际完成的工程量结算，在工程全部完成时以竣工图的工程量最终结算工程总价款。

② 可调单价合同。合同单价可调，一般是在工程招标文件中规定。在合同中签订的单价，根据合同约定的条款，如在工程实施过程中物价发生变化等，可做调整。有的工程在招标或签约时，因某些不确定因素而在合同中暂定某些分部分项工程的单价，在工程结算时，再根据实际情况和合同约定合同单价进行调整，确定实际结算单价。

③ 可以将工程设计和施工同时发包，承包商在没有施工图纸的情况下报价，显然这种报价要求报价方有较高的水平、经验。

（3）成本加酬金合同。成本加酬金合同也称为成本补偿合同，这是与固定总价合同正好相反的合同，工程施工的最终合同价格将按照工程实际成本再加上一定的酬金进行计算。在合同签定时，工程实际成本往往不能确定，只能确定酬金的取值比例或者计算原则。由业主向承包单位支付工程项目的实际成本，并按事先约定的某一种方式支付酬金的合同类型。该计价方式的合同一般是在建设单位委托工作内容单一、不复杂时采用，由于参建单位成本的内涵界定没有明确的标准，该合同形式很少采用。

成本加酬金合同有许多种形式，主要有以下几种：

① 成本加固定费用合同；

② 成本加固定比例费用合同；

③ 成本加奖金合同；

④ 最大成本加费用合同。

各合同形式的比较如表 8-1 所示。

表 8-1　三种合同计价方式的比较

	总价合同	单价合同	成本加酬金合同
应用范围	广泛	工程量暂不确定的工程	紧急工程、保密工程等
业主的投资控制工作	容易	工作量较大	难度大
业主的风险	较小	较大	很大
承包商的风险	大	较小	无
设计深度要求	施工图设计	初步设计或施工图设计	各设计阶段

3. 建设工程合同管理

建设工程项目的实施都是通过签订一系列的建设工程合同来完成的。建设单位为了实现工程建设的预期目标，加强对建设工程的管理，必须对委托的内容、范围、价款、工期、质量等主要方面作为合同条款进行明确界定，便于建设工程实施过程中的管理。建设工程管理的核心是建设工程的合同管理，是通过先进的管理理念及手段，以合同条款约定为基础对建设工程的各个阶段、参与工程建设的各个单位进行管理，明确各个阶段的管理目标，双方的责任、权利、义务，要求合同的双方都应自觉地遵守所签订合同中的各项要求，按照合同约定行使自己的权利、履行自己的义务，实现合同约定的目标。

4. 建设工程合同管理的特点

建设工程由于投资金额大，建设周期长，使用功能要求全面，工程建设过程中受自然环境变化影响大，工程造价与市场供求关联紧密，工程参建单位多，因此建设工程合同管理具有以下几个特点：

（1）建设工程合同管理专业性强，对统一协调要求高。工程建设涉及工程建设专业多，如土建工程、装饰工程、设备工程、市政工程、绿化工程、环境工程等。土建工程又分木结构、钢结构、混凝土结构、钢筋混凝土结构等，装饰工程又分简装修、精装修工程，设备工程又分给排水、高压供电、低压供电、弱电、通排风、消防工程等。市政工程又分道路工程、桥梁工程等。各专业相应的法律法规、技术规范管理性文件多，因此建设工程合同管理是一个专业性强的工作，相关的合同管理人员应具有一定的法律法规知识、建设工程专业技术知识同时还应具有一定的实践经验，合同管理者可以是个人也可以是团队，对工程建设的全寿命周期内的各个阶段工作，从立项申请开始、经咨询、设计、地质勘查直至工程竣工验收及维护所有过程的主要工作内容有基本的了解，才能基本从事建设工程合同管理工作。

（2）建设工程合同管理是系统性的工作。工程建设是一个系统性工程，建设工程从全寿命管理理念出发，在设计、地质勘查、施工、咨询等各个方面管理内容相互渗透，工程设计时需要结合建设地点的地质特点，通过造价咨询的配合做技术与经济的对比分析，优化设计方案，使得工程设计既保证结构安全又节约工程造价，同时，还要考虑设计方案是否便于施工，是否对周边环境造成大的影响，是否影响周边交通出行等方面进行系统分析，这样要求建设工程的合同管理也要充分协调。使得在工程建设的各个阶段，建设单位通过合同管理将工程项目建设成为对自然环境影响少，对社会经济贡献大的项目。在工程建设阶段，由于工程建设涉及具体的技术专业多，如建设工程最主要载体是土建装饰工程，为保证工程项目的正常使用，在主体土建装饰工程上要有配套的供电工程、弱电布线安装工程、给排水安装工程、生产设备安装工程等；为保证工程项目建成后生产生活安全，在主体土建装饰工程上还要配套消防工程；为了生产生活环境舒适，在主体土建装饰工程边还会配套绿化工程；为了实现建设项目的交通便利，在主体土建装饰工程周边会配套停车场及场外道路工程。这些主体工程与配套工程间也需要充分的协调，才能保证各项建设功能的顺利实现。在土建装饰工程施工过程中，应事先对配套工程所需的管道、连接件等进行预留预埋，为配套工程的施工安装做好准备，以免安装工程施工时对主体工程及装饰工程造成破坏，同时，配套工程施工时各工程之间应该沟通先后顺序，以免造成配套工程间位置重叠不能实现各项功能安装到位，或配套工程间施工时造成的交叉影响甚至破坏。因此建设工程合同管理是一个系统性很强的工程。

（3）建设工程合同管理具体很强的风险性，要求有一定的预测与应对机制。工程项目由于建设规模大，参建单位多、专业性强、建设周期长等特点以及建设过程中受自然环境、社会经济的影响，使得建设工程合同管理不可避免存在风险。常见的风险有参建单位的信誉风险，自然环境外部风险、技术、经济、法律方面风险。由于目前我国建设市场的竞争激烈，市场经济体制不是很完善，工程参建单位的技术力量、管理水平、市场信誉不均衡，建设单位通过公开招投标选择的参建单位不一定是社会信誉良好的队伍，这样的参建单位中标与建设单位开启合作后，可能在合同中隐藏着许多对建设单位难以预测的风险、苛刻的合同条款。这个风险一般是参建单位经心策划的。由于工程项目的建设周期一般很长，自然环境、社会供求、法律体系、技术、市场经济等都不可避免产生变化与波动，这些变化与波动对建设工程合同管理带了巨大的风险、建设单位不能控制，这种风险会影响建设工程合同按既定目标的实施。这个风险是合作双方都难以预测的。由于合同双方对合同条文内容界定不完整、不清晰、不严密造成合同执行过程中产生歧义理解，甚至不能协商取得一致的意见，强势的一方会将风险强加给对方，这样产生的风险都是两者都不愿看到的。这种风险可以通过合同商洽时的细致、严谨态度来避免。因此，建设工程合同管理应有一定的预测与应对机制。

（4）建设工程合同管理是动态的。工程项目由于建设周期长，工程范围变化、设计的不完善性及合作过程中的不确定性，都决定了工程会产生变更，工程变更会导致建设工程合同变更，这就要求合同管理必须是动态的管理。发生了不可避免的工程变更，需要及时的分析原因，合作双方充分沟通，不断调整，必要时要签订合同的补充协议，对过去已签订合同条款进行部分或全面的修改与完善，保证双方的责任、权利、义务更加合理，通过动态的合同管理还将有效地减少合同风险或转移部分合同风险，确保建设工程合同按既定目标的实施。

5. 建设工程合同管理实施程序

1）合同管理实施控制程序

建设工程合同实施管理程序，如图 8-2 所示。

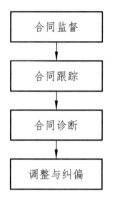

图 8-1　建设工程合同实施管理程序

（1）实施有效的合同监督。

合同监督的主要工作如下：

① 落实合同实施计划。

落实合同实施计划为各工程队（小组）、分包商的工作提供必要的保证。

② 协调各方的工作关系。

对各工程队（小组）、分包商进行工作指导，作经常性的合同解释，使各过程小组都有全局观念。

在合同责任范围内协调承包商与业主、与业主有关的其他承包商、与材料和设备供应商、与分包商之间，以及承包商的分包商之间，工程队与分包商之间的工作关系，解决合同实施中出现的问题。

经常性的会同项目管理的有关职能人员检查、监督各工程队和分包商的合同实施情况。

③ 严格合同管理程序：

• 严格合同管理程序主要包括以下内容。

• 合同的任何变更，都应由合同管理人员负责提出。

• 对向分包商的任何指令，向业主的任何文字答复、请示，都须经合同管理人员审查，并记录在案。

• 由合同管理人员会同估算师对向业主提出的工程款账单和分包商提交的收款账单进行审查和确认。

• 争议的协商和解决都必须有合同管理人员的参与。

• 工程实施中的各种文件由合同管理人员进行检查。

④ 文件资料及原始记录的审查和控制

（2）合同的跟踪。

① 合同跟踪的依据。

合同和合同监督的结果。

②　合同跟踪的对象。

- 对具体的合同事件的跟踪。

- 对项目组织内的合同实施情况的日常工作进行检查分析。

- 与业主（监理工程师）沟通。

- 对工程项目的实施状况进行跟踪：工程整体施工环境进行跟踪；对已完工程没通过验收或验收不合格等进行跟踪；对计划和实际的进度、成本进行描述。

（3）合同的诊断。

在合同跟踪的基础上对合同进行诊断。合同诊断是对合同执行情况的评价、判断和对、趋向的分析、预测。它包括如下内容：

①　对合同执行差异的原因进行对比分析；

②　对合同执行的差异责任进行分辨；

③　对合同实施的趋向进行预测。

（4）合同纠偏。

合同纠偏通常采取以下措施：

①　技术措施；

②　组织和管理措施；

③　经济措施；

④　合同措施。

6.　建设工程合同变更管理

合同变更是指合同成立以后履行之前，或者在合同履行开始后尚未履行完之前，合同当事人不变而合同的内容、客体发生变化的情形。这里的合同变更要与工程变更区别。

合同变更是合同法中明确的一种法律概念，指"合同成立后，当事人在原合同的基础上对合同的内容进行修改或补充"。

工程变更则是在施工合同管理中经常遇到的概念。我国各类标准文件及 FIDIC 各合同条款中都出现了"变更""设计变更""工程变更"等概念，均有以下含义：工程师或甲方认为有必要对工程或其中任何部分的形式、质量或数量做出任何变更，并指令承包商实施这些变更的工作。

以上标准合同中所提及的工程变更或设计变更在表面上看起来与合同法的合同变更是一致的。即在合同的履行过程中对原合同所规定的内容做了修改。因此，在实践中往往把两者混为一谈。但由此就产生了一个很严重的问题：合同法规定了严格的合同变更程序，任何一方变更合同必须经对方同意，若工程变更就等于合同变更，那么没承包商的同意业主是无法进行工程变更的，这意味着如果没有承包商的认可，业主失去了对工程可能发生变化的任何控制权。这是业主所不能接受的，也是与项目管理实际相矛盾的。

工程变更实质上是承发包双方在工程合同订立时便对合同实施过程中可能出现情况做出事先约定的结果，是一种特殊的合同变更。

1）合同变更产生的原因

（1）业主的原因：如业主新的要求，指令错误、资金短缺、倒闭、合同转让。

（2）勘查设计的原因：如工程条件不准确、设计错误。

（3）承包商的原因：如合同执行错误、质量缺陷、工期延误。

（4）合同的原因：如合同文件问题必须调整合同目标、或修改合同条款。

（5）监理工程师的原因：如指令错误。

（6）其他方面的原因：如工程环境的变化，环境保护要求、城市规划变动。

2）合同变更的影响

① 导致工程变更；

② 导致工程参与各方合同责任的变化；

③ 引起已完工程的返工，现场工程施工的停滞、施工秩序打乱，已购材料的损失及工期的延误。

3）合同变更的处理要求

① 迅速、及时地做出变更要求，变更程序应简单、快捷；

② 迅速、全面、系统地落实变更指令；

③ 对合同变更的应先做进一步分析。

4）合同变更范围和程序

（1）合同变更范围。

合同变更范围很广，一般在合同签订后所有工程范围、进度、质量要求、合同条款内容、合同双方责权利关系的变化等都可以被看作为合同变更。

最常见的合同变更有以下两种：

① 涉及合同条款的变更，即合同条件和合同协议书所定义的双方责权利关系或一些重大问题的变更。

② 工程变更，即工程的质量、数量、性质、功能、施工次序和实施方案的变化。工程变更包括设计变更、施工方案变更、进度计划变更、和新增工程。

（2）合同变更程序。

根据国家发展和改革委员会等九部委（以下简称"九部委"）联合编制的《标准施工招标文件》中通用合同条款的规定，变更的程序如下。

① 变更的提出；

② 变更指示。

根据九部委《标准施工招标文件》中通用合同条款的规定，变更指示只能由监理人发出。

7.　FIDIC 合同条件的修订

1）合同条件修订内容

为了完善施工合同条款减少变更对工程项目的影响，FIDIC 不断总结各个国家、各个地区的业主、咨询工程师和承包商各方经验，编制了不同版本的合同条件，FIDIC 的合同条件也是在长期的国际工程实践中形成并逐渐发展成熟起来的，是目前国际上广泛采用的高水平的、规范的合同条件。这些条件具有国际性、通用性和权威性。其合同条款公正合理，职责分明，程序严谨，易于操作。考虑到工程项目的一次性、唯一性等特点，FIDIC 合同条件分成了"通用条件"（General Conditions）和"专用条件"（Conditions of Particular Application）两部分。通用条件适于某一类工程。如红皮书适于整个土木工程（包括工业厂房、公路、桥梁、水利、港口、铁路、房屋建筑等）。专用条件则针对一个具体的工程项目，是在考虑项目所在国法律法规不同、项目特点和业主要求不同的基础上，对通用条件进行的具体化的修改和补充。

1999 版系列合同条件已经使用了 18 年，随着国际工程市场的发展和变化以及工程项目管理水平的提升，FIDIC认为有必要针对1999版合同条件在应用过程中产生的问题进行修订，以使其能更好地反映国际工程实践，更具代表性和普遍意义。此次修订是从黄皮书开始的，FIDIC 早在 2016 年就推出了黄皮书的征求意见稿（2016 pre-release version of the Yellow Book），在黄皮书的基础上删减相关的设计义务形成红皮书，对风险分配进行调整形成银皮书。此次修订过程中，FIDIC 征求并吸纳了国际工程业界各方用户和相关组织（包括 CICA、EIC、ICAK 和 OCAJI 等承包商协会）的意见和建议。

2017 年 12 月，FIDIC 在伦敦举办的国际用户会议上，发布了 1999 版三本合同条件的第二版，分别是：

（1）《施工合同条件》（*Conditions of Contract for Construction*）（红皮书）。

（2）《生产设备和设计-建造合同条件》（*Conditions of Contract for Plant and Design-Build*）（黄皮书）。

3）设计—采购—施工与交钥匙项目合同条件》（*Conditions of Contract for EPC/Turnkey Projects*）（银皮书）。

2）2017 版系列合同条件的重大变化

2017 版系列合同条件追求更加清晰、透明和确定，以减少合同双方争端的发生，使项目更加成功。2017 版系列合同条件加强了项目管理工具和机制的运用；进一步平衡了合同双方的风险及责任分配，更强调合同双方的对等关系；力求反映当今国际工程最佳实践做法；解决 1999 版使用过程中产生的问题；借鉴 FIDIC 2008 年出版的《生产设备与设计—建造—运营合同条件》（*Conditions of Contract for Plant and Design-Build-Operation，DBO*）（金皮书）的编写理念和经验。

2017 版与 1999 版相比，各本相对应合同条件的应用和适用范围，业主和承包商的权利、职责和义务，业主与承包商之间的风险分配原则，合同价格类型和支付方式，合同条件的总体结构都基本保持不变。

（1）通用条件的篇幅大幅度增加。

FIDIC 合同通用条件的篇幅有逐渐增加的趋势，这样做的好处是将更多的内容和细节纳入通用条件，即使用户不用，删掉总比用户自己增加相应的规定更容易，但这样做的同时也会使通用条件变得复杂，除非是大型复杂工程项目，用户可能并不愿意使用一个非常复杂的通用条件。理想的状况是通用条件更加翔实了，很多操作性的内容已经纳入其中，在未来的使用过程中专用条件的篇幅应该会适当减少。

（2）融入了更多项目管理思维。

FIDIC 认识到工程合同虽然是法律文件，但工程合同不仅仅是给律师看的，更是给项目管理人员用的，所以 2017 版系列合同条件中融入了更多项目管理的思维，借鉴国际工程界有关项目管理的最佳实践做法，在通用条件各条款中增加了很多更加详细明确的项目管理方面的相关规定，这也是 2017 版通用条件篇幅增加的主要原因。

2017 版对进度计划、进度报告等的要求更加明确，内容大幅增加，如：要求每项进度计划必须包含逻辑关系、浮时和关键路径，对使用什么版本的进度计划软件等细节都要求在合同中详细规定，对项目实施过程中如何进行进度计划的修改和调整做出了更加具体的规定；还要求承包商在竣工试验开始前 42 d 单独提交一份详细的关于竣工试验的进度计划；借鉴了 NEC（New Engineering Contract）合同中关于项目管理方面的一些成熟理念，在"工期的延长"条款中增加了一段旨在解决"共同延误"问题的规定。

2017 版规定承包商需要准备和执行质量管理体系（Quality Management System，QMS）和合规性验证系统（Compliance Verification System，CVS）。此外，还要求承包商对 QMS 进行内部审核，并向工程师报告审核结果且按工程师要求提交一套完整的 CVS 记录。更加重视健康、安全和环境保护问题，明确规定承包商应按合同要求在开工日期之后 21 d 内，向工程师提交健康和安全手册，并对手册的内容提出了具体要求。

2017 版引入了 2008 年 FIDIC 金皮书所使用的"提前通知"（Advance Warning）预警机制，要求合同各方对于自己意识到的严重影响承包商人员工作的、严重影响未来工程性能的、使合同价格上升的或会使工程工期延误的已知的或者可能发生的事件或情况，提前告知各方，以使损失降到最小。这项规定旨在使合同各方提前有效地进行沟通，在问题萌芽状态将其解决，以减少争端的产生。

2017 版还体现了对各方项目管理人员的重视，如：新增了关于承包商关键人员资质要求的条款，并将承包商代表的任命作为所有支付的前提条件；银皮书规定除非业主同意，承包商代表要常驻现场（1999 版银皮书没有此项要求），且在"业主要求"文件中有对关键人员的要求；黄皮书和银皮书中对设计人员的资质提出了更加具体、严格的要求；对工程师（银皮书为业主代表）人员的资质同样提出了更加具体的要求。

（3）拓展了工程师的地位和作用。

早期的 FIDIC 合同范本延续了英国 ICE（Institution of Civil Engineers）合同的理念，在 1987 年 FIDIC 土木工程施工合同条件（第四版）及之前 FIDIC 的其他合同范本中工程师均处于核心地位（第三版在描述工程师时使用了术语"独立的"），工程师是公平和公正的（fair and impartial）第三方，是业主和承包商之间沟通的桥梁和中枢。但因为工程师要和业主签订合同，工程师和业主有利益关系，因此业界一直对工程师能否真正做到公平和公正有很大的质疑,这种质疑主要来自承包商。1995 年世界银行在其招标文件中采用了 1992 年 FIDIC 土木工程施工合同条件(第四版)的修订版本,但世界银行引入了"争端审议委员会"(Dispute Review Board,DRB)取代了工程师以准仲裁员身份处理合同争端的功能。

1999 版 FIDIC 红皮书和黄皮书对工程师角色的定位做出了非常大的调整,转而强调工程师就是为业主服务的(1999 版银皮书甚至取消了工程师这个角色用业主代表来替代)。可能是考虑到业界仍有很大的呼声,希望工程师能在处理合同事务中发挥更大的作用,2017 版红皮书和黄皮书(银皮书仍然没有工程师)尝试着在 1999 版的基础上加强和拓展工程师的地位和作用。在 2017 版红皮书和黄皮书的通用条件中关于工程师的条款篇幅大幅增加(由 2 页增加到了 5.5 页),在说明工程师仍代表业主行事的同时,要求工程师做出决定时保持中立(neutral),但这里的中立不能被理解成独立(independent)或公正(impartial),理解成无派别(non-partisan)似乎更为合适。可以预见,关于工程师的中立性,仍将是一个被质疑和争论的问题。

2017 版对工程师人员的资质提出了更高、更详细的要求,也只有高水平、权威、专业且敬业的工程师才有可能做到中立。同时,增加了工程师代表这个角色,并要求工程师代表常驻现场,且工程师不能随意更换其代表。

2017 版对工程师做出回复的时间给予了很多限制,促使其在合同管理过程中不能随意拖延回复承包商发出的通知或请求,主要体现在"视为"规定(deem/deemed provisions)上,如:承包商提交的初始进度计划如果工程师没有在 21 d 内(修订的进度计划为 14 d)回复,则视为其同意了此计划。

2017 版工程师无需经业主同意即可根据"商定或决定"条款做出决定。与 1999 版不同,2017 版要求工程师在处理合同事务时使用"商定或决定"条款,尤其是处理索赔问题时要保持中立,并强调此时工程师不应被视为代表业主行事。2017 版关于"商定或决定"一个二级子条款有近 3 页,规定非常详细,具有较强的可操作性。

(4)区别对待索赔与争端。

索赔与争端是工程项目合同执行过程中的主要"摩擦力"。因此,FIDIC 在 2017 版系列合同条件的修订过程中,将索赔与争端作为重要议题来考虑,期望合理、及时的处理索赔问题,以尽量避免索赔升级为争端。

FIDIC 认为索赔仅仅是某一方依据合同对自己的权利提出的一种要求,不一定必然上升为争端,只有索赔部分或全部被拒绝时才可能会形成争端。2017 版对 1999 版的"索赔、争端与仲裁"条款进行了重组和扩展,拆分成了两个条款:第 20 条"业主和承包商的索赔"和第 21 条"争端和仲裁"。

1999 版中,第 2.5 款和第 20.1 款分别规定了业主的索赔和承包商的索赔,但这两个条款对业主索赔和承包商索赔的权利和义务的规定是不对等的,对承包商索赔的规定更加详细和严格。2017 版将这两个二级子条款合并为第 20 条"业主和承包商的索赔",要求业主和承包商遵守相同的索赔处理程序。第 20 条的规定更加详细和明确,由 99 版第 20.1 款"承包商的索赔"的 2 页,增加到了 2017 版的 4.5 页。2017 版通用条件其他地方篇幅的增加很多也和索赔与争端的解决有关。

2017 版对索赔的处理有两个时间限制规定:第一,要求索赔方在意识到(或本应意识到)索赔事件发生后的 28 天内尽快发出索赔通知;第二,要求索赔方在 84 天内(与第一条同一起点）提交完整详细的索赔支持资料和最终索赔报告。超过上述任何一个时间限制，索赔方都将失去索赔的权利。2017版还引入了第三类索赔："其他索赔事项"，这类索赔由工程师根据"商定或决定"条款确定，且这类索赔不适用第20条的索赔程序。2017版规定由于变更引起的工期延长自动成立，不需要按照第20条索赔规定的程序处理，与1999版不同。

2017版对1999版争端解决条款进行了较大幅度的修改，1999版的"争端裁决委员会"（Dispute Adjudication Board，DAB）改为"争端避免/裁决委员会"（Dispute Avoidance/Adjudication Board，DAAB），并强调DAAB预警机制的作用。DAAB协议书模板版和程序规则也由1999版的6页增加至17页。

2017版要求在项目开工之后尽快成立DAAB，且强调DAAB是一个常设机构（1999版仅红皮书要求DAB是常设机构，黄皮书与银皮书都可以不是），还对当事人未能任命DAAB成员的情况做了详细规定。DAAB要定期与各方会面并进行现场考察。2017版提出并强调DAAB非正式地避免纠纷的作用，DAAB可应合同双方的共同要求，非正式地参与或尝试进行合同双方潜在问题或分歧的处理。FIDIC希望各方用这种积极主动的态度，尽量避免和减少重大争端的发生。

（5）强调合同双方的对等关系。

2017版系列合同条件在1999版的基础上，更加强调业主和承包商之间在风险与责任分配及各项处理程序上的相互对等关系。1999版通用条件的第15条"由业主终止"和第16条"由承包商暂停和终止"这两个条款就是FIDIC希望合同双方对等的一个最好的例证。这种理念在2017版的修订过程中再次被强化，更加明确了FIDIC一直非常强调和推崇的合同双方风险与责任对等的原则，主要体现在以下方面：

① 强调业主资金安排需要在合同数据中列明，如果有实质性改变业主应马上通知承包商并提供详细的支持资料，如果业主没有遵守此规定承包商甚至可以终止合同，该项规定与承包商向业主提供履约担保对等。

② 很多关于通知的规定对合同双方的要求是对等的，如：业主和承包商都对已知或未来可能发生的事件提前向对方（及工程师）发出预警通知的义务。

③ 业主和承包商都要遵守同样的保密条款。

④ 业主和承包商都要遵守所有合同适用的法律。

⑤ 业主和承包商都应协助对方获得相应的许可。

⑥ 对工程师及其代表（银皮书的业主代表）的资质提出了更加明确具体的要求，与对承包商人员资质的详细、严格的要求对等。

⑦ 业主和承包商都要对各自负责的设计部分承担相应的责任。

⑧ 业主和承包商都不得雇佣对方的雇员。

⑨ 在出现工期共同延误时，业主和承包商要承担相应的责任，并在专用条件的编写说明中给出了参考解决方案。

⑩ 保障条款将业主对承包商的保障和承包商对业主的保障对等分开，并增加了交叉责任条款。

⑪ 将业主的索赔和承包商的索赔纳入同一处理程序，且要求双方均须遵守相同的DAAB程序。

⑫ 业主和承包商合同终止条款中同时增加了未遵守工程师最终的具有约束力的决定、未遵守 DAAB 的决定、欺诈和贪污等行为作为终止合同的触发条件。

（6）专用条件起草的五项黄金原则。

FIDIC 一直是以公平和均衡地在业主和承包商之间分配风险和责任而著称的（即使是将大多风险交由承包商承担的银皮书，FIDIC 也明确说明了其不适用的范围和情况），每一本 FIDIC 合同条件都有其特定的适用范围。随着 FIDIC 合同条件在业界的使用越来越广泛，出现了一些用户虽然以 FIDIC 合同条件为蓝本，但直接或通过专用条件无限制的修改通用条件的内容，最终形成的合同文件严重背离了 FIDIC 相应合同条件的起草原则，扰乱了行业秩序，也严重损害了 FIDIC 的声誉。针对业界存在的越来越多 FIDIC 合同条件被滥用的问题，在发布 2017 版系列合同条件的同时，FIDIC 首次提出了专用条件起草的五项黄金原则（FIDIC Golden Principles），以提醒用户在起草专用条件时慎重考虑。这五项原则是：

① 合同所有参与方的职责、权利、义务、角色以及责任一般都在通用条件中默示，并适应项目的需求。

② 专用条件的起草必须明确和清晰。

③ 专用条件不允许改变通用条件中风险与回报分配的平衡。

④ 合同中规定的各参与方履行义务的时间必须合理。

⑤ 所有正式的争端在提交仲裁之前必须提交 DAAB 取得临时性具有约束力的决定。

FIDIC 强调，通用条件为合同双方提供了一个基准，而专用条件的起草和对通用条件的修改可视为在特定情境下通过双方的博弈对基准的偏离。FIDIC 给出的五项黄金原则，力图确保在专用条件起草过程中对通用条件的风险与责任分配原则以及各项规定不发生严重的偏离。

3）FIDIC 合同条件的应用方式

FIDIC 合同条件的应用方式通常有如下几种：

（1）国际金融组织贷款和一些国际项目直接采用。

在世界各地，凡世行、亚行、非行贷款的工程项目以及一些国家和地区的工程招标文件中，大部分全文采用 FIDIC 合同条件。在我国，凡亚行贷款项目，全文采用 FIDIC "红皮书"。凡世行贷款项目，在执行世行有关合同原则的基础上，执行我国财政部在世行批准和指导下编制的有关合同条件。

（2）合同管理中对比分析使用。

许多国家在学习、借鉴 FIDIC 合同条件的基础上，编制了一系列适合本国国情的标准合同条件。这些合同条件的项目和内容与 FIDIC 合同条件大同小异。主要差异体现在处理问题的程序规定上以及风险分担规定上。FIDIC 合同条件的各项程序是相当严谨的，处理业主和承包商风险、权利及义务也比较公正。因此，业主、咨询工程师、承包商通常都会将 FIDIC 合同条件作为一把尺子，与工作中遇到的其他合同条件相对比，进行合同分析和风险研究，制定相应的合同管理措施，防止合同管理上出现漏洞。

（3）在合同谈判中使用。

FIDIC 合同条件的国际性、通用性和权威性使合同双方在谈判中可以以"国际惯例"为理由要求对方对其合同条款的不合理、不完善之处做出修改或补充,以维护双方的合法权益。这种方式在国际工程项目合同谈判中普遍使用。

（4）部分选择使用。

即使不全文采用 FIDIC 合同条件,在编制招标文件、分包合同条件时,仍可以部分选择其中的某些条款、某些规定、某些程序甚至某些思路,使所编制的文件更完善、更严谨。在项目实施过程中,也可以借鉴 FIDIC 合同条件的思路和程序来解决和处理有关问题。

需要说明的是,FIDIC 在编制各类合同条件的同时,还编制了相应的"应用指南"。在"应用指南"中,除了介绍招标程序、合同各方及工程师职责外,还对合同每一条款进行了详细解释和说明,这对使用者是很有帮助的。另外,每份合同条件的前面均列有有关措辞的定义和释义。这些定义和释义非常重要,它们不仅适合于合同条件,也适合于其全部合同文件。

系统地、认真地学习和掌握 FIDIC 合同条件是每一位工程管理人员掌握现代化项目管理、合同管理理论和方法,提高管理水平的基本要求,也是我国工程项目管理与国际接轨的基本条件。

第 2 节　建设工程勘查设计合同管理

建设工程勘查,是指根据建设工程的要求,查明、分析、评价建设场地的地质地理环境特征和岩土工程条件,编制建设工程勘查文件的活动。

建设工程设计,是指根据建设工程的要求,对建设工程所需的技术、经济、资源、环境等条件进行综合分析、论证,编制建设工程设计文件的活动。

国家鼓励在建设工程勘查、设计活动中采用先进技术、先进工艺、先进设备、新型材料和现代管理方法。

1. 建设工程勘查合同

为了指导建设工程勘查合同当事人的签约行为,维护合同当事人的合法权益,依据《合同法》《建筑法》《招标投标法》等相关法律法规的规定,住房和城乡建设部、国家工商行政管理总局制定了《建设工程勘查合同（示范文本）》（GF-2016-0203）。该文件由合同协议书、通用合同条款和专用合同条款三部分组成。

1）合同协议书

《建设工程勘查合同（示范文本）》（GF-2016-0203）合同协议书共计 12 条,主要包括工程概况、勘查范围和阶段、技术要求及工作量、合同工期、质量标准、合同价款、合同文件构成、承诺、词语定义、签订时间、签订地点、合同生效和合同份数等内容,集中约定了合同当事人基本的合同权利义务。

2）通用合同条款

通用合同条款是合同当事人根据《合同法》《建筑法》《招标投标法》等相关法律法规的规定，就工程勘查的实施及相关事项对合同当事人的权利义务做出的原则性约定。

通用合同条款具体包括一般约定、发包人、勘查人、工期、成果资料、后期服务、合同价款与支付、变更与调整、知识产权、不可抗力、合同生效与终止、合同解除、责任与保险、违约、索赔、争议解决及补充条款等共计 17 条。上述条款安排既考虑了现行法律法规对工程建设的有关要求，也考虑了工程勘查管理的特殊需要。

3）专用合同条款

专用合同条款是对通用合同条款原则性约定的细化、完善、补充、修改或另行约定的条款。合同当事人可以根据不同建设工程的特点及具体情况，通过双方的谈判、协商对相应的专用合同条款进行修改补充。在使用专用合同条款时，应注意以下事项：

（1）专用合同条款编号应与相应的通用合同条款编号一致。

（2）合同当事人可以通过对专用合同条款的修改，满足具体项目工程勘查的特殊要求，避免直接修改通用合同条款。

（3）在专用合同条款中有横道线的地方，合同当事人可针对相应的通用合同条款进行细化、完善、补充、修改或另行约定；如无细化、完善、补充、修改或另行约定，则填写"无"或划"/"。

《建设工程勘查合同（示范文本）》（GF-2016-0203）为非强制性使用文本，合同当事人可结合工程具体情况，根据其订立合同，并按照法律法规和合同约定履行相应的权利义务，承担相应的法律责任。

《建设工程勘查合同（示范文本）》（GF-2016-0203）适用于岩土工程勘查、岩土工程设计、岩土工程物探/测试/检测/监测、水文地质勘查及工程测量等工程勘查活动，岩土工程设计也可使用《建设工程设计合同示范文本（专业建设工程）》（GF-2015-0210）。

4）合同双方的权利义务

（1）发包方。

① 发包人权利。

- 发包人对勘查人的勘查工作有权依照合同约定实施监督，并对勘查成果予以验收。
- 发包人对勘查人无法胜任工程勘查工作的人员有权提出更换。
- 发包人拥有勘查人为其项目编制的所有文件资料的使用权，包括投标文件、成果资料和数据等。

② 发包人义务。

- 发包人应以书面形式向勘查人明确勘查任务及技术要求。
- 发包人应提供开展工程勘查工作所需要的图纸及技术资料，包括总平面图、地形图、已有水准点和坐标控制点等，若上述资料由勘查人负责搜集时，发包人应承担相关费用。
- 发包人应提供工程勘查作业所需的批准及许可文件，包括立项批复、占用和挖掘道路许可等。

● 发包人应为勘查人提供具备条件的作业场地及进场通道（包括土地征用、障碍物清除、场地平整、提供水电接口和青苗赔偿等）并承担相关费用。

● 发包人应为勘查人提供作业场地内地下埋藏物（包括地下管线、地下构筑物等）的资料、图纸，没有资料、图纸的地区，发包人应委托专业机构查清地下埋藏物。若因发包人未提供上述资料、图纸，或提供的资料、图纸不实，致使勘查人在工程勘查工作过程中发生人身伤害或造成经济损失时，由发包人承担赔偿责任。

● 发包人应按照法律法规规定为勘查人安全生产提供条件并支付安全生产防护费用，发包人不得要求勘查人违反安全生产管理规定进行作业。

● 若勘查现场需要看守，特别是在有毒、有害等危险现场作业时，发包人应派人负责安全保卫工作。按国家有关规定，对从事危险作业的现场人员进行保健防护，并承担费用。发包人对安全文明施工有特殊要求时，应在专用合同条款中另行约定。

● 发包人应对勘查人满足质量标准的已完工作，按照合同约定及时支付相应的工程勘查合同价款及费用。

③ 发包人代表。

发包人应在专用合同条款中明确其负责工程勘查的发包人代表的姓名、职务、联系方式及授权范围等事项。发包人代表在发包人的授权范围内，负责处理合同履行过程中与发包人有关的具体事宜。

（2）勘查方。

① 勘查人权利。

● 勘查人在工程勘查期间，根据项目条件和技术标准、法律法规规定等方面的变化，有权向发包人提出增减合同工作量或修改技术方案的建议。

● 除建设工程主体部分的勘查外，根据合同约定或经发包人同意，勘查人可以将建设工程其他部分的勘查分包给其他具有相应资质等级的建设工程勘查单位。发包人对分包的特殊要求应在专用合同条款中另行约定。

● 勘查人对其编制的所有文件资料，包括投标文件、成果资料、数据和专利技术等拥有知识产权。

② 勘查人义务。

● 勘查人应按勘查任务书和技术要求并依据有关技术标准进行工程勘查工作。

● 勘查人应建立质量保证体系，按本合同约定的时间提交质量合格的成果资料，并对其质量负责。

● 勘查人在提交成果资料后，应为发包人继续提供后期服务。

● 勘查人在工程勘查期间遇到地下文物时，应及时向发包人和文物主管部门报告并妥善保护。

● 勘查人开展工程勘查活动时应遵守有关职业健康及安全生产方面的各项法律法规的规定，采取安全防护措施，确保人员、设备和设施的安全。

● 勘查人在燃气管道、热力管道、动力设备、输水管道、输电线路、临街交通要道及地下通道（地下隧道）附近等风险性较大的地点，以及在易燃易爆地段及放射、有毒环境中进行工程勘查作业时，应编制安全防护方案并制定应急预案。

● 勘查人应在勘查方案中列明环境保护的具体措施，并在合同履行期间采取合理措施保护作业现场环境。

③ 勘查人代表。

勘查人接受任务时，应在专用合同条款中明确其负责工程勘查的勘查人代表的姓名、职务、联系方式及授权范围等事项。勘查人代表在勘查人的授权范围内，负责处理合同履行过程中与勘查人有关的具体事宜。

5）合同的变更与调整

（1）变更范围与确认。

本合同变更是指在合同签订日后发生的以下变更：

① 法律法规及技术标准的变化引起的变更；

② 规划方案或设计条件的变化引起的变更；

③ 不利物质条件引起的变更；

④ 发包人的要求变化引起的变更；

⑤ 因政府临时禁令引起的变更；

⑥ 其他专用合同条款中约定的变更。

（2）变更确认。

当引起变更的情形出现，除专用合同条款对期限另有约定外，勘查人应在 7 天内就调整后的技术方案以书面形式向发包人提出变更要求，发包人应在收到报告后 7 天内予以确认，逾期不予确认也不提出修改意见，视为同意变更。

（3）变更合同价款确定。

变更合同价款按下列方法进行：

① 合同中已有适用于变更工程的价格，按合同已有的价格变更合同价款；

② 合同中只有类似于变更工程的价格，可以参照类似价格变更合同价款；

③ 合同中没有适用或类似于变更工程的价格，由勘查人提出适当的变更价格，经发包人确认后执行。

除专用合同条款对期限另有约定外，一方应在双方确定变更事项后 14 天内向对方提出变更合同价款报告，否则视为该项变更不涉及合同价款的变更。

除专用合同条款对期限另有约定外，一方应在收到对方提交的变更合同价款报告之日起 14 天内予以确认。逾期无正当理由不予确认的，则视为该项变更合同价款报告已被确认。

2. 建设工程设计合同

为了指导建设工程设计合同当事人的签约行为，维护合同当事人的合法权益，依据《合同法》《建筑法》《招标投标法》以及相关法律法规，住房城乡建设部、国家工商行政管理总局制定了《建设工程设计合同示范文本（房屋建筑工程）》（GF-2015-0209）和《建设工程设计合同示范文本（专业建设工程）》（GF-2015-0210）。

这两份示范合同均由合同协议书、通用合同条款和专用合同条款三部分组成。

1）合同双方义务

（1）发包人。

① 发包人一般义务。

发包人应遵守法律，并办理法律规定由其办理的许可、核准或备案，包括但不限于建设用地规划许可证、建设工程规划许可证、建设工程方案设计批准、施工图设计审查等许可、核准或备案。

发包人负责本项目各阶段设计文件向规划设计管理部门的送审报批工作，并负责将报批结果书面通知设计人。因发包人原因未能及时办理完毕前述许可、核准或备案手续，导致设计工作量增加和（或）设计周期延长时，由发包人承担由此增加的设计费用和（或）延长的设计周期。

发包人应当负责工程设计的所有外部关系（包括但不限于当地政府主管部门等）的协调，为设计人履行合同提供必要的外部条件。

专用合同条款约定的其他义务。

② 发包人代表。

发包人应在专用合同条款中明确其负责工程设计的发包人代表的姓名、职务、联系方式及授权范围等事项。发包人代表在发包人的授权范围内，负责处理合同履行过程中与发包人有关的具体事宜。发包人代表在授权范围内的行为由发包人承担法律责任。发包人更换发包人代表的，应在专用合同条款约定的期限内提前书面通知设计人。

发包人代表不能按照合同约定履行其职责及义务，并导致合同无法继续正常履行的，设计人可以要求发包人撤换发包人代表。

（2）设计人。

① 设计人一般义务。

设计人应遵守法律和有关技术标准的强制性规定，完成合同约定范围内的房屋建筑工程方案设计、初步设计、施工图设计，提供符合技术标准及合同要求的工程设计文件，提供施工配合服务。

设计人应当按照专用合同条款约定配合发包人办理有关许可、核准或备案手续的，因设计人原因造成发包人未能及时办理许可、核准或备案手续，导致设计工作量增加和（或）设计周期延长时，由设计人自行承担由此增加的设计费用和（或）设计周期延长的责任。

设计人应当完成合同约定的工程设计其他服务。

专用合同条款约定的其他义务。

② 项目负责人。

项目负责人应为合同当事人所确认的人选，并在专用合同条款中明确项目负责人的姓名、执业资格及等级、注册执业证书编号、联系方式及授权范围等事项，项目负责人经设计人授权后代表设计人负责履行合同。

设计人需要更换项目负责人的，应在专用合同条款约定的期限内提前书面通知发包人，并征得发包人书面同意。通知中应当载明继任项目负责人的注册执业资格、管理经验等资料，继任项目负责人继续履行相应约定的职责。未经发包人书面同意，设计人不得擅自更换项目负责人。设计人擅自更换项目负责人的，应按照专用合同条款的约定承担违约责任。对于设计人项目负责人确因患病、与设计人解除或终止劳动关系、工伤等原因更换项目负责人的，发包人无正当理由不得拒绝更换。

发包人有权书面通知设计人更换其认为不称职的项目负责人，通知中应当载明要求更换的理由。对于发包人有理由的更换要求，设计人应在收到书面更换通知后在专用合同条款约定的期限内进行更换，并将新任命的项目负责人的注册执业资格、管理经验等资料书面通知发包人。继任项目负责人继续履行相应约定的职责。设计人无正当理由拒绝更换项目负责人的，应按照专用合同条款的约定承担违约责任。

2）工程设计变更

（1）发包人变更工程设计的内容、规模、功能、条件等，应当向设计人提供书面要求，设计人在不违反法律规定以及技术标准强制性规定的前提下应当按照发包人要求变更工程设计。

（2）发包人变更工程设计的内容、规模、功能、条件或因提交的设计资料存在错误或作较大修改时，发包人应按设计人所耗工作量向设计人增付设计费，设计人可按约定与发包人协商对合同价格和/或完工时间做可共同接受的修改。

（3）如果由于发包人要求更改而造成的项目复杂性的变更或性质的变更使得设计人的设计工作减少，发包人可按约定与设计人协商对合同价格和/或完工时间做可共同接受的修改。

（4）基准日期后，与工程设计服务有关的法律、技术标准的强制性规定的颁布及修改，由此增加的设计费用和（或）延长的设计周期由发包人承担。

（5）如果发生设计人认为有理由提出增加合同价款或延长设计周期的要求事项，除专用合同条款对期限另有约定外，设计人应于该事项发生后 5 天内书面通知发包人。除专用合同条款对期限另有约定外，在该事项发生后 10 天内，设计人应向发包人提供证明设计人要求的书面声明，其中包括设计人关于因该事项引起的合同价款和设计周期的变化的详细计算。除专用合同条款对期限另有约定外，发包人应在接到设计人书面声明后的 5 天内，予以书面答复。逾期未答复的，视为发包人同意设计人关于增加合同价款或延长设计周期的要求。

3. 工程勘查设计阶段合同管理工作中监理的服务内容

（1）协助建设单位选择勘查设计单位并签订工程勘查设计合同。

（2）审查勘查单位提交的勘查方案。

（3）检查勘查现场及室内试验主要岗位操作人员的资格、所使用设备、仪器计量的检定情况。

（4）检查勘查进度计划执行情况。

（5）审核勘查单位提交的勘查费用支付申请。

（6）审查勘查单位提交的勘查成果报告，参与勘查成果验收。

（7）审查各专业、各阶段设计进度计划。

（8）检查设计进度计划执行情况。

（9）审核设计单位提交的设计费用支付申请。

（10）审查设计单位提交的设计成果。

（11）审查设计单位提出的新材料、新工艺、新技术、新设备在相关部门的备案情况。

（12）审查设计单位提出的设计概算、施工图预算。

（13）协助建设单位组织专家评审设计成果。

（14）协助建设单位报审有关工程设计文件。

（15）协调处理勘查设计延期、费用索赔等事宜。

第 3 节　建设工程施工合同管理

　　建筑工程施工合同是建筑工程合同中最重要，也是最复杂的合同。它在工程项目中持续时间长，标的物特殊，价格高。在整个建筑工程合同体系中，它起主干合同的作用。施工合同与其他建设工程合同一样，是一种双务合同，在订立时也应遵循自愿、公平、诚实信用等原则。

　　建设工程施工合同是工程建设质量控制、投资控制、进度控制的主要依据。通过合同关系，可以确定建设市场主体之间的相互权利义务关系，在建设领域加强对施工合同的管理对规范建筑市场有重要作用。

1. 建设工程施工合同的特征

1）合同标的物的特殊性

（1）施工合同的标的物是特定的建筑产品，合同的标的物不同于其他一般商品。

（2）建筑产品具有固定性、单件性、体积庞大的特点。

（3）建筑产品施工生产具有单件性、流动性、周期长的特点。

（4）每个建筑产品有其特定的功能要求，不同的区域、不同的时期、不同的用途，其实物形态千差万别，要求每一个建筑产品都需单独设计和施工（单件性）。

（5）建筑产品属于不动产，其基础部分与大地相连，不能移动，施工队伍、施工机械必须围绕建筑产品移动，说明建筑产品施工生产具有流动性。

（6）建筑产品体积庞大，消耗的人力、物力、财力多，一次性投资额大，也说明建筑产品施工生产的周期长。

　　以上这些特点，必然在施工合同中表现出来，每个施工合同的标的都是特殊的，相互间具有不可替代性。

2）合同履行期限的长期性

建筑物的施工由于结构复杂、体积大、建筑材料类型多、工作量大，使得工期都较长（与一般工业产品的生产相比），而合同履行期限肯定要长于施工工期。

因为工程建设的施工应当在合同签订后才开始，且需加上合同签订后到正式开工前的一个较长的施工准备时间和工程全部竣工验收后，办理竣工结算及保修期的时间。在工程施工过程中，还可能因为不可抗力、工程变更、材料供应不及时等原因而导致工期的顺延。所有这些情况，决定了施工合同的履行期限具有长期性。

3）合同内容的多样性和复杂性

虽然施工合同的当事人只有两方，但其涉及的主体却有多种。

与大多数合同相比，施工合同的履行期限长、标的额大，涉及的法律关系（包括劳动关系、保险关系、运输关系等）具有多样性和复杂性。这就要求施工合同的内容尽量详尽。施工合同除了应当具备合同的一般内容外，还应对安全施工、专利技术使用、发现地下障碍物和文物、工程分包、不可抗力、工程设计变更、材料设备的供应、运输、验收等内容做出规定。所有这些都决定了施工合同的内容具有多样性和复杂性。

4）合同监督的严格性

具体体现在以下几方面：

（1）对合同主体监督的严格性。

建设工程施工合同主体一般只能是法人。发包人一般只能是经过批准进行工程项目建设的法人，必须有国家批准的建设项目，落实投资计划，并且应当具备相应的协调能力。承包人则必须具备法人资格，而且应当具备相应的从事施工的资质。无营业执照或无承包资质的单位不能作为建设工程施工合同的承包人，资质等级低的单位不能越级承包建设工程。

（2）对合同订立监督的严格性。

订立建设工程施工合同必须以国家批准的投资计划为前提，并经过严格的审批程序，订立还必须符合国家关于建设程序的规定，要考虑到建设工程的重要性和复杂性。《合同法》要求建设工程施工合同的订立应采取书面形式。

（3）对合同履行监督的严格性。

在施工合同的履行过程中，除了合同当事人应当对合同进行严格管理外，合同的主管机关（工商行政管理机构）、金融机构、建设行政主管机关等，都要对施工合同的履行进行严格的监督。

2. 建设工程施工合同的作用

（1）明确建设单位和施工承包单位在施工中的权利和义务。

（2）有利于对工程施工的管理。

（3）有利于建筑市场的培育和发展。

3. 建设工程施工合同

为了指导建设工程施工合同当事人的签约行为，维护合同当事人的合法权益，依据《合同法》《建筑法》《招标投标法》以及相关法律法规，住房城乡建设部、国家工商行政管理总局制定了《建设工程施工合同（示范文本）》（GF-2017-0201）。

1)《建设工程施工合同（示范文本）》的组成

《建设工程施工合同（示范文本）》（GF-2017-0201）由合同协议书、通用合同条款和专用合同条款三部分组成。

（1）合同协议书。

《建设工程施工合同（示范文本）》（GF-2017-0201）合同协议书共计 13 条，主要包括：工程概况、合同工期、质量标准、签约合同价和合同价格形式、项目经理、合同文件构成、承诺合同生效条件等重要内容，集中约定了合同当事人基本的合同权利义务。

（2）通用合同条款。

通用合同条款是合同当事人根据《建筑法》《合同法》等法律法规的规定，就工程建设的实施及相关事项，对合同当事人的权利义务作出的原则性约定。

通用合同条款共计 20 条，具体条款分别为：一般约定、发包人、承包人、监理人、工程质量、安全文明施工与环境保护、工期和进度、材料与设备、试验与检验、变更、价格调整、合同价格、计量与支付、验收和工程试车、竣工结算、缺陷责任与保修、违约、不可抗力、保险、索赔和争议解决。前述条款安排既考虑了现行法律法规对工程建设的有关要求，也考虑了建设工程施工管理的特殊需要。

（3）专用合同条款。

专用合同条款是对通用合同条款原则性约定的细化、完善、补充、修改或另行约定的条款。合同当事人可以根据不同建设工程的特点及具体情况，通过双方的谈判、协商对相应的专用合同条款进行修改补充。在使用专用合同条款时，应注意以下事项：

① 专用合同条款的编号应与相应的通用合同条款的编号一致；

② 合同当事人可以通过对专用合同条款的修改，满足具体建设工程的特殊要求，避免直接修改通用合同条款；

③ 在专用合同条款中有横道线的地方，合同当事人可针对相应的通用合同条款进行细化、完善、补充、修改或另行约定；如无细化、完善、补充、修改或另行约定，则填写"无"或划"/"。

4. 建设工程施工合同的订立和履行

1) 订立施工合同应具备的条件

（1）初步设计已经批准。

（2）工程项目已经列入年度建设计划。

（3）有能够满足施工需要的设计文件和有关技术资料。

（4）建设资金和主要建筑材料设备来源已经落实。

（5）招投标工程中标通知书已经下达。

2）建设工程施工合同的履行

（1）建设工程施工合同履行的含义。

建设工程施工合同履行是指施工合同双方根据合同规定的各项条款，实现各自的权利，履行各自义务的行为。

建设工程施工合同一旦生效，对当事人双方均有法律约束力，双方当事人应当严格履行。

（2）建设工程施工合同履行的原则。

建设工程施工合同履行的原则应遵守全面履行和实际履行的原则。

① 建设工程施工合同的全面履行要求合同当事人双方必须按照施工合同规定的全部内容履行，包括履行的地点、方式、期限、合同价款、工程建设的数量和质量等。

② 建设工程施工合同的实际履行则要求合同双方当事人必须按合同的标的履行。由于建设工程项目具有不可替代性和建设标准的强制性，所以合同当事人不能以支付违约金来替代施工合同的标的履行。

5. 建设工程施工合同的管理

建设工程施工合同的管理是指各级工商行政管理机关、建设行政主管机关和金融机构，以及工程发包方、监理单位、承包方依照法律、法规及规章，采取法律和行政的手段，对施工合同关系进行组织、指导、协调及监督，保护施工合同双方当事人的合法权益，处理施工合同的纠纷，防止和制裁违约行为，保证《合同法》的贯彻实施等一系列活动。

1）国家机关及金融机构对施工合同的管理

（1）工商行政管理机关对施工合同的管理。

主要包括：宣传施工合同的有关法律、法规；指导和督促相关部门做好施工合同管理工作；监督施工合同的订立和履行；督促双方当事人按合同约定履行自己的义务；进行施工合同的签证和备案工作；查处违犯施工合同的行为等。

（2）建设行政主管机关对施工合同的管理。

主要包括：宣传贯彻国家有关合同的法律、法规；贯彻国家制定的施工合同示范文本，并组织执行和指导使用；组织培训管理人员，指导合同管理工作，总结交流经验；对施工合同的签订进行审查，监督、检查合同的履行，依法处理存在的问题，查处违法行为；制定签订和履行合同的考核指标，并组织考核，表彰先进的合同管理单位；确定损失赔偿的范围；调解施工合同的纠纷。

（3）金融机构对施工合同的管理。

金融机构主要是通过信贷、结算当事人的账户对施工合同进行管理的。另外，金融机构还有义务协助执行已生效的法律文件，以保护当事人的合法权益。

2）发包方和监理单位对建设工程施工合同的管理

（1）建设工程施工合同签订的管理。

在承、发包双方具备签订施工合同的条件下，发包方和监理单位应对承包方进行资格预审。一般招标工程可以通过社会调查进行，同时还应做好施工合同的谈判与签订工作。与承包方就施工合同的条款进行逐条谈判，达成一致意见后，即可签订正式施工合同文件，经双方签字、盖章后，施工合同正式签订完毕。

（2）建设工程施工合同履行的管理。

发包方和监理工程师在合同履行中，应当严格按照施工合同的规定履行应尽的义务。施工合同规定应由发包方负责的工作，都是合同履行的基础，是为承包方开工、施工创造的先决条件，发包方必须严格履行。

在合同履行管理中，发包方和监理工程师也应实现自己的权利，履行自己的职责，对承包方的施工活动进行监督、检查。发包方和监理工程师对施工合同的履行管理主要是从进度、质量、费用进行。

在工期管理方面：按合同规定要求承包方在工程开工前提出包括分月、分段进度计划的施工总进度计划，并加以审核批准；按照分月、分段进度计划进行实际检查，对影响进度计划的因素进行分析，属发包方的原因，应及时解决，属承包方的原因，应督促迅速解决；在同意承包方修改进度计划时，应审批承包方修改的进度计划，确认竣工日期。

在质量管理方面：检验工程使用的材料和设备质量；检验工程使用的半成品及构配件质量；按合同规定的规范、规程，监督检查施工质量；按合同规定的程序，验收隐蔽工程和需要中间验收工程的质量；验收单项竣工工程的质量。

在费用管理方面：严格进行合同约定价款的管理；当出现合同约定价款调整的情况时，应及时对合同价款进行调整；认真对预付工程款进行管理，包括批准和扣还；对工程量进行核实确认，进行工程款的结算和支付；对变更价款进行确定；做好对施工中涉及的其他费用的管理；办理竣工结算，对保修金进行管理等。

（3）建设工程施工合同资料的管理。

发包方和监理工程师应当做好施工合同档案资料的管理工作。在工程项目全部竣工后，应将全部合同文件加以系统整理，归类建档保管。在合同履行过程中，对合同文件，包括有关的签证、记录、协议、补充合同、备忘录、函件、电报、电传等都应做好系统分类，认真管理。

3）承包方对建设工程施工合同的管理

（1）建设工程施工合同签订的管理。

在施工合同签订前，应认真对发包方和工程项目进行分析和了解，看发包方是否具有法人资格，施工所需资金是否落实，国家重点工程是否已列入投资计划，是否具备施工条件等，以防造成重大损失。

承包方中标后，在签订正式施工合同前还应与发包方进行谈判。对合同的条款内容逐一谈判，双方达成一致意见后，即可正式签订合同。

（2）建设工程施工合同履行的管理。

在合同的履行过程中，承包方应把合同管理工作作为企业经营管理活动中的重要工作内容，以确保合同各项指标顺利实现。因此，应加强企业内部管理，建立施工合同管理制度，包括工作岗位内容、检查制度、奖惩制度、统计考核制度等。

（3）建设工程施工合同资料的管理。

承包方同样应做好施工合同资料的管理，不仅应做好施工合同的归档工作，还应以此指导生产、安排计划，使其发挥重要作用。

6. 建设工程施工合同管理中监理工程师的义务

（1）监理单位委派的总监理工程师在本合同中称工程师，工程师按合同约定行使职权，发包人在专用条款内要求工程师在行使某些职权前需要征得发包人批准的，工程师应征得发包人批准。

（2）发包人派驻施工场地履行合同的代表在本合同中也称工程师，但职权不得与监理单位委派的总监理工程师职权相互交叉。双方职权发生交叉或不明确时，由发包人予以明确，并以书面形式通知承包人。

（3）合同履行中，发生影响发包人和承包人双方权利或义务的事件时，总监理工程师应依据合同在其职权范围内客观公正地进行处理。一方对工程师的处理有异议时，按约定的争议处理方式处理。

（4）除合同内有明确约定或经发包人同意外，总监理工程师无权解除本合同约定的承包人的任何权利与义务。

（5）总监理工程师可委派工程师代表，行使合同约定的自己的职权，并可在认为必要时撤回委派。委派和撤回均应提前 7 天以书面形式通知承包人，总监理工程师还应将委派和撤回通知发包人。

（6）工程师代表在总监理工程师授权范围内向承包人发出的任何书面形式的函件，与总监理工程师发出的函件具有同等效力。承包人对工程师代表向其发出的任何书面形式的函件有疑问时，可将此函件提交总监理工程师，总监理工程师应进行确认。工程师代表发出指令有失误时，总监理工程师应进行纠正。

（7）总监理工程师的指令、通知由其本人签字后，以书面形式交给项目经理，项目经理在回执上签署姓名和收到时间后生效。确有必要时，工程师可发出口头指令，并在 48 h 内给予书面确认，承包人对工程师的指令应予执行。工程师不能及时给予书面确认的，承包人应于工程师发出口头指令后 7 天内提出书面确认要求。工程师在承包人提出确认要求后 48 h 内不予答复的，视为口头指令已被确认。

第4节　建设工程物资采购合同管理

1. 建设工程物资采购合同的概念

建设工程物资采购合同，是指平等主体的自然人、法人、其他组织之间，为实现建设工程物资买卖，设立、变更、终止相互权利义务关系的协议。

建设工程物资采购合同属于买卖合同，具有买卖合同的一般特点：

（1）出卖人与买受人订立买卖合同，是以转移财产所有权为目的。

（2）买卖合同的买受人取得财产所有权，必须支付相应的价款；出卖人转移财产所有权，必须以买受人支付价款为对价。

（3）买卖合同是双务、有偿合同。所谓双务有偿是指合同双方互负一定义务，出卖人应当保质、保量、按期交付合同订购的物资、设备，买受人应当按合同约定的条件接收货物并及时支付货款。

（4）买卖合同是诺成合同。除了法律有特殊规定的情况外，当事人之间意思表示一致，买卖合同即可成立，并不以实物的交付为合同成立的条件。

2. 建设工程物资采购合同的特点

建设工程物资采购合同与项目的建设密切相关，其特点主要表现为：

（1）建设工程物资采购合同的当事人。

建设工程物资采购合同的买受人即采购人，可以是发包人，也可以是承包人。采购合同的出卖人即供货人，可以是生产厂家，也可以是从事物资流转业务的供应商。

（2）物资采购合同的标的。

建设工程物资采购合同的标的品种繁多，供货条件差异较大。

（3）物资采购合同的内容。

建设物资采购合同视标的的特点，合同涉及的条款繁简程度差异较大。建筑材料采购合同的条款一般限于物资交货阶段，主要涉及交接程序、检验方式和质量要求、合同价款的支付等。大型设备的采购，除了交货阶段的工作外，往往还需包括设备生产阶段、设备安装调试阶段、设备试运行阶段、设备性能达标检验和保修等方面的条款约定。

（4）货物供应的时间。

建设物资采购供应合同与施工进度密切相关，出卖人必须严格按照合同约定的时间交付订购的货物。尤其是国际工程项目，交货期成为项目管理者整个工程项目中关注的较为重要的影响因素。

3. 建设工程材料采购合同管理

1）材料采购合同的订立方式

（1）公开招标。

（2）邀请招标。

（3）询价、报价、签订合同。

（4）直接订购。

2）材料采购合同的主要条款

按照《合同法》的分类，材料采购合同属于买卖合同。国内物资购销合同的示范文本规定，合同条款应包括以下几方面内容：

（1）产品名称、商标、型号、生产厂家、订购数量、合同金额、供货时间及每次供应数量。

（2）质量要求的技术标准、供货方对质量负责的条件和期限。

（3）交（提）货地点、方式。

（4）运输方式及到站、港和费用的负担责任。

（5）合理损耗及计算方法。

（6）包装标准、包装物的供应与回收。

（7）验收标准、方法及提出异议的期限。

（8）随机备品、配件工具数量及供应办法。

（9）结算方式及期限。

（10）如需提供担保，另立合同担保书作为合同附件。

（11）违约责任。

（12）解决合同争议的方法。

（13）其他约定事项。

3）材料采购合同的履行

（1）按约定的标的履行。

（2）按合同规定的期限、地点交付货物。

（3）按合同规定的数量和质量交付货物。

（4）采购方的义务。

（5）违约责任。

4）标的物的风险承担

一般情况下，标的物毁损、灭失的"风险"，交付之前由出卖人承担，交付之后由买受人承担。

5）不当履行合同的处理

卖方多交标的物的，买方可以接收或者拒绝接收多交部分。买方接收多交部分的，按照合同的价格支付价款；买方拒绝接收多交部分的，应当及时通知卖方。标的物在交付之前产生的孳息，归卖方所有，交付之后产生的孳息，归买方所有因标的物的主物不符合约定而解除合同的，解除合同的效力及于从物。因标的物的从物不符合约定被解除的，解除的效力不及于主物。

6）监理工程师对材料采购合同的管理

（1）对材料采购合同及时进行统一编号管理。

（2）监督材料采购合同的订立。

（3）检查材料采购合同的履行。

（4）分析合同的执行。

4. 建设工程设备采购合同管理

1）建设工程中的设备供应方式

（1）委托承包。

（2）按设备包干。

（3）招标投标。

2）设备采购合同的履行

（1）交付货物。

（2）验收交货。

（3）结算。

（4）违约责任。

3）监理工程师对设备采购合同的管理

（1）对设备采购合同及时编号，统一管理；

（2）参与设备采购合同的订立；

（3）监督设备采购合同的履行。

第5节　建设工程监理合同管理

1. 建设工程监理合同的特征

（1）监理合同的当事人双方应当是具有民事权利能力和民事行为能力的取得法人资格的企事业单位、其他社会组织，个人在法律允许范围内也可以成为合同当事人。作为委托人必须是有国家批准的建设项目，落实投资计划的企事业单位、其他社会组织及个人，作为监理人必须是依法成立具有法人资格的监理单位，并且所承担的工程监理业务应与单位资质相符合。

（2）监理合同的订立必须符合工程项目建设程序。

（3）委托监理合同的标的是服务，工程建设实施阶段所签订的其他合同，如勘查设计合同、施工承包合同、物资采购合同、加工承揽合同的标的物是产生新的物质或信息成果，而监理合同的标的是服务，即监理工程师凭据自己的知识、经验、技能受业主委托为其所签订的其他合同的履行实施监督和管理。因此《合同法》将监理合同划入委托合同的范畴。《合同法》第二百七十六条规定"建设工程实施监理的，发包人应当与监理人采用书面形式订立委托监理合同。发包人与监理人的权利和义务以及法律责任，应当依照本法委托合同以及其他有关法律、行政法规的规定。"

第 6 节　建设工程索赔管理

1. 索赔程序

1）承包人的索赔程序

（1）承包人提出索赔要求。

① 发出索赔意向通知。索赔事件发生后，承包人应在索赔事件发生后的 28 天内向工程师递交索赔意向通知，声明将对此事件提出索赔。该意向通知是承包人就具体的索赔事件向工程师和发包人表示的索赔愿望和要求。如果超过这个期限，工程师和发包人有权拒绝承包人的索赔要求。索赔事件发生后，承包人有义务做好现场施工的同期记录，工程师有权随时检查和调阅，以判断索赔事件造成的实际损害。

② 递交索赔报告。索赔意向通知提交后的 28 d 内，或工程师可能同意的其他合理时间，承包人应递送正式的索赔报告。索赔报告的内容应包括：事件发生的原因，对其权益影响的证据资料，索赔的依据，此项索赔要求补偿的款项和工期展延天数的详细计算等有关材料。

如果索赔事件的影响持续存在，28 d 内还不能算出索赔额和工期展延天数时，承包人应按工程师合理要求的时间间隔（一般为 28 d），定期陆续报出每一个时间段内的索赔证据资料和索赔要求。在该项索赔事件的影响结束后的 28 d 内，报出最终详细报告，提出索赔论证资料和累计索赔额。

（2）工程师审核索赔报告。

① 工程师审核承包人的索赔申请。接到正式索赔报告以后，工程师应认真研究承包人报送的索赔资料。首先在不确认责任归属的情况下，客观分析事件发生的原因，重温合同的有关条款，研究承包人的索赔证据，并检查他的同期记录；其次通过对事件的分析，工程师再依据合同条款划清责任界限，如果必要时还可以要求承包人进一步提供补充资料。尤其是对承包人与发包人或工程师都负有一定责任的事件影响，更应划出各方应该承担合同责任的

比例。最后再审查承包人提出的索赔补偿要求，剔除其中的不合理部分，拟定自己计算的合理索赔款额和工期顺延天数。

② 判定索赔成立的原则。工程师判定承包人索赔成立的条件为：

a. 与合同相对照，事件已造成了承包人施工成本的额外支出，或总工期延误；

b. 造成费用增加或工期延误的原因，按合同约定不属于承包人应承担的责任，包括行为责任或风险责任；

c. 承包人按合同规定的程序提交了索赔意向通知和索赔报告。

上述三个条件没有先后主次之分，应当同时具备。只有工程师认定索赔成立后，才处理应给予承包人的补偿额。

③ 对索赔报告的审查。

a. 事态调查。通过对合同实施的跟踪、分析了解事件经过、前因后果，掌握事件详细情况。

b. 损害事件原因分析。即分析索赔事件是由何种原因引起，责任应由谁来承担。

c. 分析索赔理由。主要依据合同文件判明索赔事件是否属于未履行合同规定义务或未正确履行合同义务导致，是否在合同规定的赔偿范围之内。只有符合合同规定的索赔要求才有合法性、才能成立。

d. 实际损失分析。即为索赔事件的影响分析，主要表现为工期的延长和费用的增加。

e. 证据资料分析。主要分析证据资料的有效性、合理性、正确性，这也是索赔要求有效的前提条件。如果工程师认为承包人提出的证据不能足以说明其要求的合理性时，可以要求承包人进一步提交索赔的证据资料。

④ 确定合理的补偿额。

（3）工程师与承包人协商补偿。工程师核查后初步确定应予以补偿的额度、往往与承包人的索赔报告中要求的额度不一致，甚至差额较大。主要原因大多为对承担事件损害责任的界限划分不一致；索赔证据不充分；索赔计算的依据和方法分歧较大等，因此双方应就索赔的处理进行协商。通过协商达不成共识时，承包人仅有权得到所提供的证据满足工程师认为索赔成立那部分的付款和工期顺延。

工程师收到承包人送交的索赔报告和有关资料后，于28 d内给予答复或要求承包人进一步补充索赔理由和证据。如果在28 d内既未予答复，也未对承包人作进一步要求的话，则视为承包人提出的该项索赔要求已经认可。

对于持续影响时间超过28 d以上的工期延误事件，当工期索赔条件成立时，对承包人每隔28 d报送的阶段索赔临时报告审查后，每次均应作出批准临时延长工期的决定，并于事件影响结束后28 d内承包人提出最终的索赔报告后，批准顺延工期总天数。应当注意的是，最终批准的总顺延天数，不应少于以前各阶段已同意顺延天数之和。

（4）发包人审查索赔处理。当工程师确定的索赔额超过其权限范围时，必须报请发包人批准。发包人首先根据事件发生的原因、责任范围、合同条款审核承包人的索赔申请和工程师的处理报告，再依据工程建设的目的、投资控制、竣工投产日期要求以及针对承包人在施工中的缺陷或违反合同规定等的有关情况，决定是否同意工程师的处理意见。索赔报告经发包人同意后，工程师即可签发有关证书。

（5）承包人是否接受最终索赔处理。承包人接受最终的索赔处理决定，索赔事件的处理即告结束。如果承包人不同意，就会导致合同争议。通过协商双方达到互谅互让的解决方案，是处理争议的最理想方式。如达不成谅解，承包人有权提交仲裁或诉讼解决。

2）发包人的索赔

承包人未能按合同约定履行自己的各项义务或发生错误而给发包人造成损失时，发包人也应按合同约定向承包人提出索赔。

2. 处理索赔的原则

（1）公平合理地处理索赔。工程师作为施工合同的管理核心，必须公平地行事。以没有偏见的方式解释和履行合同，独立地做出判断，行使自己的权力。处理索赔原则有如下几个方面：

① 从工程整体效益、工程总目标的角度出发做出判断或采取行动。使合同风险分配，干扰事件责任分担，索赔的处理和解决不损害工程整体效益和不违背工程总目标。

② 按照合同约定行事。工程师应该准确理解、正确执行合同，在索赔的解决和处理过程中应贯穿合同精神。

③ 从事实出发，实事求是。按照合同的实际实施过程、干扰事件的实情、承包人的实际损失和所提供的证据做出判断。

（2）及时做出决定和处理索赔。在工程施工中，工程师必须及时地（有的合同规定具体的时间，或"在合理的时间内"）做出决定，下达通知，指令，表示认可等。这有如下重要作用：

① 可以减少承包人的索赔机会。因为如果工程师不能迅速及时地行事，造成承包人的损失，必须给予工期或费用的补偿。

② 防止干扰事件影的扩大。若不及时行事会造成承包人停工处理指令，或承包人继续施工，造成更大范围的影响和损失。

③ 在收到承包人的索赔意向通知后应迅速做出反应，认真研究密切注意干扰事件的发展。一方面可以及时采取措施降低损失；另一方面可以掌握干扰事件发生和发展的过程，掌握第一手资料，为分析、评价承包人的索赔做准备。

④ 不及时地解决索赔问题将会加深双方的不理解、不一致和矛盾。如果不能及时解决索赔问题，会导致承包人资金周转困难，积极性受到影响，施工进度放慢，对工程师和发包人缺乏信任感；而发包人会抱怨承包人拖延工期，不积极履约。

⑤ 不及时行事会造成索赔解决的困难。单个索赔集中起来，索赔额积累起来，不仅给分析，评价带来困难，而且会带来新的问题，使解决复杂化。

（3）尽可能通过协商达成一致。工程师在处理和解决索赔问题时应及时地与发包人和承包人沟通，保持经常性的联系。在做出决定，特别是调整价格、决定工期和费用补偿，做出决定前，应充分地与合同双方协商，最好达成一致，取得共识。如果他的协调不成功使索赔争执升级，则对合同双方都是损失，将会严重影响工程项目的整体效益。

（4）诚实信用。工程师有很大的工程管理权力，对工程的整体效益有关键性的作用。发包人出于信任，将工程管理的任务交给他；承包人希望他公平行事。

3. 索赔审核内容

1）审查索赔证据

工程师对索赔报告审查时，首先判断承包人的索赔要求是否有理、有据。承包人可以提供的证据包括下列证明材料：

（1）合同文件中的条款约定。

（2）经工程师认可的施工进度计划。

（3）合同履行过程中的来往函件。

（4）施工现场记录。

（5）施工会议记录。

（6）工程照片。

（7）工程师发布的各种书面指令。

（8）中期支付工程进度款的单证。

（9）检查和试验记录。

（10）汇率变化表。

（11）各类财务凭证。

（12）其他有关资料。

2）审查工期顺延要求

（1）对索赔报告中要求顺延的工期，在审核中应注意以下几点：

① 划清施工进度拖延的责任。因承包人的原因造成施工进度滞后，属于不可原谅的延期；只有承包人不应承担任何责任的延误，才是可原谅的延期。有时工期延期的原因中可能包含有双方责任，此时工程师应进行详细分析，分清责任比例，只有可原谅延期部分才能批准顺延合同工期。

② 被延误的工作应是处于施工进度计划关键线路上的施工内容。但有时也应注意，既要看被延误的工作是否在批准进度计划的关键路线上，又要详细分析这一延误对后续工作的可能影响。因为若对非关键路线工作的影响时间较长，超过了该工作可用于自由支配的时间，也会导致进度计划中非关键线路转化为关键路线，其滞后将影响总工期的拖延。此时，应充分考虑该工作的自由时间，给予相应的工期顺延，并要求承包人修改施工进度计划。

③ 无权要求承包人缩短合同工期。工程师有审核、批准承包人顺延工期的权力，但他不可以扣减合同工期。也就是说，工程师有权指示承包人删减掉某些合同内规定的工作内容，但不能要求他相应缩短合同工期。如果要求提前竣工的话，这项工作属于合同的变更。

（2）审查工期索赔计算。

① 网络分析法是利用进度计划的网络图，分析其关键线路。

② 比例计算法。

对于已知部分工程的延期的时间：

$$工期索赔值 = \frac{受干扰部分工程的合同价}{原合同总价} \times 该受干扰部分工期拖延时间$$

对于已知额外增加工程量的价格：

$$工期索赔值 = \frac{额外增加的工程量的价格}{原合同总价} \times 原合同总工期$$

（3）审查费用索赔要求。费用索赔的原因，可能是与工期索赔相同的内容，即属于可原谅并应予以费用补偿的索赔，也可能是与工期索赔无关的理由。工程师在审核索赔的过程中，除了划清合同责任以外，还应注意索赔计算的取费合理性和计算的正确性。

FIDIC《施工合同条件》中，按照引起承包商损失事件原因不同，对承包商索赔可能给予合理补偿工期、费用和利润的情况，分别做出了相应的规定。如表 8-2 所示。

表 8-2　可以合理补偿承包商索赔的条款

序号	条款号	主　要　内　容	可补偿内容		
			工　期	费　用	利　润
1	1.9	延误发放图纸	√	√	√
2	2.1	延误移交施工现场	√	√	√
3	4.7	承包商依据工程师提供的错误数据导致放线错误	√	√	√
4	4.12	不可预见的外界条件	√	√	
5	4.24	施工中遇到文物和古迹	√	√	
6	7.4	非承包商原因检验导致施工的延误	√	√	√
7	8.4（a）	变更导致竣工时间的延长	√		
8	（c）	异常不利的气候条件	√		
9	（d）	由于传染病或其他政府行为导致工期的延误	√		
10	（e）	业主或其他承包商的干扰	√		
11	8.5	公共当局引起的延误	√		
12	10.2	业主提前占用工程		√	√
13	10.3	对竣工检验的干扰	√	√	√
14	13.7	后续法规引起的调整	√	√	
15	18.1	业主办理的保险未能从保险公司获得补偿部分		√	
16	19.4	不可抗力事件造成的损害	√	√	

索赔虽然不可能完全避免，但通过努力可以减少发生。工程师预防和减少索赔应该注意的问题有：

（1）正确理解合同规定。由于施工合同通常比较复杂，因而"理解合同规定"就有一定的困难。双方站在各自立场上对合同规定的理解往往不可能完全一致，总会或多或少地存在某些分歧。这种分歧经常是产生索赔的重要原因之一，所以发包人、工程师和承包人都应该认真研究合同文件，以便尽可能在诚信的基础上正确、一致地理解合同的规定，减少索赔的发生。

（2）做好日常监理工作，随时与承包人保持协调。做好日常监理工作是减少索赔的重要手段。工程师应善于预见、发现和解决问题，能够在某些问题对工程产生额外成本或其他不良影响以前，就把它们纠正过来，就可以避免发生与此有关的索赔。

（3）尽量为承包人提供力所能及的帮助。承包人在施工过程中肯定会遇到各种各样的困难。虽然从合同上讲，工程师没有义务向其提供帮助，但从共同努力建设好工程这一点来讲，还是应该尽可能地提供一些帮助。这样，不仅可以免遭或少遭损失，从而避免或减少索赔。而且承包人对某些似是而非、模棱两可的索赔机会，还可能基于友好考虑而主动放弃。

（4）建立和维护工程师处理合同事务的威信。工程师自身必须有公正的立场、良好的合作精神和处理问题的能力，这是建立和维护其威信的基础。如果承包人认为工程师明显偏袒发包人或处理问题能力较差甚至是非不分，他就会更多地提出索赔，而不管是否有足够的依据，以求"以量取胜"或"蒙混过关"。如果工程师处理合同事务立场公正，有丰富的经验知识、有较高的威信，就会促使承包人在提出索赔前认真做好准备工作，只提出那些有充足依据的索赔，"以质取胜"。从而减少提出索赔的数量。发包人、工程师和承包人应该从一开始就努力建立和维持相互关系的良性循环，这对合同顺利实施是非常重要的。

本章小结

本章介绍了建设工程合同的基本概念；分别说明了建设工程勘察合同、建设工程设计合同、建设工程施工合同、建设工程物资采购合同、建设工程监理合同等合同的管理含义、管理内容、管理重点。介绍了最新的 2017 版 FIDIC 系列合同条件的重大变化。说明了工程索赔的一般程序，工程师处理索赔的原则和应注意的问题。

思考题

8-1 监理合同当事人双方都有哪些权利？

8-2 监理人执行监理业务过程中，发生哪些情况不应由他承担责任？

8-3 设计合同履行期间，发包人和设计人各应履行哪些义务？

8-4 设计合同履行过程中哪些属于违约行为？当事人双方各应如何承担违约责任？

8-5 竣工阶段工程师应做好哪些工作？

8-6 《施工合同条件》中如何解决合同争议？

8-7 施工索赔有哪些分类？

8-8 索赔程序有哪些步骤？

8-9 工程师处理索赔应遵循哪些原则？

8-10 工程师如何预防和减少索赔？

第 9 章　建设工程风险管理

第 1 节　建设工程风险管理概述

1. 建设工程风险的定义

所谓风险是指某一事件的发生所产生损失后果的不确定性。所谓建设工程风险就是在建设工程中存在的不确定因素以及可能导致结果出现差异的可能性。

1）内涵

定义一：风险就是与出现损失有关的不确定性。

定义二：风险就是在给定情况下和特定的时间内，可能出现结果之间的差异。

2）特征

（1）风险存在的客观性和普遍性。

（2）单一具体风险发生的偶然性和大量风险发生的必然性。

（3）风险的多样性和多层次性。

（4）风险的可变性。

2. 风险相关概念

（1）风险因素。

产生或增加损失概率和损失程度的条件或因素。

（2）风险事件。

造成损失的偶发事件，是损失的载体。

（3）损失。

非故意、非计划、非预期的经济价值的减少。

（4）损失机会。

指损失出现的概率。

风险产生的流程如图 9-1 所示。

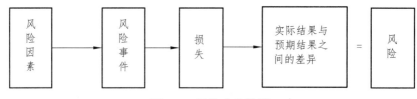

图 9-1 风险产生流程

3. 建设工程风险的特点

同其他一般产品的生产相比，建设工程的施工工艺和施工流程是非常复杂的，项目参与方较多，项目持续的时间较长，涉及面广，社会影响大，环境影响因素也很多，因而潜伏的建设工程风险就具有不同于一般风险的特殊属性，具体表现在以下几个方面：

（1）建设工程风险具有多样性。

即在一个建设工程中存在各类风险，例如政治风险、经济风险、法律风险、技术风险、自然风险、合同风险、人为风险等，这些风险之间都有着复杂的内在联系。

（2）建设工程风险具有普遍性。

即一般建设工程中都有风险存在，任何工程项目中都可能存在各种各样的风险，风险无处不在，无时不有。而对于任何一个建设工程，风险在整个项目寿命期中都存在。

例如：在目标设计中可能存在构思的错误，重要边界条件的遗漏，目标优化的错误；可行性研究中可能有方案的失误，调查不完全，市场分析错误；工程设计中存在专业不协调，地质条件不确定，图纸和规范错误；

施工中出现物价上涨，实施方案不完备，资金缺乏，气候条件变化，工人操作失误；运行中的市场变化，产品不受欢迎，运行达不到设计生产能力等。

（3）建设工程风险具有客观性、偶然性和可变性、规律性。

作为风险事件发生的不确定性，风险是不以人的主观意识而改变的，它是客观存在的。但是对于任何一种具体的风险而言，因其会受到诸多因素的影响，其发生是一种随机现象，是偶然的。

随着建设工程的进展，有些风险得到控制，消失，同时也会产生一些新的风险，在整个寿命期里，各种风险发生的可能性也在发生着变化。

由于建设工程的实施遵循一定的规律，所以建设工程风险的发生和影响也有一定的规律，在一定程度上可以事先进行预测。

（4）建设工程风险管理对工程方面的专业知识要求较高。

若要识别工程风险，首先需要具备工程方面的专业知识。比如，土方工程中经常发生挖方边坡滑坡、塌方、地基扰动、回填土沉陷、填方边坡塌方、冻胀、融陷或出现橡皮土等情况，只有具备了工程的基础知识，才能凭借工程专业经验识别出这些风险。

工程风险的估计和评价更需要工程专业知识，这样才能比较准确地估计风险发生概率的大小以及风险可能给整体工程造成的经济损失。

（5）建设工程风险发生的频率较高。

由于工程建设周期长、施工工艺复杂、施工现场的危险因素也很多，因而一些危险因素相互集结，最终形成危害整体项目管理目标实现的风险。在一些工程项目尤其是大型工程的施工过程中，人为原因和自然原因造成的工程事故频发。

（6）建设工程风险的承担者具有综合性。

当一项工程风险的发生给工程整体造成损失进行判定责任时，需要辨识和分析风险源、风险转化的条件等，据此来判断是谁造成的风险损失。

由于建设工程往往涉及建设单位、承包商、监理、勘查方、设计方、材料供应商、最终用户等众多责任方参与，因此，工程风险事故的发生通常有多个风险承担者。

（7）建设工程风险造成的损失具有关联性（即风险影响的全局性）。

由于工程建设涉及面较广，同步施工和接口协调问题比较复杂，各分部分项工程之间关联度很高，所以各种风险相互关联将形成相关分布的灾害链，使得建设工程产生出特有的风险组合。

即建设工程风险一旦发生，可能对整个工程带来影响。即使是局部的风险，其影响会逐渐扩大。

4.　建设工程风险分类

影响建设工程的风险因素很多，可以从不同的角度进行分类。

1）按风险来源进行划分

按风险来源，可将工程项目风险划分为自然风险、社会风险、经济风险、法律风险和政治风险。

（1）自然风险。如：地震，风暴，异常恶劣的雨、雪、冰冻天气等；未能预测到的特殊地质条件，如泥石流、河塘、流沙、泉眼等；恶劣的施工现场条件等。

（2）社会风险。社会风险包括：宗教信仰的影响和冲击、社会治安的稳定性、社会的禁忌、劳动者的素质、社会风气等。

（3）经济风险。经济风险包括：国家经济政策的变化，产业结构的调整，银根紧缩；项目的产品市场变化；工程承包市场、材料供应市场、劳动力市场的变动；工资的提高、物价上涨、通货膨胀速度加快；金融风险、外汇汇率的变化等。

（4）法律风险。法律风险如：法律不健全，有法不依、执法不严，相关法律内容发生变化；可能对相关法律未能全面、正确理解；环境保护法规的限制等。

（5）政治风险。政治风险通常表现为政局的不稳定性，战争、动乱、政变的可能性，国家的对外关系，政府信用和政府廉洁程度，政策及政策的稳定性，经济的开放程度，国有化的可能性，国内的民族矛盾，保护主义倾向等。

2）按风险涉及的当事人划分

按风险涉及的当事人，可将工程项目风险划分为业主的风险、承包商的风险。

（1）业主的风险。业主遇到的风险通常可以归纳为三类，即人为风险、经济风险和自然风险。

① 人为风险。人为风险包括政府或主管部门的专制行为，管理体系和法规不健全，资金筹措不力，不可预见事件，合同条款不严谨，承包商缺乏合作诚意以及履约不力或违约，材料供货商履约不力或违约，设计有错误，监理工程师失职等。

② 经济风险。经济风险包括宏观经济形势不利，投资环境恶劣，通货膨胀幅度过大，投资回收期长，基础设施落后，资金筹措困难等。

③ 自然风险。自然风险主要是指恶劣的自然条件，恶劣的气候和环境，恶劣的现场条件以及不利的地理环境等。

（2）承包商的风险。承包商作为工程承包合同的一方当事人，所面临的风险并不比业主的小。承包商遇到的风险也可归纳为三类，即决策错误风险、缔约和履约风险及责任风险。

① 决策错误风险。决策错误风险主要包括信息取舍失误或信息失真风险、中介与代理风险、保标与买标风险和报价失误风险等。

② 缔约和履约风险。在缔约时，合同条款中存在不平等条款，合同中的定义不准确，合同条款有遗漏；在合同履行过程中，协调工作不力，管理手段落后，既缺乏索赔技巧，又不善于运用价格调值办法。

③ 责任风险。责任风险主要包括职业责任风险、法律责任风险、替代责任风险。

3）按风险可否管理划分

按风险可否管理，可将工程项目风险划分为可管理风险和不可管理风险。

（1）可管理风险。可管理风险是指用人的智能、知识等可以预测和控制的风险。

（2）不可管理风险。不可管理风险是指用人的智能、知识等无法预测和控制的风险。风险可否管理不仅取决于风险自身的特点，还取决于所收集资料的多少和掌握管理技术的水平。

4）按风险影响范围划分

按风险影响范围，可将工程项目风险划分为局部风险和总体风险。

（1）局部风险。局部风险是指某个特定因素导致的风险，其损失的影响范围较小。

（2）总体风险。总体风险影响的范围大，其风险因素往往无法控制，如经济、政治等因素。

第 2 节　建设工程风险管理

建设工程风险管理是识别和分析工程风险及采取应对措施的活动。包括将积极因素所产生的影响最大化和使消极因素产生的影响最小化两方面内容。

1. 建设工程风险管理目标

（1）实际投资不超过计划投资（投资风险）。

（2）实际工期不超计划工期（进度风险）。

（3）实际质量满足设计预期的质量要求（质量风险）。

（4）工程安全可靠、工地平安，无安全事故（安全风险）。

（5）对社会、对生态具有积极的影响（可持续性风险）。

2.　建设工程风险管理过程

建设工程风险管理过程包括风险管理计划、风险识别、风险评价、风险决策、风险对策实施、效果检查六方面内容。管理过程如图 9-2 所示。

图 9-2　建设工程风险管理过程

内容主要包括：

（1）风险管理计划，即制定风险识别过程、选取风险评价方法、确定风险对策策略，制定风险管理职责，为项目的风险管理提供完整的行动纲领。

（2）风险识别，即确认有可能会影响项目进展的风险，并记录每个风险所具有的特点。

（3）风险评价，即评估风险和风险之间的相互作用，以便评定项目可能产出结果的范围。

（4）风险决策，即确定对机会进行选择及对危险做出应对的步骤。

（5）风险对策实施，即对项目进程中风险所产生的变化做出反应。

（6）效果检查，即对实施的对策取得的效果进行分析检查，并指导下一步风险管理工作。

对风险对策所做出的决策还需要进一步落实到具体的计划和措施，在建设工程实施过程中，要对各项风险对策的执行情况不断地进行检查，并评价各项风险对策的执行效果。

3.　建设工程风险管理规划

风险管理计划制定的方法通常是采用建设工程风险管理计划会议的形式。任何相关的责任者与实施者等都在需要参与之列。所使用的工具是建设工程风险管理模板，将模板具体应用到当前工程项目之中。

在全面分析评估风险因素的基础上，制订有效的管理计划是风险管理工作的成败之关键，方案应翔实、全面、有效。

1）建设工程风险管理计划的制订原则

（1）可行、适用、有效性原则。

管理计划首先应针对已识别的风险源，制定具有可操作的管理措施，适用有效的管理措施能大大提高管理的效率和效果。

(2)经济、合理、先进性原则。

（2）经济、合理、先进性原则。

管理计划涉及的多项工作和措施应力求管理成本的节约，管理信息流畅、方式简捷、手段先进才能显示出高超的风险管理水平。

（3）主动、及时、全过程原则。

遵循主动控制、事先控制的管理思想，根据不断发展变化的环境条件和不断出现的新情况、新问题，及时采取应对措施，调整管理方案，并将这一原则贯彻项目全过程，才能充分体现风险管理的特点和优势。

（4）综合、系统、全方位原则。

风险管理是一项系统性、综合性极强的工作，不仅其产生的原因复杂，而且后果影响面广，所需处理措施综合性强。要全面彻底的降低乃至消除风险因素的影响，必须采取综合治理原则，动员各方力量，科学分配风险责任，建立风险利益的共同体和项目全方位风险管理体系，才能将风险管理的工作落到实处。

2）风险管理计划的制定依据

（1）项目规划中所包含或涉及的有关内容。
（2）项目组织及个人经历和积累的风险管理经验及实践。
（3）决策者、责任方及授权情况。。
（4）利益相关者对项目风险的敏感程度及可承受能力。
（5）可获取的数据及管理系统情况。
（6）可供选择的风险应对措施。

3）风险管理计划的成果

建设工程风险管理计划的成果是风险管理计划文件，它的内容包括以下方面：

（1）方法：确定可能采用的风险管理方法、工具和数据信息来源。针对项目的不同阶段、不同局部、不同的评估情况，可以灵活采用不同的方法策略。

（2）岗位职责：确定风险管理活动中每一类别行动的具体领导者、支持者及行动小组成员，明确各自的岗位职责。

（3）时间：明确在整个工程项目的生命周期中实施风险管理的周期或频率，包括对于风险管理过程各个运行阶段、过程进行评价、控制和修正的时间点或周期。

（4）预算：确定用于建设工程风险管理的预算。

（5）评分与说明：明确定义风险分析的评分标准并加以准确的说明，有利于保证执行过程的连续性和决策的及时性。

（6）承受度：明确对于何种风险将由谁以何种方式采取何种应对行动。作为计划有效性的衡量基准，可以避免工程项目相关各方对计划理解的歧义。

（7）报告格式：明确风险管理各流程中应报告和沟通的内容、范围、渠道和方式，使项目团队内部、与上级主管和投资方之间，以及与协作方之间的信息沟通顺畅、及时、准确。

（8）跟踪：为了有效地对当前工程项目进行管理、监察、审计，以及积累经验、吸取教训，应该将风险及对其采取的管理行为的方方面面都记录下来，归档留存。记录应该按照统一规定的文档格式和要求。

4. 建设工程风险管理内容

风险管理贯穿于项目的进度、成本、质量、合同控制全过程中，是项目控制中不可缺少的重要环节，也影响项目实施的最终结果。

加强风险的预控和预警工作。在工程的实施过程中，要不断地收集和分析各种信息和动态，捕捉风险的前奏信号，以便更好地准备和采取有效的风险对策，以抗可能发生的风险。

在风险发生时，及时采取措施以控制风险的影响，这是降低损失，防范风险的有效办法。

在风险状态下，依然必须保证工程的顺利实施，如迅速恢复生产，按原计划保证完成预定的目标，防止工程中断和成本超支，唯有如此才能有机会对已发生和还可能发生的风险进行良好的控制，并争取获得风险的赔偿，如向保险单位、风险责任者提出索赔，以尽可能地减少风险的损失。

建设工程各阶段风险管理要点如表 9-1 所示。

表 9-3　建设工程各阶段风险管理要点

投标签约	施工准备	施工生产	竣工验收	回访保修
● 业主调研、评审	● 项目策划	● 进场教育	● 预验收	● 投诉
● 环境调研	● 法律法规标准规范的现行有效版本收集	● 交底	● 报验手续、移交手续	● 各类保证金、抵押金的安全性和回收
● 项目评审	● 方案、计划、措施评审	● 各类检查与监督	● 参加验收组织与人员	● 尾款回收
● 标书评审	● 项目部制度	● 关键过程与特殊过程控制	● 资料移交	
● 合同评审	● 投票策略交底与合同交底	● 对规范的理解、规范的变更	● 问题修整	
	● 供应商、分包商的评估和选择	● 采购与分包	● 工程竣工决算的编制和审批	
		● 劳务管理	● 保修承诺	
		● 质量与安全隐患、事故		
		● 业主与监理的监管行为及配合程度		
		● 资料、原始记录		

第 3 节　建设工程风险识别

建设工程风险识别是指项目承担单位在收集资料和调查研究的基础上，运用各种方法对尚未发生的潜在风险以及客观存在的各种风险进行系统归类和全面识别。建设工程风险识别不是一次能够完成的，它应该在整个项目运作过程中定期而有计划地进行。

1. 风险识别的依据

（1）项目范围说明书。
（2）项目产出物的描述（包括数量、质量、时间和技术特征等方面的描述）。
（3）项目计划信息（支持信息、对象方面的信息）。
（4）历史资料（历史项目的原始记录、商业性历史项目的信息资料、历史项目团队成员的经验）。

2. 风险识别的流程

风险识别的流程如图 9-3 所示。

3. 风险识别的方法

建设工程风险识别的方法有：专家调查法、财务报表法、流程图法、初始清单法、经验数据法和风险调查法。其中前三种方法为风险识别的一般方法，后三种方法为建设工程风险识别的具体方法。

（1）专家调查法。

这种方法又有两种方式：一种是召集有关专家开会；另一种是采用问卷式调查。对专家发表的意见要由风险管理人员加以归纳分类、整理分析。

（2）财务报表法。

采用财务报表法进行风险识别，要对财务报表中所列的各项会计科目做深入的分析研究，需要结合工程财务报表的特点来识别建设工程风险。

（3）流程图法。

将一项特定的生产或经营活动按步骤或阶段顺序以若干个模块形式组成一个流程图系列，在每个模块中都标出各种潜在的风险因素或风险事件。

（4）初始清单法。

建立建设工程的初始风险清单有两种途径。常规途径是采用保险公司或风险管理学会（或协会）公布的潜在损失一览表。通过适当的风险分解方式来识别风险也是建立建设工程初始风险清单的有效途径。从初始风险清单的作用来看，因素仅分解到各种不同的风险因素是不够的，还应进一步将各风险因素分解到风险事件。

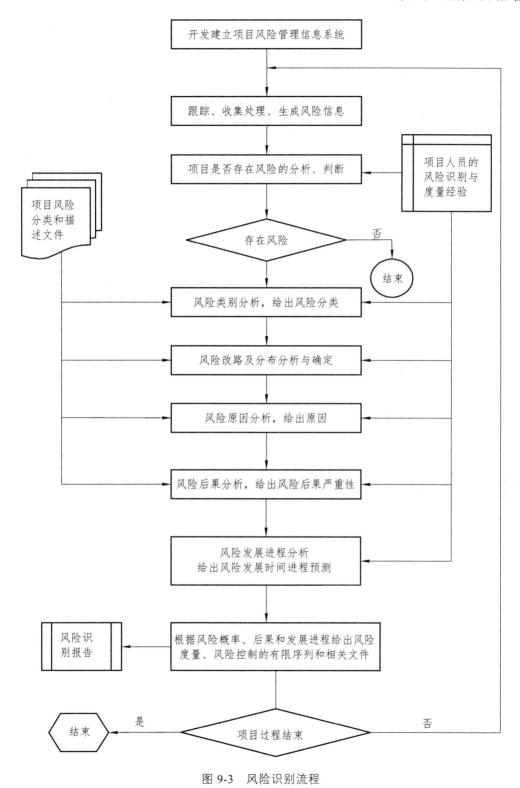

图 9-3 风险识别流程

在初始风险清单建立后，还需要结合特定建设工程的具体情况进一步识别风险，从而对初始风险清单做一些必要的补充和修正。为此，需要参照同类建设工程风险的经验数据或针对具体建设工程的特点进行风险调查。

（5）经验数据法。

经验数据法也称为统计资料法，即根据已建各类建设工程与风险有关的统计资料来识别拟建建设工程的风险。由于不同的风险管理主体的角度不同、数据或资料来源不同，其各自的初始风险清单一般多少有些差异。但是，当经验数据或统计资料足够多时，这种差异性就会大大减小。这种基于经验数据或统计资料的初始风险清单可以满足对建设工程风险识别的需要。

（6）风险调查法。

风险调查应当从分析具体建设工程的特点人手：一方面，对通过其他方法已识别出的风险进行鉴别和确认；另一方面，通过风险调查可能发现此前尚未识别出的重要的工程风险。

风险调查可以从组织、技术、自然及环境、经济、合同等方面分析拟建建设工程的特点以及相应的潜在风险。风险调查也应该在建设工程实施全过程中不断地进行。对于建设工程的风险识别来说，一般都应综合采用两种或多种风险识别方法，才能取得较为满意的结果。

不论采用何种风险识别方法组合，都必须包含风险调查法。

4. 风险识别的成果

建设工程风险识别的结果是形成风险登记（识别出的项目风险、潜在的项目风险、项目风险的征兆）册，作为风险识别的成果。如表9-2所示。

表9-2　项目风险登记册

序号	风险种类	风险性质	预控制措施	更新 1	更新 2
1					
2					
3					
4					

第4节　建设工程风险评价

建设工程风险评价即风险分析和评估，是指应用各种风险分析技术，用定性、定量或两者相结合的方式处理不确定性的过程，其目的是评价风险的可能影响。风险分析和评估是风险辨识和管理之间联系的纽带，是决策的基础。

在项目生命周期的全过程中，会出现各种不确定性，这些不确定性将对项目目标的实现产生积极或消极影响。项目风险分析就是对将会出现的各种不确定性及其可能造成的各种影响和影响程度进行恰如其分的分析和评估。通过对那些不太明显的不确定性的关注，对风险影响的揭示，对潜在风险的分析和对自身能力的评估，采取相应的对策，从而达到降低风险的不利影响或减少其发生的可能性之目的。

1.　建设工程风险评价的原则

（1）风险回避原则，是最基本的评价原则。

（2）风险权衡原则，确定可接受风险的限度。

（3）风险处理成本最小原则。

（4）风险成本/效益对比原则。

（5）社会费用最小原则。

2.　建设工程风险分析作用

（1）使项目选定在成本估计和进度安排方面更现实、可靠。

（2）使决策人能更好地、更准确地认识风险、风险对项目的影响及风险之间的相互作用。

（3）有助于决策人制定更完备的应急计划，有效地选择风险防范措施。

（4）有助于决策人选定最合适的委托或承揽方式。

（5）能提高决策者的决策水平，加强他们的风险意识，开阔视野，提高风险管理水平。

3.　建设工程风险评价主要步骤

建设工程风险评价包括以下三个必不可少的主要步骤：

（1）采集数据。

首先必须采集与所要分析的风险相关的各种数据。这些数据可以从投资者或者承包商过去类似项目经验的历史记录中获得。所采集的数据必须是客观的、可统计的。

某些情况下，直接的历史数据资料还不够充分，尚需主观评价，特别是哪些对投资者来讲在技术、商务和环境方面都比较新的项目，需要通过专家调查方法获得具有经验性和专业知识的主观评价。

（2）完成不确定性模型。

以已经得到的有关风险的信息为基础，对风险发生的可能性和可能的结果给以明确的定量化。通常用概率来表示风险发生的可能性，可能的结果体现在项目现金流表上，用货币表示。

（3）对风险影响进行评价。

在不同风险事件的不确定性已经模型化后，紧接着就要评价这些风险的全面影响。通过评价把不确定性与可能结果结合起来。

4. 建设工程风险分析的主要方法

风险分析方法有许多，常见的主要有调查和专家打分法、层次分析法、模糊数学法、敏感性分析法、蒙特卡罗模拟法、影响图法等。

1）调查和专家打分法

调查和专家打分法是一种最常用、最简单、又易于应用的分析方法。这种方法分两步进行，首先识别出某一特定工程项目可能遇到的所有重要风险，列出风险调查表，其次利用专家经验，对可能的风险因素的重要性进行评价，综合成整个项目风险。

该方法适用于决策前期。这个时期往往缺乏项目具体的数据资料，主要依据专家经验和决策者的意向，得出的结论也不要求是资金方面的具体值，而是一种大致的程度值，它是进一步分析的基础。

2）层次分析法

层次分析法（Analytic Hierarchy Process，AHP）是美国运筹学家、匹兹堡大学萨蒂教授在 20 世纪 70 年代初期提出的，AHP 是对定性问题进行定量分析的一种简便、灵活而又实用的多准则决策方法。AHP 风险分析法就是将层次分析法用于风险分析的一种定量风险分析方法。步骤如下：

（1）通过对风险的深刻认识，弄清风险所涉及的范围，所要采取的措施方案和政策，实现目标的准则、策略和各种约束条件等，广泛地收集信息。

（2）建立一个多层次的递阶结构，将风险指标分为几个等级层次。

（3）确定以上递阶结构中相邻指标间相关程度。通过构造两两比较判断矩阵及矩阵运算的数学方法，确定对于上一层次的某个元素而言，本层次中与其相关元素的重要性排序——相对权值。

（4）计算各层指标对风险的合成权重，进行总排序，以确定递阶结构图中最底层各个指标的总目标中的重要程度。

（5）根据分析计算结果，考虑相应的决策。

3）模糊数学法

模糊数学法是利用模糊集理论分析评价工程项目风险的一种方法。在经济评价过程中，有很多影响因素的性质和活动无法用数字来定量地描述，它们的结果也是含糊不定的，无法用单一的准则来评判。为解决这一问题，美国学者查德于 1965 年首次提出模糊集合的概念，对模糊行为和活动建立模型。

工程项目中潜含的各种风险因素很大一部分难以用数字来准确地加以定量描述，但都可以利用历史经验或专家知识，用语言生动地描述出它们的性质及其可能的影响结果。并且，现有的绝大多数风险分析模型都是基于需要数字的定量技术，而与风险分析相关的大部分信息很难用数字表示，却易于用文字或句子来描述，这种性质最适合于采用模糊数学模型来解决问题。模糊数学处理非数字化、模糊的变量有独到之处，并能提供合理的数学规则去解决变量问题，相应得出的数学结果又能通过一定的方法转为语言描述。这一特性极适于解决工程项目中普遍存在的潜在风险。

4）蒙特卡罗方法

又称随机抽样技巧或统计表试验方法，是一种依据统计理论，利用计算机来研究风险发生概率或风险损失的数值计算方法。在目前的工程项目风险分析中，是一种应用广泛、相对较精确的方法。

应用蒙特卡罗方法可以直接处理每一个风险因素的不确定性，并把这种不确定性在成本方面的影响以概率分布的形式表示出来。可见，它是一种多元素变化分析方法，在该方法中所有的元素都同时受风险不确定性的影响。另外，可以编制计算机软件来对模拟过程进行处理，大大节约了时间，该技术的难点在于对风险因素相关性的辨识与评价。总之，该方法既有对项目结构分析，又有对风险因素的定量评价，因此比较适合在大中型项目中应用。

5）敏感性分析法

影响项目目标的诸多风险因素的未来状况处于不确定的变化之中。出于评价的需要，测定并分析其中一个或几个风险因素的变化对目标的影响程度，以判定各个风险因素的变化对目标的重要性就是敏感性分析。如果有关风险因素稍有变化就使项目目标发生很大变化，则这类风险因素对项目就有高度的敏感性。敏感性强的风险因素将给项目带来更大的风险。因此了解清楚特定情况下项目的最不确定的风险因素，并知道这些风险因素对该项目的影响程度之后，就能在合理的基础上做出对项目的风险评价。敏感性分析的目的是研究风险因素的变动将引起的项目目标的变动范围找出影响项目的最关键风险因素，并进一步分析与之有关的产生不确定性的根源通过敏感性大小对比和可能出现的最有利与最不利的范围分析，用寻找替代方案或对原方案采取控制措施的方法，来确定项目的风险大小。

一般在项目决策阶段的可行性研究中使用敏感性分析法分析工程项目风险，使用这种方法，能向决策者简要地提供可能影响项目成本变化的因素及其影响的重要程度，使决策者在做最终决策时考虑这些因素的影响，并优先考虑某种最敏感因素对成本的影响。

第 5 节　建设工程风险决策

决策是为了实现特定的目标，根据客观的可能性，在占有一定信息和经验的基础上，采用一定的科学方法和手段，从两个以上的可行方案中择优选取一个合理方案的分析、判断过程。合理的决策是以正确的评估结果为基础的。在评估过程中，无论采用定性方法还是定量方法，都尽量以客观事实为基础。决策是一种主观判定过程，除了要考虑到项目客观上的风险水平，还不可避免地要考虑到决策者的风险态度问题。

1. 建设工程决策的分类

（1）根据决策目标的数量：单目标和多目标决策。

（2）根据决策者的地位和责任：高层决策、中层决策和基层决策。

（3）根据决策问题的可控程度：确定型决策、非确定型决策（完全不确定型和风险型）。

2. 工程风险决策的关键要素

（1）掌握的信息量。

（2）决策者的风险态度。

（3）决策者的阅历和经验。

（4）工程本身的特性。

（5）风险成本。

（6）风险收益。

3. 建设工程风险决策准则

建设工程风险决策准则，就是决策者进行决策的依据或原则。传统的决策理论是采用期望损益准则来进行决策，决策的过程不考虑不同决策者的风险态度，最优方案具有唯一性，即最优方案对任何决策者都是最优的。

合理的决策应该结合个人的风险态度来进行，效用理论被称为是一种较有效的途径。按照效用理论，不同的决策者有不同的最优决策方案。

根据效用理论，最优的决策方案是期望效用值最大的方案，而不是期望损益值最大的方案。

4. 风险态度

1）风险态度的概念

风险态度是决策者对风险的偏好程度。不同的人对同一件事情的认识和感知是不同的，应对风险的态度也是不同的。在工程风险管理中，可以从不同类型决策者地风险态度和工程项目参与单位的风险态度两个角度对风险态度进行分析。

2）不同类型决策者的风险态度

根据 1972 年诺贝尔经济学奖获得者阿罗的理论，可以将决策者的风险态度分为三种：

风险态度一般分为三种：风险厌恶、风险中性和风险偏好。

风险厌恶是一个人接受一个有不确定的收益的交易时相对于接受另外一个更保险但是也可能具有更低期望收益的交易的不情愿程度。

风险中性是相对于风险偏好和风险厌恶的概念,风险中性的投资者对自己承担的风险并不要求风险补偿。我们把每个人都是风险中性的世界称之为风险中性世界。

风险偏好是指人们在实现其目标的过程中愿意接受的风险的数量。

不同类型的决策者对待工程项目的风险态度不同，做决策时所采用的策略和方案也会有所不同。

5. 效用理论

（1）效用的概念。

经济学中的概念：消费者通过消费一定数量的商品而获得的满足或满意程度。其本质是一个相对概念。

在工程风险决策中，我们借用效用的概念来衡量工程风险的后果，即效益或损失。

在实践中发现，不同类型的风险决策者即使面临同样的问题也很可能做出不一样的选择。

（2）效用值。

为了衡量不同选择决策者的效用，我们用效用值来衡量。如前所述，效用值具有一定的主观性，而且是一种相对性的概念。

此外，效用值是没有量纲的，一般用一个 0~1 之间的数字来表示。那么为了方便计算，人们规定最愿意接受的决策其效用值为 1，最不愿意接受的决策其效用值为 0，那么其他的愿意程度的效用值就位于 0~1 之间。

（3）效用值的性质。

决策者对某种结果越满意，其效用值就越高。

如果决策者在结果 A 和 B 之间喜欢 A，在 B 和 C 之间喜欢 B，则结果 A 的效用值高于结果 C。

如果决策者对两种及两种以上结果的满意程度一样，则它们的效用值相同。

由于风险决策的高度不确定性和信息的不完备，决策后的损益值通常很难确定，因此可以用决策的期望效用假定作为依据，对可选方案进行决策。

（4）期望效用假定。

假设某项特定方案有两种可能的结果，结果 A 的概率为 p，结果 B 的概率为 $1-p$。如果我们用 $U(A)$ 表示 A 的效用值，$U(B)$ 表示 B 的效用值，该方案的期望效用值为

$$E(U) = U(A) \cdot p + U(B) \cdot (1-p) \qquad (9-1)$$

（5）效用值决策方法。

运用效用值决策的主要步骤：

① 求出决策者的效用函数，或者建立决策者的效用曲线，一般可以通过提问或问卷调查的方式得出。

② 根据效用函数或效用曲线确定决策者关于决策方案不同结果的效用值，从而计算出期望效用值。

③ 根据期望效用值的大小进行判断，期望效用值最大的方案即为最优方案。

第6节　建设工程风险对策

风险对策就是对已经识别的风险进行定性分析、定量分析和进行风险排序，制订相应的应对措施和整体策略。

1）风险回避

风险回避，就是以一定的方式中断风险源，使其不发生或不再发展，从而避免可能产生的潜在损失。

采用风险回避这一对策时，有时需要做出一些牺牲。

在采用风险回避对策时需要注意以下问题：

（1）回避一种风险可能产生另一种新的风险。

（2）回避风险的同时也失去了从风险中获益的可能性。

（3）回避风险可能不实际或不可能。

2）损失控制

（1）损失控制的概念。

损失控制可分为预防损失和减少损失两方面工作。预防损失措施的主要作用在于降低或消除损失发生的概率，而减少损失措施的作用在于降低损失的严重性或遏制损失的进一步发展，使损失最小化。一般来说，损失控制方案都应当是预防损失措施和减少损失措施的有机结合。

（2）制定损失控制措施的依据和代价。

制定损失控制措施必须以定量风险评价的结果为依据。风险评价时特别要注意间接损失和隐蔽损失。制定损失控制措施还必须考虑其付出的代价，包括费用和时间两方面的代价。

（3）损失控制计划系统。

损失控制计划系统由预防计划（或称为安全计划）、灾难计划和应急计划三部分组成。

① 预防计划。它的目的在于有针对性地预防损失的发生，其主要作用是降低损失发生的概率，也能在一定程度上降低损失的严重性。

② 灾难计划。它是一组事先编制好的、目的明确的工作程序和具体措施，为现场人员提供明确的行动指南，使其在各种严重、恶性的紧急事件发生后，可以做到从容不迫、及时、妥善地处理，从而减少人员伤亡以及财产和经济损失。

③ 应急计划。它是在风险损失基本确定后的处理计划，其宗旨是使因严重风险事件而中断的工程实施过程尽快全面恢复，并减少进一步的损失，使其影响程度减至最小。

3）风险自留

风险自留是从企业内部财务的角度应对风险。它不改变建设工程风险的客观性质，即既不改变工程风险的发生概率，也不改变工程风险潜在损失的严重性。

（1）风险自留的类型。

① 非计划性风险自留。

导致非计划性风险自留的主要原因有：缺乏风险意识、风险识别失误、风险评价失误、风险决策延误和风险决策实施延误。

② 计划性风险自留。

计划性风险自留是主动的、有意识的、有计划的选择。风险自留绝不可能单独运用，而应与其他风险对策结合使用。在实行风险自留时，应保证重大和较大的建设工程风险已经进行了工程保险或实施了损失控制计划。

计划性风险自留的计划性主要体现在风险自留水平和损失支付方式两方面。所谓风险自留水平，是指选择哪些风险事件作为风险自留的对象，一般应选择风险量小或较小的风险事件作为风险自留的对象。

（2）损失支付方式。

计划性风险自留应预先制定损失支付计划，常见的损失支付方式有以下几种：

① 从现金净收入中支出；

② 建立非基金储备；

③ 自我保险；

④ 母公司保险。

（3）风险自留的适用条件。

计划性风险自留至少要符合以下条件之一时，才应予以考虑：

① 别无选择；

② 期望损失不严重；

③ 损失可准确预测；

④ 企业有短期内承受最大潜在损失的能力；

⑤ 投资机会很好（或机会成本很大）；

⑥ 内部服务优良。

4）风险转移

风险转移分为非保险转移和保险转移两种形式。风险分担的原则是：任何一种风险都应由最适宜承担该风险或最有能力进行损失控制的一方承担。符合这一原则的风险转移是合理的，可以取得双赢或多赢的结果。

（1）非保险转移。

非保险转移又称为合同转移，建设工程风险最常见的非保险转移有以下三种情况：

① 业主将合同责任和风险转移给对方当事人；

② 承包商进行合同转让或工程分包；

③ 第三方担保。担保方所承担的风险仅限于合同责任，即由于委托方不履行或不适当履行合同以及违约所产生的责任。

非保险转移的优点主要体现在：

① 可以转移某些不可保的潜在损失；

② 被转移者往往能较好地进行损失控制。但是，非保险转移可能因为双方当事人对合

同条款的理解发生分歧而导致转移失效，或因被转移者无力承担实际发生的重大损失而导致仍然由转移者来承担损失。

（2）保险转移。

建设工程业主或承包商作为投保人将本应由自己承担的工程风险（包括第三方责任）转移给保险公司。

在进行工程保险的情况下，建设工程在发生重大损失后可以从保险公司及时得到赔偿，使建设工程实施能不中断地、稳定地进行，还可以使决策者和风险管理人员对建设工程风险的担忧减少，而且，保险公司可向业主和承包商提供较为全面的风险管理服务。

保险这一风险对策的缺点表现在：

① 机会成本增加；

② 保险谈判常常耗费较多的时间和精力；

③ 投保人可能产生心理麻痹而疏于损失控制计划。

还需考虑与保险有关的几个具体问题：

① 保险的安排方式；

② 选择保险类别和保险人；

③ 可能要进行保险合同谈判。

本章小结

建设工程风险管理是一项综合性的管理工作，它是根据工程风险环境和设定的目标对工程风险分析和处置进行决策的过程。包括制定风险管理计划，建设工程风险识别，建设工程项目风险评价，建设工程风险对策。要将风险管理融入项目实施全过程当中。

思考题

9-1　常见的风险分类方式有哪几种?具体如何分类?

9-2　简述风险管理的基本过程。

9-3　风险识别有哪些特点?应遵循什么原则?

9-4　风险评价的主要作用是什么?

9-5　风险对策有哪几种?简述各种风险对策的要点。

第 10 章　建设工程健康、安全、环境管理

第 1 节　职业健康安全管理体系

职业健康安全管理体系（Occupation Health Safety Management System，OHSMS）是 20 世纪 80 年代后期在国际上兴起的现代安全生产管理模式，它与 ISO 9001 和 ISO 14000 等标准体系一并被称为"后工业化时代的管理方法"。

职业健康安全管理体系产生的主要原因是企业自身发展的要求。随着企业规模扩大和生产集约化程度的提高，对企业的质量管理和经营模式提出了更高的要求。企业必须采用现代化的管理模式，使包括安全生产管理在内的所有生产经营活动科学化、规范化和法制化。

1. 职业健康安全管理体系发展情况

（1）1996 年，英国颁布了 BS 8800《职业健康安全管理体系指南》。

（2）1996 年，美国工业卫生协会（AIHI）制定了《职业健康安全管理体系》指导性文件。

（3）1997 年，澳大利亚和新西兰提出了《职业健康安全管理体系原则、体系和支持技术通用指南》草案。日本工业安全卫生协会（JISHA）提出了《职业健康安全管理体系导则》、挪威船级社（DNV）制订了《职业健康安全管理体系认证标准》。

（4）1999 年，英国标准协会（BSI）、挪威船级社（DNV）等 13 个组织提出了职业健康安全评价系列（OHSAS）标准，即 OHSAS 18001《职业健康安全管理体系——规范》、OHSAS 18002《职业健康安全管理体系——实施指南》，此标准并非国际标准化组织（ISO）制定的，因此不能写成"ISO 18001"。

（5）1999 年 10 月，原国家经贸委颁布了《职业健康安全管理体系试行标准》。

（6）2001 年 11 月 12 日，国家质量监督检验检疫总局正式颁布了《职业健康安全管理体系规范》，自 2002 年 1 月 1 日起实施，代码为 GB/T 28001—2001，属推荐性国家标准，该标准与 OHSAS 18001 内容基本一致。

（7）国家标准《职业健康安全管理体系　要求》于 2011 年 12 月 30 日更新至 GB/T 28001：2011 版本，等同 OHSAS 18001：2007 新版标准（英文版）翻译，并于 2012 年 2 月 1 日实施。

（8）2018 年 3 月 12 日，国际标准化组织（ISO）发布了职业健康与安全新标准，ISO 45001：2018，该标准取代了 OHSAS 18001：2007。

2. OHSMS 标准的主要特点

需要组织采取系统化的管理机制。建立体系结构，提供结构化运行机制和国际通用评审依据。OHSMS 遵循自愿原则，不改变组织法律责任。OHSMS 不是法律，而是规定组织如何遵守法律，基于原有国家地方行业的法律。未对 OHSMS 绩效提出绝对要求，不确定取得最佳结果。不同基础与绩效的组织都可能满足 OHSMS 要求，同基础与绩效组织不一定取得一样的结果。OHSMS 不必独立于其他管理系统体系。

具体体现为以下特点：

1）系统性

OHSMS 标准强调了组织结构的系统性，它要求企业在职业安全卫生管理中，同时具有两个系统，从基层岗位到最高决策层的运作系统和检测系统，决策人依靠这两个系统确保体系有效运行。同时，它强调了程序化、文件化的管理手段，增强体系的系统性。

2）先进性

OHSMS 运用系统工程原理，研究、确定所有影响要素，把管理过程和控制措施建立在科学的危险辨识、风险评价的基础上，对每个要素规定了具体要求，建立、保持一套以文件支持的程序，保证了体系的先进性。

3）动态性

OHSMS 的一个鲜明特征就是体系的持续改进，通过持续的承诺、跟踪和改进，动态地审视体系的适用性、充分性和有效性，确保体系日臻完善。

4）预防性

危险辨识、风险评价与控制是 OHSMS 管理体系的精髓所在，它充分体现了"预防为主"的方针。实施有效的风险辨识与控制，可实现对事故的预防和生产作业的全过程控制，对各种作业和生产过程进行评价，并在此基础上进行 OHSMS 策划，形成 OHSMS 作业文件，对各种预知的风险因素做事前控制，实现预防为主的目的，并对各种潜在的事故隐患制定应急预案，力求损失最小化。

5）全员性

OHSMS 标准把职业安全卫生管理体系当作一个系统工程，以系统分析的理论和方法要求全员参与，对全过程进行监控、实现系统目的。

6）兼容性

OHSMS 作为企业管理体系的一项重要内容，与 ISO 9001 和 ISO 14000 具有兼容性，在战略和战术上具有很多的相同点：理论基础相同——戴明管理理论；指导思想相同——预防为主；体现精神相同——写所做、做所写、记所做。在管理工作中体现了一体化特征。

3. OHSMS 标准实施的作用

OHSMS 标准的实施对我国的职业安全卫生工作将产生积极的推动作用。主要体现在以下几个方面：

（1）推动职业安全卫生法规和制度的贯彻执行。

OHSMS 标准要求组织（包括各类生产组织）必须对遵守法律、法规做出承诺，并定期进行评审以判断其遵守的情况。另外，OHSMS 标准还要求组织有相应的制度来跟踪国家法律、法规的变化，以保证组织能持续有效地遵守各项法律、法规要求。因此，实施 OHSMS 标准能够促使组织主动地遵守各项法律、法规和制度。

（2）使组织的职业安全卫生管理由被动行为变为主动行为，促进职业安全卫生管理水平的提高。

OHSMS 标准是市场经济体制下的产物，它将职业安全卫生与组织的管理融为一体，运用市场机制，突破了职业安全卫生管理的单一管理模式，将安全管理单纯靠强制性管理的政府行为，变为组织自愿参与的市场行为。使职业安全卫生工作在组织的地位，由被动消极的服从转变为积极主动的参与。许多组织自愿建立 OHSMS 管理体系，并通过认证，然后又要求其相关方进行体系的建立与认证，这样就形成了链式效应，依靠市场推动，使 OHSMS 标准全面推广。这种自发的职业安全卫生管理有利于促进组织职业安全卫生管理水平的提高。

（3）促进我国职业安全卫生管理标准与国际接轨，有利于消除贸易壁垒。

职业安全卫生和环境问题逐渐成为国家社会日益敏感的话题。很多国家和国际组织把职业安全卫生和贸易联系起来，并以此为借口设置障碍，形成贸易壁垒。

OHSMS 标准采用统一要求,它的普遍实施在一定程度上消除了贸易壁垒,将是未来国际市场竞争的必备条件之一。与 ISO 9001、ISO 14000 一样，OHSMS 标准的实施将对国际贸易产生深刻影响，不采用的国家与组织将由此受到消极的影响，逐渐被排斥在国际市场之外。

（4）有利于提高全民的安全意识。

实施 OHSMS 标准，建立 OHSMS 管理体系，要求对本组织的员工进行系统的安全培训，使每个员工都参与组织的职业安全卫生工作。同时，标准还要求被认证组织要对相关方施加影响,提高安全意识。所以，一个组织实施 OHSMS 标准就会以点带面影响一片，随着 OHSMS 标准的推广，将使全民的安全意识得到提高。

OHSMS 标准可以适用于所有领域和行业，如制造业、加工业等。它适用于任何组织或部门在特定的生产活动现场进行的任何活动。OHSMS 标准是针对现场的职业安全卫生，而不是针对产品安全和服务安全。OHSMS 标准是一套适用于进行审核的职业安全卫生管理体系标准，其发展经历了多个阶段，对标准的解释和理解也有所不同，因此，标准的具体实施应与组织的实际相结合，应适合组织自身的规模和技术发展水平，所以，OHSMS 在不同组织的实施可能千差万别。

4. HSE 管理体系

HSE 是健康（Health）、安全（Safety）和环境（Environmental）管理体系的简称，HSE

管理体系是将组织实施健康、安全与环境管理的组织机构、职责、做法、程序、过程和资源等要素有机构成的整体，这些要素通过先进、科学、系统的运行模式有机地融合在一起，相互关联、相互作用，形成动态管理体系。

建设工程项目中HSE管理的核心理论是，将HSE的理念完全贯彻到整个项目的实施中。建设工程项目项目HSE管理是通过建立、实施HSE管理体系，对健康、安全、环保进行全方位的管理，从而使对项目建设中的危险、对社会的危害、对环境的破坏降低到最低点。从工程发展的趋势来看，HSE管理必然会成为项目管理的重要组成部分。

职业健康安全管理体系目的是为管理职业健康安全风险和机遇提供框架。职业健康安全管理体系的目的和预期结果是防止发生与工作有关的人身伤害和健康损害，提供安全健康的工作场所。因此，组织通过采取有效的预防和保护措施来消除危险源和降低职业健康安全风险至关重要。

组织通过职业健康安全管理体系实施这些措施，能够改进职业健康安全绩效。通过及早采取措施应对机遇改进职业健康安全绩效，职业健康安全管理体系能更加有效和有效率。

实施符合本标准的职业健康安全管理体系使组织能够管理职业健康安全风险，并改进职业健康安全绩效。职业健康安全管理体系可以帮助组织满足法律法规和其他要求。

5. HSE管理体系基本要素

体系要素及相关部分分为三大块：核心和条件部分，循环链部分，辅助方法和工具部分。

1）核心和条件部分

（1）领导和承诺：是HSE管理体系的核心，承诺是HSE管理的基本要求和动力，自上而下的承诺和企业HSE文化的培育是体系成功实施的基础。

（2）组织机构、资源和文件：良好的HSE表现所需的人员组织、资源和文件是体系实施和不断改进的支持条件。这一部分虽然也参与循环，但通常具有相对的稳定性，是做好HSE工作必不可少的重要条件，通常由高层管理者或相关管理人员制定和决定。建设工程建立HSE机构如图10-1所示。

2）循环链部分

（1）方针和目标：对HSE管理的意向和原则的公开声明，体现了组织对HSE的共同意图、行动原则和追求。

（2）规划：具体的HSE行动计划，包括了计划变更和应急反应计划。

（3）评价和风险管理：对HSE关键活动、过程和设施的风险的确定和评价，及风险控制措施的制定。

（4）实施和监测：对HSE责任和活动的实施和监测，及必要时所采取的纠正措施。

（5）评审和审核：对体系、过程、程序的表现、效果及适应性的定期评价。

（6）纠正与改进：不作为单独要素列出，而是贯穿于循环过程的各要素中。

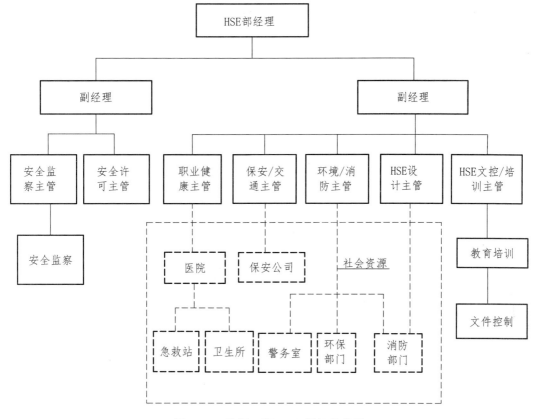

图 10-1　建设工程 HSE 组织机构图

循环链是戴明循环模式的体现，企业的安全、健康和环境方针、目标通过这一过程来实现。除 HSE 方针和战略目标由高层领导制定外，其他内容通常由企业的作业单位或生产单位为主体来制定和运行。

3）辅助方法和工具

辅助方法和工具是为有效实施管理体系而设计的一些分析、统计方法。由以上分析可以看出：

（1）各要素有一定的相对独立性，分别构成了核心、基础条件、循环链的各个环节。

（2）各要素又是密切相关的，任何一个要素的改变必须考虑到对其他要素的影响，以保证体系的一致性。

（3）各要素都有深刻的内涵，大部分有多个二级要素。

6. 建设工程项目各阶段 HSE 管理工作内容和分工

建设工程项目各阶段 HSE 管理工作内容和分工如表 10-1 所示。

表 10-1　建设工程项目各阶段 HSE 管理工作内容和分工

序号	工作内容/活动	工程阶段	参加单位承担的内容和责任		
			承包商	监理单位	项目管理部
1	建立 HSE 组织机构	开工前	建立 HSE 组织机构（施工单位随时补充）	建立 HSE 组织机构	建立 HSE 组织机构、制定管理制度并下达
2	HSE 管理制度	开工前	编制 HSE 管理制度并报监理批准	批准承包商上报文件并监督检查	备案、监督执行
3	承包商进场前接受 HSE 培训	承包商进场前	接受培训，组织本单位 HSE 培训	接受项目管理部培训，组织本单位 HSE 培训，监督检查承包商培训	培训
4	分包商企业资质、HSE 管理体系、安全规章制度	资格预审、投标和评标阶段	上报	审查	批准
5	HSE 管理体系检查	施工阶段	受检	接受项目管理部监督检查，检查承包商 HSE 管理体系运行	组织或参加
6	HSE 管理情况检查	定期抽查	受检	接受项目管理部监督检查，检查承包商 HSE 管理	组织或参加
7	分包商进场 HSE 培训	进场前	组织、培训	监督检查	培训
8	月报制度	规定日期	编制上报	批准、上报	审核汇编
9	施工组织设计、各类施工方案、关键工序控制措施	单项或单位工程开工前	上报文件	批准、监督实施	监督、审核或上报
10	HSE 例会	规定时间	参加	参加	组织
11	HSE 定期或不定期检查整改	施工阶段	受检	接受项目管理部检查，组织检查承包商 HSE 管理	组织或参加
12	安全技术措施交底	施工阶段	执行安全技术交底	监督	抽查
13	特种作业人员持证上岗	施工阶段	监督持证上岗	监督	备案抽查

序号	工作内容/活动	工程阶段	参加单位承担的内容和责任		
			承包商	监理单位	项目管理部
14	施工机具安全状态检查	不定期	提交、受检	组织	参加、抽检
15	关键工序 HSE 控制措施	关键工序实施前	提交、受检	审核	备案
16	大型机具吊装方案		提交、受检	审核	备案，组织审批
17	外来人员进场安全教育	随时	组织	组织	组织
18	一般事故		调查原因及时处理并提交报告	参加调查	备案
19	紧急事故处理		调查原因及时处理并提交报告	参加调查、批准处理意见	参加调查、备案
20	一般及以上级别安全事故		调查原因及时处理并提交报告	参加调查	参加调查

第 2 节　建设工程施工现场安全管理

为加强对房屋建筑和市政基础设施工程中危险性较大的分部分项工程安全管理，有效防范生产安全事故，依据《建筑法》《中华人民共和国安全生产法》《建设工程安全生产管理条例》等法律法规，制定了《危险性较大的分部分项工程安全管理规定》。

规定所称危险性较大的分部分项工程（以下简称"危大工程"），是指房屋建筑和市政基础设施工程在施工过程中，容易导致人员群死群伤或者造成重大经济损失的分部分项工程。危大工程及超过一定规模的危大工程范围由国务院住房城乡建设主管部门制定。

1. 建设工程施工现场安全前期保障

建设单位应当依法提供真实、准确、完整的工程地质、水文地质和工程周边环境等资料。建设单位应当组织勘查、设计等单位在施工招标文件中列出危大工程清单，要求施工单位在投标时补充完善危大工程清单并明确相应的安全管理措施。建设单位应当按照施工合同约定及时支付危大工程施工技术措施费以及相应的安全防护文明施工措施费，保障危大工程施工安全。建设单位在申请办理安全监督手续时，应当提交危大工程清单及其安全管理措施等资料。

　　勘查单位应当根据工程实际及工程周边环境资料，在勘查文件中说明地质条件可能造成的工程风险。

　　设计单位应当在设计文件中注明涉及危大工程的重点部位和环节，提出保障工程周边环境安全和工程施工安全的意见，必要时进行专项设计。

2. 安全专项施工方案

　　施工单位应当在危大工程施工前组织工程技术人员编制专项施工方案。

　　实行施工总承包的，专项施工方案应当由施工总承包单位组织编制。危大工程实行分包的，专项施工方案可以由相关专业分包单位组织编制。

　　专项施工方案应当由施工单位技术负责人审核签字、加盖单位公章，并由总监理工程师审查签字、加盖执业印章后方可实施。

　　危大工程实行分包并由分包单位编制专项施工方案的，专项施工方案应当由总承包单位技术负责人及分包单位技术负责人共同审核签字并加盖单位公章。

　　对于超过一定规模的危大工程，施工单位应当组织召开专家论证会对专项施工方案进行论证。实行施工总承包的，由施工总承包单位组织召开专家论证会。专家论证前专项施工方案应当通过施工单位审核和总监理工程师审查。专家应当从地方人民政府住房城乡建设主管部门建立的专家库中选取，符合专业要求且人数不得少于 5 名。与本工程有利害关系的人员不得以专家身份参加专家论证会。专家论证会后，应当形成论证报告，对专项施工方案提出通过、修改后通过或者不通过的一致意见。专家对论证报告负责并签字确认。

　　专项施工方案经论证需修改后通过的，施工单位应当根据论证报告修改完善后，重新履行审核程序。专项施工方案经论证不通过的，施工单位修改后应当按照本规定的要求重新组织专家论证。

3. 施工现场安全管理

　　专项施工方案实施前，编制人员或者项目技术负责人应当向施工现场管理人员进行方案交底。施工现场管理人员应当向作业人员进行安全技术交底，并由双方和项目专职安全生产管理人员共同签字确认。

　　施工单位应当在施工现场显著位置公告危大工程名称、施工时间和具体责任人员，并在危险区域设置安全警示标志。施工单位应当严格按照专项施工方案组织施工，不得擅自修改专项施工方案。因规划调整、设计变更等原因确需调整的，修改后的专项施工方案应当按照本规定重新审核和论证。涉及资金或者工期调整的，建设单位应当按照约定予以调整。

　　施工单位应当对危大工程施工作业人员进行登记，项目负责人应当在施工现场履职。项目专职安全生产管理人员应当对专项施工方案实施情况进行现场监督，对未按照专项施工方案施工的，应当要求立即整改，并及时报告项目负责人，项目负责人应当及时组织限期整改。施工单位应当按照规定对危大工程进行施工监测和安全巡视，发现危及人身安全的紧急情况，应当立即组织作业人员撤离危险区域。

监理单位应当结合危大工程专项施工方案编制监理实施细则，并对危大工程施工实施专项巡视检查。监理单位发现施工单位未按照专项施工方案施工的，应当要求其进行整改；情节严重的，应当要求其暂停施工，并及时报告建设单位。施工单位拒不整改或者不停止施工的，监理单位应当及时报告建设单位和工程所在地住房和城乡建设主管部门。

对于按照规定需要进行第三方监测的危大工程，建设单位应当委托具有相应勘查资质的单位进行监测。监测单位应当编制监测方案。监测方案由监测单位技术负责人审核签字并加盖单位公章，报送监理单位后方可实施。监测单位应当按照监测方案开展监测，及时向建设单位报送监测成果，并对监测成果负责；发现异常时，及时向建设、设计、施工、监理单位报告，建设单位应当立即组织相关单位采取处置措施。

对于按照规定需要验收的危大工程，施工单位、监理单位应当组织相关人员进行验收。验收合格的，经施工单位项目技术负责人及总监理工程师签字确认后，方可进入下一道工序。危大工程验收合格后，施工单位应当在施工现场明显位置设置验收标识牌，公示验收时间及责任人员。

危大工程发生险情或者事故时，施工单位应当立即采取应急处置措施，并报告工程所在地住房城乡建设主管部门。建设、勘查、设计、监理等单位应当配合施工单位开展应急抢险工作。危大工程应急抢险结束后，建设单位应当组织勘查、设计、施工、监理等单位制定工程恢复方案，并对应急抢险工作进行后评估。

施工、监理单位应当建立危大工程安全管理档案。施工单位应当将专项施工方案及审核、专家论证、交底、现场检查、验收及整改等相关资料纳入档案管理。

监理单位应当将监理实施细则、专项施工方案审查、专项巡视检查、验收及整改等相关资料纳入档案管理。

4. 工程监理单位安全责任

《建设工程安全生产管理条例》中第四条明确规定："建设单位、勘察单位、设计单位、施工单位、工程管理单位及其他与建设工程安全生产有关的单位，必须遵守安全生产法律、法规的规定，保证建设工程安全生产，依法承担建设工程安全生产责任。"

《建设工程安全生产管理条例》中第二章至第四章分别规定了建设单位的安全责任、勘察设计单位、工程监理及其他单位的安全责任，施工单位的安全责任。其中监理单位的安全责任是：程监理单位应当审查施工组织设计中的安全技术措施或者专项施工方案是否符合工程建设强制性标准。工程监理单位在实施监理过程中，发现存在安全事故隐患的，应当要求施工单位整改；情况严重的，应当要求施工单位暂时停止施工，并及时报告建设单位。施工单位拒不整改或者不停止施工的，工程监理单位应当及时向有关主管部门报告。工程监理单位和监理工程师应当按照法律、法规和工程建设强制性标准实施监理，并对建设工程安全生产承担监理责任。

《建设工程安全生产管理条例》中第七章规定了工程监理单位有下列行为之一的，责令限期改正；逾期未改正的，责令停业整顿，并处 10 万元以上 30 万元以下的罚款；情节严重的，降低资质等级，直至吊销资质证书；造成重大安全事故，构成犯罪的，对直接责任人员，依照刑法有关规定追究刑事责任；造成损失的，依法承担赔偿责任：

（1）未对施工组织设计中的安全技术措施或者专项施工方案进行审查的；

（2）发现安全事故隐患未及时要求施工单位整改或者暂时停止施工的；

（3）施工单位拒不整改或者不停止施工，未及时向有关主管部门报告的；

（4）未依照法律、法规和工程建设强制性标准实施监理的。

第 3 节 建设工程环境管理

监理单位可以依据有关环境保护法律法规、建设项目环境影响评价文件及其批复文件等，对项目建设期间的环境保护提供跟踪指导和监督管理等技术服务，引导项目建设单位落实建设项目环境保护措施和要求。

为防止建设项目产生新的污染、破坏生态环境制定。国务院发布了《建设项目环境保护管理条例》。

1. 环境影响评价

国家实行建设项目环境影响评价制度。国家根据建设项目对环境的影响程度，按照下列规定对建设项目的环境保护实行分类管理：

（1）建设项目对环境可能造成重大影响的，应当编制环境影响报告书，对建设项目产生的污染和对环境的影响进行全面、详细的评价。

（2）建设项目对环境可能造成轻度影响的，应当编制环境影响报告表，对建设项目产生的污染和对环境的影响进行分析或者专项评价。

（3）建设项目对环境影响很小，不需要进行环境影响评价的，应当填报环境影响登记表。

建设项目环境影响评价分类管理名录，由环境保护部在组织专家进行论证和征求有关部门、行业协会、企事业单位、公众等意见的基础上制定并公布。

2. 建设工程项目施工期环境监理的实施要点

环境监理在时间上是对建设项目从开工建设到竣工验收的整个工程建设期的环境影响进行监理，在空间上包括工程施工区域和工程影响区域的环境监理，监理内容包括主体工程和临时工程的环境保护达标监理、生态保护措施监理及环保设施监理。

1）大气环境保护措施监理

监理单位重点是通过巡视、检查、记录等工作方法，监督施工单位是否做好日常洒水抑制扬尘工作，通过旁站、检查、记录等工作方法，应用专业知识估算施工机械可能产生的废气量及污染因子，必要时要求施工单位更换污染少的机械设备或者采取环保措施。施工单位未切实落实施工期环境空气保护措施的，应进行记录、报告、提交表单，下发整改通知书，限期整改，在例会上进行通报和整改总结。环境监理单位同时应根据日常检查、记录及专业评估，评价施工期环境空气保护措施的有效性，施工期环境空气保护措施存在变动的，应根据实际情况评估其效果，效果不佳则及时采取可行措施。

2）水环境保护措施监理

施工期废水主要是施工废水和生活污水。监理单位重点是通过巡视、检查、记录的工作方法，监督施工单位做好施工废水的沉淀、隔油等处理措施，以及生活污水经化粪池、简易生活污水处理装置等处理措施，同事确保废水不随意乱排，尤其是避免直接排入敏感水体。施工单位废水随意乱排造成敏感水体污染的，应及时记录、报告、提交表单，下发整改通知书，限期整改，在例会上进行通报批评，总结整改情况。环境监理单位同时应根据日常检查、记录及专业评估，评价施工期水环境保护措施的有效性，施工期水环境保护措施存在变动的，应根据实际情况评估其效果，效果不佳则应及时采取可行措施。

3）声环境保护措施监理

施工期声环境监理，重点是通过巡视、检查、记录、监测等工作方法，监督施工单位施工的高噪声设备及高噪声作业。对于可能造成施工场界噪声超标并影响声敏感点的，应督促施工单位采取消声、隔声、减震等措施。进行施工爆破作业时，应督促施工单位采取措施保护好声环境敏感点。对于噪声扰民等事件的，及时记录、报告、提交表单，下发整改通知书，限期整改，在例会上通报扰民情况及整改情况。环境监理单位同时应根据日常检查、记录及专业评估，评价施工期声环境保护措施的有效性，施工期声环境保护措施存在变动的，应根据实际情况评估其效果，效果不佳则及时采取可行措施。

4）固体废物处理措施监理

施工期主要的固体废物是施工产生的废土（石）。监理单位主要采取巡视、检查、记录等工作方法，监督施工单位做好废石的综合利用措施，减少废石产生量。同时，还应监督施工单位将产生废石堆放好，做好洒水抑尘、覆盖等工作。对于施工单位采取固废出处置措施不力的，进行记录和报告，提交表单，下发整改通知书，限期整改，在例会上进行通报批评，并总结整改情况。

5）生态环境保护措施监理

施工期主要生态影响是占地和施工扰动。监理单位主要采取巡视、记录等工作方法，监督施工单位优化占地布局，减少施工营地、材料堆场、废石堆场、施工机械的临时占地。对于生态意义重大的区域及敏感区域，监理单位应督促施工单位采取绕避措施，减缓施工对该区域的影响，对该区域造成破坏的，及时进行记录、报告和提交表单，下发整改通知书，要求限期恢复该区域生态状况，例会上应进行通报批评，并总结整改情况。环境监理单位同事应根据日常检查、记录及专业评估，评价施工期固废处置措施的有效性，施工期固废处理措施存在变动的，应根据实际情况评估其效果，效果不佳则应及时采取可行措施。

3. 建设工程环境监理工作程序

1）环境监理工作程序

环境监理工作程序一般分为准备、实施、移交三个阶段，工作程序见图 10-2 所示。

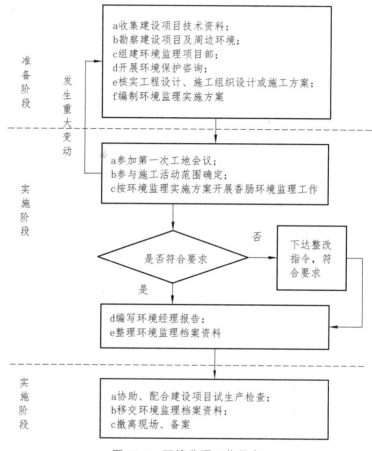

图 10-2　环境监理工作程序

4. 建设工程环境监理工作方法

（1）核实。

查阅建设项目设计文件、施工组织设计或施工方案，核实建设项目环境影响评价文件及其批复文件要求在项目建设过程中的落实情况。

（2）旁站。

采用影像、文字记录等方式，对可能存在环境污染的隐蔽工程、关键部位及施工过程进行的连续监督。

（3）巡视。

采用影像、文字记录等方式，对建设项目施工现场和环境保护设施建设过程进行定期和不定期的监督检查。

（4）环境监控。

采用环境监测和生态调查等方法，对建设项目施工活动可能引起的环境污染和生态破坏进行控制。

（5）意见征询。

征询当地环境保护行政主管部门意见，并调查环境影响评价文件中对公众参与意见承诺的落实情况。

（6）指令。

指令指开工令、暂停令、整改通知和复工令。

5. 建设工程环境监理工作措施

（1）管控措施。

管控措施应符合以下几点要求：

① 环境监理项目部采用告知、引导、指令实施管理控制；

② 环境监理项目部审核项目建设期间环境保护措施和建设项目配套环境保护设施的资金支付。未经环境监理项目总监审核的环境保护设施相应工程款，项目建设单位不予支付。

（2）奖惩措施。

环境监理项目部可根据建设项目承包商的环境保护行为，建议通报表扬、经济奖励，或者通报批评、撤换相关责任人员、扣减工程进度款。

（3）宣传培训措施。

环境监理项目部开展环境保护宣传活动，组织环境保护知识培训。

本章小结

本章介绍了 OHSMS 标准管理体系发展情况，分析了 OHSMS 标准的主要特点；阐述了 OHSMS 标准实施的作用；介绍了 HSE 管理体系；介绍了施工现场安全管理工程监理单位安全责任；最后列举了建设工程项目施工期环境监理的实施要点。

思考题

10-1 什么是 HSE 管理体系？理论核心内容是什么？

10-2 建设工程项目各阶段 HSE 管理工作内容是什么？

10-3 建设工程监理单位的安全责任是什么？

10-4 简述建设工程项目施工期环境监理的实施要点。

10-5 建设工程环境监理工作方法有哪些？

第 11 章　建设工程监理信息管理

第 1 节　建设工程监理信息管理概述

建设工程项目的信息管理，是指以工程建设项目作为目标系统的管理信息系统。它通过对建设工程项目建设监理过程的信息的采集、加工和处理为监理工程师的决策提供依据，对工程的投资、进度、质量进行控制，同时也作为确定索赔的内容、金额和反索赔提供确凿的事实依据。因此，信息管理是监理工作的一项重要内容。

1. 信息与数据

信息，是客观世界中各种事物的运动状态和变化的反映，是客观事物之间相互联系和相互作用的表征，表现的是客观事物运动状态和变化的实质内容。

数据，为了记载信息，人们使用各种各样的物理符号及他们的组合来表示信息，这些符号及其组合就是数据。数据是反映客观实体的属性值，它具有数字、文字、声音、图像或图形等表示形式。

2. 建设工程监理过程中信息的分类

1）按照建设监理的目的划分

（1）投资控制信息。投资控制信息是指与投资控制直接有关的信息，如各种估算指标、类似工程的造价、物价指数、概算定额、工程项目投资估算、设计概算、合同价、工程报价表、币种汇率、利率、保险、施工阶段的支付账单、原材料价格、机械设备台班费、人工费、运杂费等。

（2）质量控制信息。如国家有关的质量政策及质量标准、项目建设标准、质量目标的分解结果、质量控制工作流程、质量控制的工作制度、质量控制的风险分析、质量抽样检查的数据等。

（3）进度控制信息。如施工定额、项目总进度计划、关键路线和关键工作、进度目标分解、里程碑路标、进度控制的工作流程、进度控制的工作制度、进度控制的风险分析、某段时间的进度记录等。

2）按照建设监理信息的来源划分

（1）项目内部信息。内部信息取自建设项目本身，如工程概况、设计文件、施工方案、合同文件、合同管理制度、信息资料的编码系统、信息目录表、会议制度、监理班子的组织、项目的投资目标、质量目标、进度目标、施工现场管理、交通管理等。

（2）项目外部信息。来自项目外部环境的信息称为外部信息。如国家有关的政策、法规及规章，国内及国际市场上原材料及设备价格、物价指数、类似工程造价、类似工程进度、投标单位的实力、投标单位的信誉、毗邻单位情况与主管部门、当地政府的有关信息等。

3）按照信息的稳定程度划分

（1）固定信息。固定信息是指在一定时间内相对稳定不变的信息，这类信息又可分为三种：

① 标准信息。这主要是指各种定额和标准。如施工定额、原材料消耗定额、生产作业计划标准、设备和工具的耗损程度等。

② 计划信息。这是反映在计划期内拟订各项指标情况。

③ 查询信息。这是指在一个较长的时期内，很少发生变更的信息，如国家和专业部门颁发的技术标准、不变价格、监理工作制度、监理实施细则等。

（2）流动信息。流动信息是指在不断地变化着的信息。如项目实施阶段的质量、投资及进度的统计信息，它反映在某一时刻项目建设的实际进度及计划完成情况。再如，项目实施阶段的原材料消耗量、机械台班数、人工工日数等，都属于流动信息。

4）按照信息的层次划分

（1）战略性信息。指有关项目建设过程的战略决策所需的信息，如项目规模、项目投资总额、建设总工期、承包商的选定、合同价的确定等信息。

（2）策略性信息。供有关人员或机构进行短期决策用的信息，如项目年度计划、财务计划等。

（3）业务性信息。指的是各业务部门的日常信息，如日进度、月支付额等。这类信息是经常的，也是大量的。

3. 建设工程监理过程中信息的特点

建设工程监理信息除具有信息的一般特征外，还具有一些自身的特点。

（1）信息来源的广泛性。建设工程监理信息来自工程业主（建设单位）、设计单位、施工承包单位、材料供应单位及监理组织内部各个部门，来自可行性研究、设计、招标、施工及保修等各个阶段中的各个单位乃至各个专业，来自质量控制、投资控制、进度控制、合同管理等各个方面。由于监理信息来源的广泛性，往往给信息的收集工作造成很大困难。如果信息收集的不完整、不准确、不及时，必然会影响到监理工程师判断和决策的正确性、及时性。

（2）信息量大。由于工程建设规模大、牵涉面广、协作关系复杂，使得建设工程监理工作涉及大量的信息。监理工程师不仅要了解国家及地方有关的政策、法规、技术标准规范，而且要掌握工程建设各个方面的信息。既要掌握计划的信息，又要掌握实际进度的信息，还要对它们进行对比分析。因此，监理工程师每天都要处理成千上万的数据，而这样大的数据量单靠人手工操作处理是极困难的，只有使用电子计算机才能及时、准确地进行处理，才能为监理工程师的正确决策提供及时可靠的支持。

（3）动态性强。工程建设的过程是一个动态过程，监理工程师实施的控制也是动态控制，因而大量的监理信息都是动态的，这就需要及时地收集和处理。

（4）有一定的范围和层次。业主委托监理的范围不一样，监理信息也不一样。监理信息不等同于工程建设信息。工程建设过程中，会产生很多信息，这些信息并非都是监理信息，只有那些与监理工作有关的信息才是监理信息。不同的工程建设项目，所需的信息既有共性，又有个性。另外，不同的监理组织和监理组织的不同部门，所需的信息也不同。

（5）信息的系统性。建设工程监理信息是在一定时空内形成的，与建设工程监理活动密切相关。而且，建设工程监理信息的收集、加工、传递及反馈是一个连续的闭合环路，具有明显的系统性。

4. 建设工程信息管理的任务

信息管理是指信息的收集、加工整理、传递、存储、应用等工作的总称。根据工程建设投资大、工期长、工艺复杂、质量要求高、各分部分项工程合同多、使用机械设备、材料数量大要求高的特点，信息管理采取人工决策和计算机辅助管理相结合的手段，特别是利用先进的信息存储、处理设备及时准确地收集、处理、传递和存储大量的数据，并进行工程进度、质量、投资的动态分析，达到工程监理的高效、迅速、准确。

建设工程项目信息管理的目的，就是为了更好地使用信息，为建设工程项目监理服务。经过加工处理的信息，要按照建设监理工作的要求，以各种形式如报表、文字、图形、图像、声音等提供给各类项目管理人员。信息的使用效率和使用质量随着计算机的普及而提高。存储于计算机的信息，通过计算机网络技术，实现信息在各个部门、各个区域、各项工程管理组织中的共享资源。因此，运用计算机进行信息管理，已成为当前更好地使用建设项目信息的前提条件，同时也成为建设监理组织监理工作水平高低的重要标志。

第 2 节　建设工程监理信息管理内容

建设工程项目信息管理主要包括以下四项内容：明确项目信息流程；建立项目信息编码系统；建立健全项目信息收集制度；利用高效的信息处理手段处理项目信息。

1. 明确建设工程监理工作信息流程

建设项目监理工作信息流程反映了工程建设项目建设过程中，各参与单位、部门之间的关系。为保证建设项目管理工作的顺利进行，监理人员应首先明确建设项目信息流程，使项目信息在建设项目管理机构内部上下级之间及项目管理组织与外部环境之间的流动畅通无阻。

建设项目信息流结构如图 11-1 所示，他反映了工程建设项目建设设计单位、物资供应单位、施工单位、建设单位和工程监理组织之间的关系。

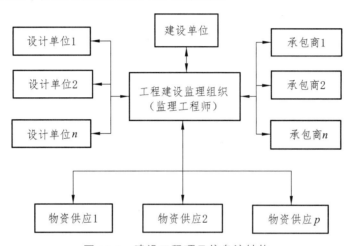

图 11-1　建设工程项目信息流结构

建设工程项目管理组织内部存在着三种信息流，如图 11-2 所示。这三种信息流要畅通无阻，以保证项目管理工作的顺利实施。

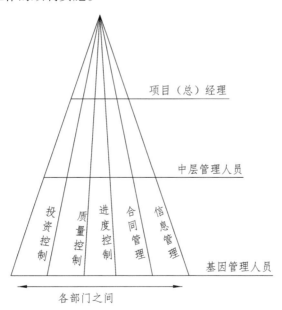

图 11-2　建设工程项目管理组织信息流

（1）自上而下的信息流。这类信息流主要指从项目总经理开始，流向中层项目管理人员和基层项目管理人员的信息。信息接收者是下级，这些信息主要包括项目建设管理目标、管理任务、管理制度、规范规定、指令、办法和业务指导意见。

（2）自下而上的信息流。这类信息流是指从基层项目管理人员开始，流向中层项目管理人员及项目经理的信息。信息接收者是上级。这些信息主要是建设项目实施情况和项目管理工作完成情况，包括进度控制、质量控制、投资控制和安全生产及管理工作人员的工作情况等，还包括基层管理人员对上级有关部门对工程管理和控制情况的意见和建议等。

（3）横向的信息流。这类信息流主要是指在建设项目管理工作中，处在同一层次上的职能部门和管理人员之间相互提供和接收的信息。这些信息是由于各部门之间，为了实现管理的共同目标，在同一层次上相互协作、互相配合、互通有无或补充而产生的信息。在一些特殊情况下，为节省信息流通时间，有时各部门之间也需要横向提供信息。

上述三种信息流都有明晰的流线，并都要畅通。但在实际工作中，往往是自下而上的信息流比较畅通，而自上而下的信息流流量不够。信息流不畅通，监理工程师将无法收集必要的信息，将会失去控制的基础、决策的依据和协调的媒介，监理工程师将无所作为。

信息流是双向的，在监理工作中，应做好信息反馈，同时应注意：

（1）信息反馈应贯穿于项目监理的全过程，仅依靠一次反馈不可能解决所有问题。

（2）反馈速度应大于客体变化速度，且修正要及时。

（3）力争做到超前反馈，即对客体的变化要有预见性。

2. 建立建设项目信息编码系统

建设项目信息编码也称代码设计，它是给事物提供一个概念清楚的标识，用以代表事物的名称、属性和状态。代码有两个作用：一是便于对数据进行存储、加工和检索。二是可以提高数据的处理效率和精度。此外，对信息进行编码，还可以大大节省存储空间。

在建设项目管理工作中，会涉及大量的信息如文字、报表、图纸、声像等，在对数据进行处理时，都需要建立数据编码系统。这不仅在一定程度上减少项目管理工作的工作量，而且大大提高建设项目管理工作的效率。对于大中型建设项目，没有计算机辅助管理是难以想象的，而没有适当的信息系统，计算机的辅助管理的作用也难以发挥。

1）信息编码的原则

信息编码是管理工作的基础，进行信息编码时要遵循以下原则：

（1）唯一确定性。每一个编码代表一个实体的属性和状态。

（2）可扩充性和稳定性。代码设计应留出适当的扩充位置，当增加新的内容时，便于直接利用源代码进行扩充，无需更改代码系统。

（3）标准化和通用性。国家有关编码标准是代码设计的重要依据，要严格执行国家标准及行业编码标准，以便于系统扩展。

（4）逻辑性和直观性。代码不仅具有一定的逻辑含义，以便于数据的统计汇总，而且要简明直观，便于识别和记忆。

（5）精炼性。代码的长度不仅影响所占据的空间和处理速度，而且也会影响代码输入时出错的概率及输入输出速度，因而要适当压缩代码的长度。

2）编码的方法

（1）顺序编码法。

顺序编码法简单易懂，用途广泛。但这种代码缺乏逻辑性，不宜分类。而且当增加新数据时，只能在最后进行排列，删除数据时又会出现空码。所以，此方法一般不单独使用，只用来作为其他分类编码后进行细分类的一种手段。

（2）分组编码法。分组编码法是在顺序编码法的基础上发展起来的，它是先将数据信息进行分组，然后对每组的信息进行顺序编码。每个组内留有后备编码，便于增加新的数据。

（3）十进制编码法。这种编码方法是先将数据对象分成十大类，编以 0~9 的号码，每类中再分成十小类，给以第二个 0~9 的号码，依次类推。当然，每一品种还有不同的规格，还可以通过附加顺序号码的方法加以区别。

（4）文字数字码。这种方法是用文字表明数字属性，而文字一般用英文缩写或汉语拼音的声母。这种编码直观性好，记忆使用方便，但数据较多时，单靠字母很容易使含义模糊，造成错误的理解。

（5）多面码。一个事物可能有多个属性，如果在编码中能为这些属性各规定一个位置，就形成了多面码。

3. 监理信息的收集

工程项目建设的每一个阶段都要产生大量的信息。但是，要得到有价值的信息，只靠自发产生的信息是远远不够的，还必须根据需要进行有目的、有组织、有计划地收集，才能提高信息质量，充分发挥信息的作用。

收集信息是运用信息的前提。各种信息一经产生，就必然会受到传输条件、人们的思想意识及各种利益关系的影响。所以，信息有真假、虚实、有用无用之分。监理工程师要取得有用的信息，必须通过各种渠道，采取各种方法收集信息，然后经过加工、筛选，从中选择出对决策有用的信息，没有足够的信息作依据，决策就会产生失误。

收集信息是进行信息处理的基础。信息处理是包括对已经取得的原始信息，进行分类、筛选、分析、加工、评定、编码、存储、检索、传递的全过程。信息收集工作的好坏，直接决定着信息加工处理质量的高低。在一般情况下，如果收集到的信息时效性强、真实度高、价值大、全面系统，再经加工处理质量就更高，反之则低。

因此，建立一套完善的信息采集制度收集建设工程监理的各阶段、各类信息是监理工作所必需的。

1）工程建设前期信息的收集

如果监理工程师未参加工程建设的前期工作，在受业主的委托对工程建设设计阶段实施监理时，应向业主和有关单位收集以下资料，作为设计阶段监理的主要依据：

（1）批准的《项目建议书》《可行性研究报告》及《设计任务书》。

（2）批准的建设选址报告、城市规划部门的批文、土地使用要求、环保要求。

（3）工程地质和水文地质勘查报告、区域图、地形测量图，地质气象和地震烈度等自然条件资料。

（4）矿藏资源报告。

（5）设备条件。

（6）规定的设计标准。

（7）国家或地方的监理法规或规定。

（8）国家或地方有关的技术经济指标和定额等。

2）工程建设设计阶段信息的收集

在工程建设的设计阶段将产生一系列的设计文件，它们是监理工程师协助业主选择承包商，以及在施工阶段实施监理的重要依据。

建设项目的初步设计文件包含大量的信息，如建设项目的规模、总体规划布置，主要建筑物的位置、结构形式和设计尺寸，各种建筑物的材料用量，主要设备清单，主要技术经济指标，建设工期，总概算等。还有业主与市政、公用、供电、电信、铁路、交通、消防等部门的协议文件或配合方案。

技术设计是根据初步设计和更详细的调查研究资料进行的，用以进一步解决初步设计中的重大技术问题，如工艺流程、建筑结构、设备选型及数量确定等。技术设计文件与初步设计文件相比，提供了更确切的数据资料，如对建筑物的结构形式和尺寸等进行修正并编制了修正后的总概算。

施工图设计文件则完整地表现建筑物外形、内部空间分割、结构体系、构造状况，以及建筑群的组成和周围环境的配合，具有详细的构造尺寸。它通过图纸反映出大量的信息；如施工总平面图、建筑物的施工平面图和剖面图、设备安装详图、各种专门工程的施工图，以及各种设备和材料的明细表等。

3）施工招标阶段信息的收集

在工程建设招标阶段，业主或其委托的监理单位要编制招标文件，而投标单位要编制投标文件，在招投标过程中及在决标以后，招、投标文件及其他一些文件将形成一套对工程建设起制约作用的合同文件，这些合同文件是建设工程监理的具有约束力的法律文件，是监理工程师必须要熟悉和掌握的。

这些文件主要包括：投标邀请书、投标须知、合同双方签署的合同协议书、履约保函、合同条款、投标书及其附件、标价的工程量清单及其附件、技术规范、招标图纸、发包单位在招标期内发出的所有补充通知、投标单位在投标期内补充的所有书面文件、投标单位在投标时随投标书一起递送的资料与附图、发包单位发出的中标通知书、合同双方在洽商合同时共同签字的补充文件等，除上述各种文件资料外，上级有关部门关于建设项目的批文和有关批示、有关征用土地、迁建赔偿等协议文件，都是十分重要的监理信息。

4）工程建设施工阶段信息的收集

在工程建设的整个施工阶段，每天都会产生大量的信息，需要及时收集和处理。因此，工程建设的施工阶段，可以说是大量的信息产生、传递和处理的阶段，监理工程师的信息管理工作，也就主要集中在这一阶段。

（1）收集业主方的信息。

业主作为工程建设的组织者，在施工过程中要按照合同文件规定提供相应的条件，并要不时发表对工程建设各方面的意见和看法，下达某些指令。因此，监理工程师应及时收集业主提供的信息。

当业主负责某些设备、材料的供应时，监理工程师需收集业主所提供材料的品种、数量、规格、价格、提货地点、提货方式等信息。例如，有一些项目合同约定业主负责供应钢材、木材、水泥、砂石等主要材料，业主就应及时将这些材料在各个阶段提供的数量、材质证明、检验（试验）资料、运输距离等情况告知有关方面，监理工程师也应及时收集这些信息资料。另外，业主对施工过程中有关进度、质量、投资、合同等方面的看法和意见，监理工程师也应及时收集，同时还应及时收集业主的上级主管部门对工程建设的各种意见和看法。

（2）收集承包商提供的信息。

在项目的施工过程中，随着工程的进展，承包商一方也会产生大量的信息，除承包商本身必须收集和掌握这些信息外，监理工程师在现场管理中也必须收集和掌握。这类信息主要包括开工报告、施工组织设计、各种计划、施工技术方案、材料报验单、月支付申请表、分包申请、工料价格调整申报表、索赔申报表、竣工报验单、复工申请、各种工程项目自检报告、质量问题报告、有关问题的意见等。承包商应向监理单位报送这些信息资料，监理工程师也应全面系统地收集和掌握这些信息资料。

（3）建设工程监理的现场记录。

现场监理人员必须每天利用特定的方式或以日志的形式记录工地上所发生的事情。所有记录应始终保存在工地办公室内，供监理工程师及其他监理人员查阅。这类记录每月由专业监理工程师整理成书面资料上报监理工程师办公室。监理人员在现场遇到的施工中不得不采取紧急措施而对承包商所发出的书面指令，应尽快通报上一级监理组织，以征得其确认或修改指令。

（4）工地会议记录。

工地会议是监理工作的一种重要方法，会议中包含着大量的信息。监理工程师必须重视工地会议，并建立一套完善的会议制度，以便于会议信息的收集。会议制度包括会议的名称、主持人、参加人、举行会议的时间及地点等，每次会议都应有专人记录，会后应有正式会议纪要，由与会者签字确认，这些纪要将成为今后解决问题的重要依据。会议纪要应包括以下内容：会议地点及时间；出席者姓名、职务及他们所代表的单位；会议中发言者的姓名及主要内容；形成的决议；决议由何人及何时执行；未解决的问题及其原因等。

工地会议一般每月召开一次，会议由监理人员、业主代表及承包商参加。会议主要内容包括：确认上次工地会议纪要、当月进度总结、进度预测、技术事宜、变更事宜、财务事宜、管理事宜、索赔和延期、下次工地会议及其他事宜。工地会议确定的事宜视为合同文件的一部分。

（5）计量与支付记录。

计量与支付记录包括所有计量及付款资料。应清楚地记录哪些工程进行过计量，哪些工程没有进行计量，哪些工程已经进行了支付，已同意或确定的费率和价格变更等。

（6）试验记录。

除正常的试验报告外，试验室应由专人每天以日志形式记录试验室工作情况，包括对承包商的试验的监督、数据分析等。

（7）工程照片和录像。

工程照片和录像能直观、真实地反映包括试验、质量、隐蔽工程、引起索赔的事件、工程事故现场等信息。

5）工程建设竣工阶段信息的收集

在工程建设竣工验收阶段，需要大量与竣工验收有关的各种信息资料，这些信息资料一部分是在整个施工过程中，长期积累形成的；一部分是在竣工验收期间，根据积累的资料整理分析得到的，完整的竣工资料应由承包商收集整理，经监理工程师及有关方面审查后，移交业主。

4. 建设项目信息处理

1）建设项目信息处理的要求

建设项目信息处理必须符合及时、准确、适用、经济的要求。及时，就是信息传递的速度要快；准确，就是信息要真实的反映工程实际情况；适用，就是信息要符合实际需要，具有应用价值；经济，就是在信息处理时符合经济效果的要求来确定处理方式。

2）建设项目信息处理的内容

建设项目信息处理一般包括信息的收集、加工整理、传输、存储、检索和输出六项内容。

（1）信息的收集。

信息的收集就是收集原始信息，这是信息处理的基础。信息处理质量的好坏，直接取决于原始信息资料的准确性、全面性和可靠性。

（2）信息加工整理。

所谓信息的加工整理是对收集来的大量原始信息，进行筛选、分类、排序、压缩、分析、比较、计算等过程。监理工程师为了有效地控制工程建设的投资、进度和质量目标，提高工程建设的投资效益，应在全面、系统收集监理信息的基础上，加工整理收集来的信息资料。

信息的加工整理作用很大。首先，通过加工，将信息分类，使之标准化、系统化。收集到的原始信息只有经过加工，使之成为标准的、系统的信息资料，才能使用、存储，以及提供检索和传递。其次，经过收集的资料，真实程度、准确程度都比较低，甚至还混有一些错误，经过对它们进行分析、比较、鉴别，乃至计算、校正，使获得的信息准确、真实。另外，原始状态的信息，一般不便于使用和存储、检索、传递，经加工后，可以使信息浓缩，以便于进行以上操作。还有，信息在加工过程中，通过对信息的综合、分解、整理、增补，可以得到更多有价值的新信息。

在建设项目的施工过程中，监理工程师加工整理的监理信息主要有以下几个方面。

① 现场监理日报表，由现场监理人员根据每天的现场记录加工整理而成。

② 现场监理工程师周报，是现场监理工程师根据监理日报加工整理而成的报告，每周向项目总监理工程师汇报一周内发生的所有重大事件。

③ 监理工程师月报，是集中反映工程实况和监理工作的重要文件。一般由项目总监理工程师组织编写，每月一次上报业主。大型项目的监理月报，往往由各合同段或子项目的总监理工程师代表组织编写，上报总监理工程师审阅后报业主。

（3）信息传输。

信息传输是指信息借助于一定的载体（如纸张、胶片、软盘、电子邮件等）在监理工作的各部门、各参加单位之间进行传播，通过传输，形成各种信息流，成为监理工程师工作和处理工程问题的重要依据。

（4）信息存储。

经收集和整理后的大量信息资料，应当存档以备将来使用。为了便于管理和使用监理信息，必须在监理组织内部建立完善的信息资料存储制度。

信息的储存，可汇集信息，建立信息库，有利于进行检索，可以实现监理信息资源的共享，促进监理信息的重复利用，便于信息的更新和剔除。

监理信息储存的主要载体是文件、报告报表、图纸、音像材料等。监理信息的储存，主要就是将这些材料按不同的类别，进行详细的登录、存放，建立资料归档系统。该系统应简单和易于保存，但内容应足够详细，以便很快查出任何已归档的资料。因此资料的文档管理工作（具体而微小、且烦琐）就显得非常重要。

监理资料归档，一般按以下几类进行：

① 一般函件：与业主、承包商和其他有关部门来往的函件按日期归档，监理工程师主持或出席的所有会议记录按日期归档。

② 监理报告：各种监理报告按次序归档。

③ 计量与支付资料：每月计量与支付证书，连同其所附资料每月按编号归档；监理人员每月提供的计量与支付有关的资料应按月份归档；物价指数的来源等资料按编号归档。

④ 合同管理资料：承包商对延期、索赔和分包的申请，批准的延期、索赔和分包文件按编号归档；变更的有关资料编号归档；现场监理人员为应急发出的书面指令及最终指令应按项目归档。

⑤ 图纸：按分类编号存放归档。

⑥ 技术资料：现场监理人员每月汇总上报的现场记录及检验报表按月归档，承包商提供的竣工资料分项归档。

⑦ 试验资料：监理人员所完成的试验资料分类归档，承包商所报试验资料分类归档。

⑧ 工程照片：各类工程照片，诸如反映工程实际进度的，反映现场监理工作的，反映工程质量事故及处理情况的，以及其他照片，如工地会议和重要监理活动的都要按类别和日期归档。

（5）信息检索。

监理工作中虽然存储了大量的信息，为了查找方便，需要拟定一套科学的、迅速地查找方法和手段，这就称之为信息检索。完善的信息检索系统可以使报表、文件、资料、人事和技术档案既保存完好，又查找方便。

（6）信息输出。

处理好的信息，要按照需求编印成各类报表和文件，或通过计算机网络进行传输，以供监理工程师使用。

5. 建设工程监理基本表式

建设工程监理基本表式分为三大类。

1）工程监理单位用表（A类表，共8个）

（1）总监理工程师任命书。工程监理单位法定代表人应根据建设工程监理合同约定，任命有类似工程管理经验的注册监理工程师担任项目总监理工程师，并在《总监理工程师任命书》中明确总监理工程师的授权范围。《总监理工程师任命书》需要由工程监理单位法定代表人签字，并加盖单位公章。

（2）工程开工令。建设单位代表在施工单位报送的《工程开工报审表》上签字同意开工后，总监理工程师可签发《工程开工令》，指令施工单位开工。《工程开工令》需要由总监理工程师签字，并加盖执业印章。

《工程开工令》中应明确具体开工日期，并作为施工单位计算工期的起始日期。

（3）监理通知单。《监理通知单》是项目监理机构在日常监理工作中常用的指令性文件。《监理通知单》可由总监理工程师或专业监理工程师签发，对于一般问题可由专业监理工程师签发，对于重大问题应由总监理工程师同意后签发。

施工单位发生下列情况时，项目监理机构应发出监理通知单：在施工过程中出现不符合设计要求、工程建设标准、合同约定；使用不合格的工程材料、构配件和设备；在工程质量、造价、进度等方面存在违规等行为。

（4）监理报告。当工程存在安全事故隐患项目监理机构发出《监理通知单》《工程暂停令》，而施工单位拒不整改或不停止施工时，项目监理机构应及时向有关主管部门报送《监理报告》。项目监理机构报送《监理报告》时，应附相应《监理通知单》或《工程暂停令》等证明监理人员履行安全生产管理职责的相关文件资料。

（5）工程暂停令。总监理工程师应根据暂停工程的影响范围和程度，按合同约定签发暂停令。签发《工程暂停令》时，应注明停工部位及范围。《工程暂停令》需要由总监理工程师签字，并加盖执业印章。

（6）旁站记录。项目监理机构监理人员对关键部位、关键工序的施工质量进行现场跟踪监督时，需要填写《旁站记录》。"关键部位、关键工序的施工情况"应记录所旁站部位（工序）的施工作业内容、主要施工机械、材料、人员和完成的工程数量等内容及监理人员检查旁站部位施工质量的情况；"发现的问题及处理情况"应说明旁站所发现的问题及其采取的处置措施。

（7）工程复工令。当导致工程暂停施工的原因消失、具备复工条件时，建设单位代表在《工程复工报审表》签字同意复工后，总监理工程师应签发《工程复工令》指令施工单位复工；或者工程具备复工条件而施工单位未提出复工申请的，总监理工程师应根据工程实际情况直接签发《工程复工令》指令施工单位复工。《工程复工令》需要由总监理工程师签字，并加盖执业印章。

（8）工程款支付证书。项目监理机构收到经建设单位签署审批意见的《工程款支付报审表》后，总监理工程师应向施工单位签发《工程款支付证书》，同时抄报建设单位。《工程款支付证书》需要由总监理工程师签字，并加盖执业印章。

2）施工单位报审、报验用表（B 类表，共 14 个）

（1）施工组织设计或（专项）施工方案报审表。

（2）工程开工报审表。

（3）工程复工报审表。

（4）分包单位资格报审表。

（5）施工控制测量成果报验表。

（6）工程材料、构配件、设备报审表。

（7）验报、报审表。

（8）分部工程报验表。

（9）监理通知回复单。

（10）单位工程竣工验收报审表。

（11）工程款支付报审表。

（12）施工进度计划报审表。

（13）费用索赔报审表。

（14）工程临时或最终延期报审表。

3）通用表（C 类表，共 3 个）

（1）工作联系单。

（2）工程变更单。

（3）索赔意向通知书。

第 3 节　建设工程监理工作总结

建设工程监理项目竣工后项目总监理工程师必须结合工程实际，组织各专业监理工程师全面、真实地对监理服务过程进行总结，以正确认识与评价监理工作成效，把取得的工作成绩向业主作认真详细地汇报，让其了解监理实施过程以来监理工程的质量和效果。

1. 监理工作总结的总体要求

工作总结应能客观、公正、真实地反映工程监理的全过程，能对监理效果进行综合描述和正确评价，能反映工程的主要质量状况、结构安全、投资控制等方面的情况。

2. 监理工作总结的划分

工程项目全部完成后，应对监理工作进行两方面的总结：一方面，是向业主提交的监理工作总结，其主要内容包括监理委托合同履行概况；监理任务或监理目标完成情况的评价；由业主提供监理活动办公用房和用品等清单，监理工作总结的说明等。另一方面，监理内部提交的工作总结，主要是监理工作经验，可以是某种监理技术、方法的经验，采用某种组织措施的经验，也可以是签订监理委托合同或如何处理好业主、设计、承包单位关系的经验等。

3. 监理工作总结编写的主要内容和组成

监理工作总结内容一般包括工程概况，项目监理机构组织体系情况，工程实施"四控制、管理、一协调"的措施、效果和经验与教训等四大部分。

（1）工程概况包括工程名称、建设地址、项目组成及规模、预计总投资额、预计项目工期、工程质量等级、设计、开发单位名称、工程特点等。

（2）项目监理组织体系情况针对监理合同和监理目标建立了哪些工作制度，如何规范工作程序建立和健全组织机构，从而使工程监理工作得以制度化、规范化地开展。结合工程情况，说明监理部怎样开展工作，怎样取得业主信任等。

（3）对工程实施"四控制、管理、一协调"的措施和效果监理的工作质量、进度、投资控制和合同管理、组织协调是工程监理的基本内容，须着重说明在这几项工作中如何进行有效控制，采取何种措施和技术方案，取得什么样成绩，要有一定的数字说明和依据资料。

① 质量控制方面：要体现督促承建单位建立和完善自身质量体系，重权评审、测试、旁站和抽查等情况，建立质量责任制，规定质量控制的工作职责、工作流程、方法和措施，以及控制标准，取得了多少合格率和优良率等情况。

② 进度控制方面：如何依据合同和业主要求，加强并细化进度计划中监督管理，重视建设进度的记录、信息收集、统计、分析预测和报告工作，从而达到监理进度控制工作成效等情况。

③ 投资控制方面：要详细说明做好工程计量与支付的审核签证工作，如何进行合同变更、设计变更等审核控制。在合同工程总量控制的前提下，如何加强分析预测、提高审核工作准确性、可靠性和原则性，实现投资效益，累计为业主节约资金程度的情况等。

④ 合同管理与组织协调：重点说明熟悉、执行合同的情况，公正地处理各种关系，协调好业主、承建单位各方关系的情况。

（4）经验与教训包括对监理工作成效和存在问题以及改进的建议，为提高和指导今后监理工作服务。

4. 编写工作总结要符合下列几点要求

（1）用词要准确、明了、简洁、通顺，尽量使用专业语言。

（2）有正规封面：封面文字要注明"××工程监理工作总结"标题，有业主、承包单位和监理单位名称，以及编制人、审批人和批准人签名。

（3）总结规格尺寸和编号：资料规格尺寸为 16 开或 A4 纸，并按公司工程竣工技术资料归档管理的要求统一编目和登记归档。

（4）报送监理工作总结，须有项目总监，以及相应的审核人和批准人（可总工程师）签字，并加盖该项目监理部公章后，由项目总监递交业主。

（5）工程监理项目的工作总结需一式二份，即业主一份，项目监理部归档一份。一般工程监理项目的工作总结需一式二份，即业主和项目监理部各一份。

（6）时间规定：监理工作总结须在该工程项目竣工验收后一个月内，及时编写完毕。

本章小结

本章介绍了建设工程监理过程中信息的分类，建设工程监理过程中信息的特点；说明了建设工程信息管理的任务，阐述了建设工程监理信息管理内容；最后，提示了建设工程监理信息存档的重要环节，监理工作总结，以便同类项目参考。

思考题

11-1　什么是数据？什么是信息？他们有什么关系？

11-2　工程监理信息管理的工作任务是什么？

11-3　工程监理现场收集的信息有哪些？

11-4　建设工程各阶段监理收集的信息主要有哪些？

11-5　监理工作总结编写的主要内容是什么？

第12章　建设工程监理与项目管理一体化

第1节　项目管理与工程监理的区别

1. 建设项目管理

建设项目管理，也即工程项目管理就是工程建设管理人员对工程项目进行的管理活动。它的主要目的就是通过对工程项目的计划、组织、协调、控制等专业化活动实现生产要素优化配置、提供优质产品的目标。它的主要工作内容就是目标控制。它所依据的理论基础主要是系统工程的理论和方法，包括组织论、信息论、系统论和控制论等。项目管理作为一门学科是从20世纪80年代以后在西方国家首先出现的，到现在只有几十年的历史，是一门非常年轻且不断发展的学科。我国的建设工程监理制度从建立之初主要借鉴的就是国外的建设项目管理制度，无论所依据的理论基础还是实践中的监理活动都是相同的。

2. 建设工程监理与项目管理的联系

国家在建立我国的建设工程监理制度时借鉴了国外的建设项目管理制度和工程咨询模式。与我国工程监理中的"监理"一词直接对应的概念在国外没有，相近的词有三个：Surpervision、Consultants 和 Management，对应"工程监理"的词是 Construction Surpervision、Engineering Consultants 和 Project Management，上述三个词也常常用来作为对我国工程监理的外文翻译使用。Construction Surpervision、Engineering Consultants 和 project Management 这三个词语都与工程管理和咨询密切相关，但具体含义各有侧重。其中，Construction Surpervision 侧重于现场的监督管理，与我国传统的监工、现场质量监督员和现场监理比较接近；Engineering Consultants 与我国的工程咨询较接近；Project Management 而与我国理解的项目管理接近。

我国对自己的工程监理制度与国外工程管理制度对应进行翻译时先后用过以上三个词。目前，国家标准《建设工程监理规范》（GB/T 50319—2013）中"建设工程监理"的英文翻译为"Construction Project Management"，即用的是 Project Management。因为我国建设工程监理的理论基础就是建设项目管理学，如此翻译也无可厚非，只是目前现实中的监理工作更接近于 Construction Surpervision。

3.　建设工程监理与项目管理服务的区别

1）服务性质不同

（1）工程监理是一种强制实施的制度。

① 工程监理单位要承担工程项目管理任务。

② 工程监理单位要承担法律法规所赋予的社会责任。

（2）工程项目管理服务属于委托性质。

2）服务范围不同

（1）目前，工程监理定位于工程施工阶段。

（2）工程项目管理服务可以覆盖项目策划决策、建设实施（设计、施工）的全过程。

3）服务侧重点不同

（1）工程监理单位中心任务是目标控制。

（2）工程项目管理单位能够在项目策划决策阶段为建设单位提供专业化项目管理服务，更能体现项目策划的重要性，更有利于实现工程项目的全寿命期、全过程管理。

第 2 节　工程项目管理和监理一体化

我国的项目管理模式是以建设单位为核心，这种项目管理模式的特点主要表现在两方面，一方面，是我国的建设单位很大程度上就是代表了国家。因为我国的投资主体主要是国家，即我国的建设单位在很大程度上其实就是代表了国家，正是这种投资的属性决定了我国的项目管理必然是以建设单位为核心的项目管理。另一方面，表现在我国的工程监理是弱势监理。FIDIC 工程师的执业的范围和权利与我国的监理工程师相比是不同的。但是，目前在我国绝大多数的监理企业主要是承担施工阶段的监理服务，工作重点放在了施工质量控制和安全管理上，出现了政府对监理企业不满意、业主对监理企业不放心、监理企业自身能力不强等问题。加之监理市场无序的低价竞争，从业人员收入较低，安全管理责任又被明显扩大，导致部分高水平、高素质的专业人员严重流失，国家注册监理工程师的数量严重不足，使传统监理服务的层次和认知度降低。工程监理服务从初衷的定位、推行至今，监理服务的范围已发生了很大的偏离。实施工程项目管理与监理一体化服务模式就是工程监理初衷定位的回归。

1.　建设工程监理与项目管理一体化

建设工程监理与项目管理一体化服务模式，即在工程建设过程中，组建工程项目管理与监理服务的综合团队，既承担工程的项目管理，又承担工程的监理服务。

（1）通过项目管理与监理团队的有效组合达到资源的最优化配置，有效地降低了运营成本，在工作上可形成互补，避免了工作岗位重复设置和工作内容的相互重叠。项目管理与监理团队分工明确，职责清晰，充分融合，高度统一，沟通顺畅，决策迅速，执行力强。

（2）一体化管理不仅使得人力资源配置得到进一步优化，而且使各项管理工作更加细化、更加明确，既从宏观上达到对项目的管理与控制，又从微观上对项目现场施工实施了真正有效的管理。

（3）统一信息标准、加快流转速度。一体化管理，使信息的采集、反馈、归档都在同一起点或同一层面上，要求一致、标准统一，使管理体系直线扁平化，加快信息流转的速度，反馈及时，有效地提高了工作效率。

（4）业主可省人员、精力和时间，可将主要精力放在专有技术、功能确定、资金筹措、市场开发及自身的核心业务上，并能借助项目管理团队的项目管理知识、工具和管理经验，达到项目定义、设计、采购、施工的最优效果。

（5）业主可有效避免了机构臃肿等传统管理模式带来的弊病，仅投入少量人员就可保证对项目的控制，不必考虑项目完成后出现人员再上岗与分流安排的问题，节约了管理成本，提高了工作效率。

（6）解决了业主非工程专业人员管理项目的状况，管理团队承担了大量的管理与协调工作，尤其协调设计与施工、施工与材料供货商等，仅靠单一的施工监理很难胜任。

2. 建设工程监理与项目管理一体化实施条件

实施建设工程监理与项目管理一体化，须具备以下条件：

（1）建设单位的信任和支持是前提。

建设单位的信任和支持是顺利推进建设工程监理与项目管理一体化的前提。首先，建设单位要有建设工程监理与项目管理一体化的需求；其次，建设单位要严格履行合同，充分信任工程监理单位，全力支持建设工程监理与项目管理机构的工作，尊重建设工程监理与项目管理机构的意见和建议，这是鼓舞和激发建设工程监理与项目管理机构人员积极主动开展工作的重要条件。

（2）建设工程监理与项目管理队伍素质是基础。

（3）建立健全相关制度和标准是保证。

3. 建设工程监理与项目管理一体化组织机构及岗位职责

1）组织机构设置

实施建设工程监理与项目管理一体化，仍应实行总监理工程师负责制。在总监理工程师全面管理下，工程监理单位派驻工程现场的机构可下设工程监理部、规划设计部、合同信息部、工程管理部等。

２）部门及岗位职责

总监理工程师是工程监理单位在建设工程项目的代表人。总监理工程师将全面负责履行建设工程监理与项目管理合同、主持建设工程监理与项目管理机构的工作。

（１）规划设计部职责。

规划设计部负责协助建设单位进行工程项目策划以及设计管理工作。

工程项目策划包括：项目方案策划、融资策划、项目组织实施策划、项目目标论证及控制策划等。

工程设计管理工作包括：协助建设单位组织重大技术问题的论证；组织审查各阶段设计方案；组织设计变更的审核和咨询；协助建设单位组织设计交底和图纸会审会议等。

（２）合同信息部职责。

合同信息部协助建设单位组织工程勘查、设计、施工及材料设备的招标工作；协助建设单位进行各类合同管理工作；审核与合同有关的实施方案、变更申请、结算申请；协助建设单位进行材料设备的采购管理工作；负责工程项目信息管理工作等。

（３）工程管理部职责。

协助建设单位编制工程项目管理计划、办理前期有关报批手续、进行外部协调工作，为建设工程顺利实施创造条件。

第 3 节　EPC 模式下的工程监理

EPC（Engineering Procurement Construction）总承包模式是设计—采购—施工一体化，由工程总承包单位承揽整个建设工程的勘查、设计、采购、施工、安装和调试等几个阶段或全过程，是对所承包建设工程的质量、安全、工期、造价等全面负责。该模式对缩短建设工期、提高工程质量、降低工程造价等方面具有重要作用。

1. EPC 模式下监理工作面临的问题

目前，EPC 总承包模式在国务院办公厅、住房和城乡建设部及各省市相关部门的大力推广下，EPC 工程如雨后春笋。但随着该模式下的大力推广及工程实施，在监理工作开展过程中，监理所面临的相关问题也日益突出：

1）工程监理实力不足

由于多方面的原因，我国实际监理工作主要定位于施工现场，且工作的重点是对程序及质量的控制，监理队伍中主要缺乏设计管理经验、采购管理经验、投资控制经验和法律相关知识，特别是缺乏全方位、全过程的项目控制的能力。由于监理人才不配套，导致大多只能运用技术手段进行质量检查和控制，而不能运用经济和合同手段进行全方位全过程控制。

EPC总承包模式中，工程总承包商可能会权衡技术的可行性和经济成本，导致技术的变更相对比较随意，而工程监理工作一个重要依据是工程图纸，由此导致监理工程师无所适从，同时监理单位的人才是否具备把控设计的能力也有待商榷。

2）监理相关制度的冲突

在原有监理制度下，明确约定了监理范围及监理的相关工作要求，各地均明确了对监理单位招标的相关规定，如监理的人员配置要求、监理单位工作内容、监理取费要求等。但这些相应的规定中，有一大部分从施工监理服务方面进行考虑，对EPC总承包商如何监管很少有系统性涉及。相应的监理收费也是参照《建设工程监理与相关服务收费管理规定》（发改价格〔2007〕670号）执行。《建设工程监理合同（示范文本）》（GF-201）也主要考虑传统模式下的施工监理情况。

而在EPC总承包模式下，工程总承包商的工作内容大大地扩大，包括了勘查、设计、前期办理、招标、施工及调试和后期服务等多个或全部阶段，这导致监理团队人员组成可能不符合EPC总承包模式的监理工作要求，监理取费也难以支撑监理单位安排居多如设计管理、招标管理等方面的人才。

3）EPC有关制度有待完善

虽然最近两年，国务院办公厅发文《关于促进建筑业持续健康发展的意见》（国办发〔2017〕19号）及住房和城乡建设部发文《关于进一步推进工程总承包发展的若干意见》（建市〔2016〕93号）。2017年发布国家标准《建设项目工程总承包管理规范（GB/T 50358—2017）》，对总承包相关的承发包管理、合同和结算、参建单位的责任和义务等方面做出了具体规定，随后又相继出台了针对总承包施工许可、工程造价等方面的政策法规。

明确要求大力推进工程总承包和完善工程总承包管理制度。但在实际操作过程中，工程总承包相关的招标投标、施工许可、竣工验收等制度规定还需要进一步的完善和落实。

2. EPC模式下监理工作建议

1）监理单位的选择

对建设单位招投标工作来说，目前存在很大的问题，那就是更倾向于低价中标，而低价中标的监理单位往往不是理想的，不利于在工程实施过程中充分发挥监理的作用。工程监理本质上是提供项目监督管理服务，其服务质量应该是建设单位更关注的，应该更看重监理单位的企业文化、管理理念、市场定位等综合实力以及现场实际配备的监理人员综合素质。因此，建议建设单位按照国家规定的监理取费标准，选择合格的监理单位。

2）监理单位的授权

众所周知，工程质量、投资、进度、安全四者之间的关系既矛盾又统一，任何单一目标的实现都与其他几个目标有着紧密的联系，都要受到其他目标的制约。因此只授权监理工程质量控制是不科学的，或者有相应的授权，但在实际操作过程中干涉过多，也是不利于监理工作的开展的。我们往往可以看到在工程进度款的审批和支付以及工程进度安排上有着更多业主的意志，而由于合同关系上监理单位受制于业主，监理只能屈从于业主的意见，这样既架空了监理，又容易使得工程项目失去控制，难以实现合同目标。因此，建议业主赋予监理应有的权利，充分授权又不过多的干预监理工作，更多地给予监理信任、支持和帮助，树立监理威信，这样才能真正发挥监理在工程实施过程中的作用。

３）监理工作的侧重点

（1）加强对总包单位监督的力度。为了摆脱总包总是"甩手掌柜"的状况，监理必须加强对总包单位监督的力度，要求总包履行合同约定的职责。监理应更多地进行事前控制，要求和提醒总包单位做好现场工作。

（2）梳理合同关系，制定工作流程和程序。由于 EPC 项目模式下分包单位众多，他们之间的关系复杂，这就要求监理认真梳理合同关系，制定出相应的工作流程和程序，以避免在工程实施过程中出现工作界面不清而导致的相互推诿以及出现问题时束手无策的现象。

（3）加强工程进度款的控制力度。监理单位应加强工程计量工作，把工程质量、进度、安全与进度款的批复挂钩，从而有力的控制整个工程项目。

（4）加强设计出图和设计变更的监控力度。为了使施工和设计能够更好地结合，便于工程项目的正常实施，要求监理加强设计出图和设计变更的监控力度，以保证工程项目的顺利实施。

４）监理人员的配备

在 EPC 项目模式下，对现场监理工作提出了更高的要求，这就要求配备足够力量的现场监理部，尤其是专业监理工程师以上的主要监理人员，应熟知如何在 EPC 项目模式下做好现场监理工作。

第 4 节　装配式建筑工程监理

1. 装配式建筑

由预制部品部件在工地装配而成的建筑，称为装配式建筑。

自 2015 年以来密集出台多个装配式建筑规划，2015 年末发布国家标准《工业化建筑评价标准》（GB 51129—2015）（已废止），决定 2016 年全国全面推广装配式建筑，并取得突破性进展。2015 年 11 月 14 日，住房和城乡建设部出台《建筑产业现代化发展纲要》计划到 2020 年装配式建筑占新建建筑的比例 20% 以上，到 2025 年装配式建筑占新建筑的比例 50% 以上。2016 年 2 月 22 日，国务院出台《关于大力发展装配式建筑的指导意见》要求要因地制宜发展装配式混凝土结构、钢结构和现代木结构等装配式建筑，力争用 10 年左右的时间，使装配式建筑占新建建筑面积的比例达到 30%。2016 年 3 月 5 日政府工作报告提出要大力发展钢结构和装配式建筑,提高建筑工程标准和质量。2016年7月5日,住房和城乡建设部出台《住房城乡建设部2016年科学技术项目计划装配式建筑科技示范项目名单》公布了2016年科学技术项目建设装配式建筑科技示范项目名单。2016年9月14日,国务院召开国务院常务会议,提出要大力发展装配式建筑推动产业结构调整升级。2016年9月27日,国务院办公厅出台《关于大力发展装配式建筑的指导意见》,对大力发展装配式建筑和钢结构重点区域,未来装配式建筑占比新建筑目标,重点发展城市进行了明确。2017年3月23日,住房和城乡建设部印发《"十三五"装配式建筑行动方案》《装配式建筑示范城市管理办法》《装配式建筑产业基地管理办法》,《"十三五"装配式建筑行动方案》明确提出:到2020年,全国装配式建筑占新建建筑的比例达到15%以上,其中重点推进地区达到20%以上,积极推进地区达到15%以上,鼓励推进地区达到10%以上。2017年12月12日,住房和城乡建设部发布了《装配式建筑评价标准》(GB/T 51129—2017)国家标准,自2018年2月1日起实施,替代了原《工业化建筑评价标准》(GB 51129—2015)。

到2020年,培育50个以上装配式建筑示范城市,200个以上装配式建筑产业基地,500个以上装配式建筑示范工程,建设30个以上装配式建筑科技创新基地,充分发挥示范引领和带动作用。

2. 装配式建筑特点

(1)大量的建筑部品由车间生产加工完成,构件种类主要有:外墙板,内墙板,叠合板,阳台,空调板,楼梯,预制梁,预制柱等。

(2)现场大量的装配作业,比原始现浇作业大大减少。

(3)采用建筑、装修一体化设计、施工,理想状态是装修可随主体施工同步进行。

(4)设计的标准化和管理的信息化,构件越标准,生产效率越高,相应的构件成本就会下降,配合工厂的数字化管理,整个装配式建筑的性价比会越来越高。

(5)符合绿色建筑的要求。

(6)节能环保。

3. 装配式建筑发展重点任务

(1)健全标准规范体系。加快编制装配式建筑国家标准、行业标准和地方标准,支持企业编制标准、加强技术创新,鼓励社会组织编制团体标准,促进关键技术和成套技术研究成果转化为标准规范。强化建筑材料标准、部品部件标准、工程标准之间的衔接。制修订装配式建筑工程定额等计价依据。完善装配式建筑防火抗震防灾标准。研究建立装配式建筑评价标准和方法。逐步建立完善覆盖设计、生产、施工和使用维护全过程的装配式建筑标准规范体系。

(2)创新装配式建筑设计。统筹建筑结构、机电设备、部品部件、装配施工、装饰装修,推行装配式建筑一体化集成设计。推广通用化、模数化、标准化设计方式,积极应用建筑信息模型技术,提高建筑领域各专业协同设计能力,加强对装配式建筑建设全过程的指导和服务。鼓励设计单位与科研院所、高校等联合开发装配式建筑设计技术和通用设计软件。

（3）优化部品部件生产。引导建筑行业部品部件生产企业合理布局，提高产业聚集度，培育一批技术先进、专业配套、管理规范的骨干企业和生产基地。支持部品部件生产企业完善产品品种和规格，促进专业化、标准化、规模化、信息化生产，优化物流管理，合理组织配送。积极引导设备制造企业研发部品部件生产装备机具，提高自动化和柔性加工技术水平。建立部品部件质量验收机制，确保产品质量。

（4）提升装配施工水平。引导企业研发应用与装配式施工相适应的技术、设备和机具，提高部品部件的装配施工连接质量和建筑安全性能。鼓励企业创新施工组织方式，推行绿色施工，应用结构工程与分部分项工程协同施工新模式。支持施工企业总结编制施工工法，提高装配施工技能，实现技术工艺、组织管理、技能队伍的转变，打造一批具有较高装配施工技术水平的骨干企业。

（5）推进建筑全装修。实行装配式建筑装饰装修与主体结构、机电设备协同施工。积极推广标准化、集成化、模块化的装修模式，促进整体厨卫、轻质隔墙等材料、产品和设备管线集成化技术的应用，提高装配化装修水平。倡导菜单式全装修，满足消费者个性化需求。

（6）推广绿色建材。提高绿色建材在装配式建筑中的应用比例。开发应用品质优良、节能环保、功能良好的新型建筑材料，并加快推进绿色建材评价。鼓励装饰与保温隔热材料一体化应用。推广应用高性能节能门窗。强制淘汰不符合节能环保要求、质量性能差的建筑材料，确保安全、绿色、环保。

（7）推行工程总承包。装配式建筑原则上应采用工程总承包模式，可按照技术复杂类工程项目招投标。工程总承包企业要对工程质量、安全、进度、造价负总责。要健全与装配式建筑总承包相适应的发包承包、施工许可、分包管理、工程造价、质量安全监管、竣工验收等制度，实现工程设计、部品部件生产、施工及采购的统一管理和深度融合，优化项目管理方式。鼓励建立装配式建筑产业技术创新联盟，加大研发投入，增强创新能力。支持大型设计、施工和部品部件生产企业通过调整组织架构、健全管理体系，向具有工程管理、设计、施工、生产、采购能力的工程总承包企业转型。

（8）确保工程质量安全。完善装配式建筑工程质量安全管理制度，健全质量安全责任体系，落实各方主体质量安全责任。加强全过程监管，建设和监理等相关方可采用驻厂监造等方式加强部品部件生产质量管控。施工企业要加强施工过程质量安全控制和检验检测，完善装配施工质量保证体系。在建筑物明显部位设置永久性标牌，公示质量安全责任主体和主要责任人。加强行业监管，明确符合装配式建筑特点的施工图审查要求，建立全过程质量追溯制度，加大抽查抽测力度，严肃查处质量安全违法违规行为。

4. 装配式建筑监理

实施装配式建筑工程监理，工程监理单位应根据工程监理合同约定的服务内容、服务期限以及工程特点、规模、技术复杂程度、环境等因素组建施工现场项目监理机构。实施部品、部件驻厂监造的，应派驻相应驻厂监造监理人员。

1）监理准备

项目监理机构应配备具有装配式混凝土结构工程监理业务能力的人员、检测设备和工器具，进入预制、施工现场开展监理工作。当监理人员需要调整时，应书面通知建设单位。

项目监理机构应审查装配式混凝土结构工程预制生产单位和施工单位的生产能力、设备能力、质量管理体系、安全生产管理体系、试验检测能力等。

项目监理机构应熟悉工程设计文件和装配式混凝土结构预制、安装深化设计文件，参加建设单位主持的图纸会审和设计交底会议。

工程开工前，项目监理机构应明确首件预制构件、部品部件的质量控制要点和验收程序要求，对预制生产单位和施工单位进行监理工作交底，并明确装配式混凝土结构工程预制、安装、连接施工等监理控制重点。

2）质量控制

（1）项目监理机构应对装配式混凝土结构工程的预制、安装、连接等施工质量进行控制，明确质量控制的目标、内容、程序、方法和措施。

（2）项目监理机构应对预制、安装、连接施工使用的材料、部品部件等进行核查验收，按规定进行见证取样。

（3）项目监理机构应对装配式混凝土结构的部品部件、安装、连接等施工质量进行验收，其质量应符合国家及地方现行相关标准的要求。

（4）项目监理机构应对预制、安装、连接等施工过程中的隐蔽工程进行质量验收，并核查隐蔽验收资料。

（5）项目监理机构应对装配式混凝土结构中涉及的后浇混凝土、防雷、装饰、保温、防水、防火等施工质量进行控制。

（6）项目监理机构发现装配式混凝土结构预制、安装和连接施工存在质量问题的，应要求整改并复查。

3）进度控制

（1）项目监理机构应对装配式混凝土结构工程的施工进度进行控制，在监理规划（监理实施细则）中明确进度控制的目标、内容、程序、方法和措施。

（2）项目监理机构在审查工程进度目标时，应综合考虑预制构件、部品部件的预制加工、配套、运输能力，进场堆放或周转场地，吊装设备能力等因素的影响。

（3）项目监理机构应采用科学管理手段，监督进度计划的执行，实施动态控制。

4）造价控制

（1）项目监理机构应对装配式混凝土结构工程造价进行控制，在监理规划（监理实施细则）中明确装配式混凝土结构工程造价控制的目标、内容、程序、方法和措施。

（2）项目监理机构宜根据工程特点、施工合同、工程设计文件及批准的施工组织设计、装配式混凝土结构工程预制生产、安装施工方案对工程造价风险进行分析，提出造价目标控制及防范性对策，并在实施监理过程中进行动态控制。

5）安全管理

项目监理机构在工程开工前，应调查了解施工现场及周边环境，熟悉所监理工程项目的安全生产特点，在监理规划与专项监理实施细则中编制相应管理措施。项目监理机构应审查施工单位现场安全管理体系和安全生产管理规章制度的建立和实施情况。

项目监理机构应检查施工单位针对部品、部件吊运装车、运输、卸车、堆放、吊装、安装就位、临时固定、校正、支承（撑）拆除等各施工作业环节，在风险识别、评价的基础上，审查施工单位编制的应急预案的适用性。

6）信息技术应用管理

装配式建筑监理的信息技术应用管理宜覆盖包括深化设计、施工准备、施工实施、竣工验收等过程，也可根据工程实际情况在工程某一阶段或某些环节应用。

装配式建筑监理信息管理宜具有与建筑信息模型（BIM）、物联网、移动互联网、地理信息系统（GIS）等信息技术集成或融合的能力。

项目监理机构应按工程监理合同要求利用 BIM 模型所含信息进行协同工作，实现各专业、工程实施各阶段的信息有效传递。

项目监理机构应根据工程监理合同要求、BIM 应用目标和范围配备相应的 BIM 信息管理人员、软件、硬件以利于开展 BIM 监理工作。

第 5 节　BIM 技术下的工程监理

1. BIM 的定义

BIM 是英文 Building Information Modeling 的缩写，常被译为"建筑信息模型"。BIM 实际是一个建筑项目物理和功能特性的数字表达，是一个可以共享目标项目信息的资源平实段，可以由不同参与人通过在 BIM 系统中插入、提取、更新和共享信息数据。

2. BIM 技术的特点

BIM 具有以下四个特点：

1）可视化

可视化即"所见所得"的形式，BIM 提供了可视化的思路，让人们将以往的线条式的构件形成一种三维的立体实物图形展示在人们的面前。BIM 提到的可视化是一种能够同构件之间形成互动性和反馈性的可视化，由于整个过程都是可视化的，可视化的结果不仅可以用效果图展示及报表生成，更重要的是，项目设计、建造、运营过程中的沟通、讨论、决策都在可视化的状态下进行。

2）协调性

协调是建筑业中的重点内容，不管是施工单位，还是业主及设计单位，都在做着协调及相配合的工作。BIM 建筑信息模型可在建筑物建造前期对各专业的碰撞问题进行协调，生成协调数据，并提供出来。当然，BIM 的协调作用也并不是只能解决各专业间的碰撞问题，它还可以解决例如电梯井布置与其他设计布置及净空要求的协调、防火分区与其他设计布置的协调、地下排水布置与其他设计布置的协调等。

3）模拟性

模拟性并不是只能模拟设计出的建筑物模型。还可以模拟不能够在真实世界中进行操作的事物。在设计阶段，BIM 可以对设计上需要进行模拟的一些东西进行模拟实验．例如：节能模拟、紧急疏散模拟、日照模拟、热能传导模拟等。在招投标和施工阶段可以进行 4D 模拟（三维模型加项目的发展时间）。也就是根据施工的组织设计模拟实际施工，从而确定合理的施工方案来指导施工。同时还可以进行（5D）模拟（基于 4D 模型加造价控制），从而实现成本控制；后期运营阶段可以模拟日常紧急情况的处理方式，例如地震人员逃生模拟及消防人员疏散模拟等。

4）优化性

BIM 模型提供了建筑物的实际存在的信息，包括几何信息、物理信息、规则信息，还提供了建筑物变化以后的实际存在信息。复杂程度较高时．参与人员本身的能力无法掌握所有的信息，必须借助一定的科学技术和设备的帮助。现代建筑物的复杂程度大多超过参与人员本身的能力极限，BIM 及与其配套的各种优化工具提供了对复杂项目进行优化的可能。

3. BIM 技术对监理工作的改变

1）工作方法的改变

工程监理的工作方法有现场记录、发布文件、旁站监理、平行检测、会议协调等。监理人员在进行现场记录、旁站、平行检测等工作后需要后，还需要进行工程模型信息的发布，就需要进行 BIM 技术"虚拟施工，有效协同"的特点会极大地提高监理协调工作的效率，监理人员可以将工程信息反馈到 BIM 模型中，从而指导工程施工的进行。

2）工作内容的改变

BIM 技术会对监理各项工作内容产生许多影响，例如：在图纸会审、设计交底过程中，监理需要提取设计单位制作的设计模型并对对模型深度和质量进行审查；在审查施工方案过程中，需要提取施工单位经深化设计后的施工模型，关键节点的施工方案模拟，同时对施工方案的合理性和可施工性进行评审，最后增加监理质量控制的关键节点信息；在审查用于工程的材料、设备、构配件的质量过程中，需要提取实体模型中材料设备、构配件的信息并加入监理审核信息，平行检验结果信息；在检验批、隐蔽工程和分项验收工作中，提取检验批、隐蔽工程和分项工程信息，并加入验收结论实测信息等；在竣工验收过程中，提取竣工模型，对竣工模型真实性进行审查和模型移交并加入竣工验收结论；在工程变更的处理中，提取原设计模型、施工模型信息，加入变更内容，或督促相关单位加入变更内容，利用模型计算工程量的增减及对费用和工期的影响；将工程变更单与实体模型关联。BIM 技术的应用，会影响监理的一系列工作。

3）工作工具的改变

BIM 技术"三维渲染，宣传展示"的特点，使的监理在工作过程需要有模型显示的工具，如：iPad 等一些便携式设备用来对 BIM 模型进行显示。

4）工作标准的改变

在对监理工作影响的分析中，可以知道监理在工作过程中也需要对 BIM 模型进行信息的提取、修改和增加完善。针对 BIM 技术的监理工作标准的制定也就不可避免，工作标准的制定就要求监理的工作要按照标准进行，达到国家地区的行业标准。

4. BIM 技术下的工程监理工作内容

1）投资控制

通过 BIM 技术对造价机构与施工单位完成项目的估价及竣工结算后，形成带有 BIM 参数的电子资料，最终形成对历史项目数据及市场信息的积累与共享，再根据 BIM 数据模型的建立，结合可视化技术、模拟建设等 BIM 软件功能，为项目的模拟决策提供了基础，在项目投资决策阶段，监理根据 BIM 模型数据，可以调用与拟建项目相似工程的造价数据，如该地区的人、材、机价格等，也可以输出已完类似工程每平方米的造价，高效准确的估算出规划项目的总投资额，为投资决策提供准确数据。

关于建设监理严格工程计量，做好工程款项支付工作和工程结算、决算方面的控制。监理可利用 4D 施工模拟过程，显示当前的工程量完成情况和施工状态的详细信息，基于 BIM 处理中心，通过 BIM 相关软件实现快速、精准地多算对比，另外，可以对 BIM-3D 模型各构件进行统一编码并赋予工序、时间、空间等信息，在数据库的支持下，以最少的时间实现 4D、5D 任意条件的统计、拆分和分析，根据工程算量和计价相关标准、规范和模型中各构件的工程量和清单信息，自动计算各构件所需的人、材、机等资源及成本，并且汇总计算，通过 BIM 技术掌握应用，监理能够及时做好工程计量工作审核，有效防止工程进度款超付和提高结算、决算准确度，合理计取费用标准，正确反映工程造价。

2）质量、进度控制

监理的质量控制其中之一要求质量要事前预防，所以要根据图纸规范、标准、变更、文件等相关信息作为依据，至于进度方面，更是复杂的多方面因素所至，包括参建各方对进度历来都是件很头痛之事，百倍努力往往效果不十分理想。

通过对 BIM 技术研究应用可以进行 3D 空间的模拟碰撞检查，这不但可在设计阶段彻底消除碰撞，而且能优化净空及各构件之间的矛盾和管线排布方案，减少由各构件及设备管线碰撞等引起的拆装、返工和浪费，避免了采用传统二维设计图进行会审中未发现的人为的失误和低效率。根据 BIM 在集成的数字环境中，使用上述信息保持最新、易于访问，让监理工程师、建筑师、建筑商和业主从整体上了解他们的项目，监理以此能够更加迅速地做出明智决策，提高施工质量和效益，再利用 BIM 技术把施工方案中重要的施工工艺、流程模拟出来，发现问题并做好预防措施，避免施工中断导致工期延误，提高施工效率等保证施工质量。

在 BIM 三维基础上，如监理给 BIM 模型构成要素设定时间的维度，即可以实现 BIM 4D 应用。通过建立 4D 施工信息模型，将建筑物及其施工现场 3D 模型与施工进度计划相连接并与施工资源和场地布置信息集成一体，实现以天、周、月为时间单位，按不同的时间间隔对施工进度进行工序或逆序 4D 模拟，形象反映施工计划和实际进度。如可以按照工程项目的施工计划模拟现实施工过程，在虚拟的环境下检视施工过程中可能存在的问题和风险，同时可以针对问题，对模型和计划进行调整、修改，反复的模拟检查和调整，可使施工计划过程不断优化。通过该技术软件在一定程度上能够更好地完成进度控制。

3）信息、合同管理和建筑工程各方协调

由于大型公建项目全生命周期中参与单位众多，从立项开始，历经规划设计、工程施工、竣工验收到交付使用是一个漫长的过程，会产生海量信息，再加上信息传递流程长，传递时间长，由此造成难以避免的部分信息的丢失，造成工程造价的提高，监理可通过 BIM 技术，可以将建设生命周期中各阶段中的各相关信息进行高度集成，保证上一阶段的信息能传递到以后各个阶段，从而使建设各方能获取相应的数据。

关于合同管理方面，从规划、设计到施工，监理通过 BIM 技术的应用，有力保证工程投资、质量、进度及各阶段中的各相关信息的传递，在施工阶段建设各方能以此为平台、数据共享、工作协同、碰撞检查、造价管理等也不断地得到发挥等，极大程度减少合同争议，降低索赔。

监理通过 BIM 技术应用，可将各种建筑信息组织成一个整体，并贯穿于整个建筑生命周期过程中，从而使建设各方及时进行管理，达到协同设计、协同管理、协同交流的目的，再加上 BIM 所拥有的优势，可帮助提高编制结构设计文档的多专业协调能力，最大限度地减少错误，并能够加强工程团队与建筑团队之间的合作，大大地减少了整个建筑过程中监理的协调量和协调难度。

本章小结

本章由提倡建设工程监理与项目管理一体化服务模式，说明了项目管理与工程监理的区别；建设工程监理与项目管理一体化需满足实施条件，并给出了组织机构岗位职责；指出了EPC 模式下监理工作面临的问题，提出了 EPC 模式下监理工作的一些建议；面对装配式建筑

发展重点任务，指出装配式建筑监理工作的基本内容；分析了 BIM 技术对监理工作的影响，列出了 BIM 技术下的工程监理工作内容。

思考题

12-1　建设工程监理与项目管理服务的区别是什么？

12-2　建设工程监理与项目管理一体化实施条件有哪些？

12-3　实施装配式建筑工程监理的主要任务是什么？

12-4　BIM 技术下的工程监理工作内容是什么？

12-5　EPC 模式的特征是什么？适用条件是什么？

第 13 章　全过程工程咨询

第 1 节　工程咨询概述

1. 工程咨询

工程咨询是遵循独立、公正、科学的原则，综合运用多学科知识、工程实践经验、现代科学和管理方法，在经济社会发展、境内外投资建设项目决策与实施活动中，为投资者和政府部门提供阶段性或全过程咨询和管理的智力服务。

为加强对工程咨询行业的管理，规范从业行为，保障工程咨询服务质量，促进投资科学决策、规范实施，发挥投资对优化供给结构的关键性作用，根据《关于深化投融资体制改革的意见》（中发〔2016〕18 号）、《企业投资项目核准和备案管理条例》（国务院令第 673 号）及有关法律法规，国家发展和改革委员会制定了《工程咨询行业管理办法》，自 2017 年 12 月 6 日起施行。

工程咨询业是知识密集型行业，它属于工程建设和投资管理中的重要环节，是建筑市场重要的信息服务传递者，政府部门、项目投资者、贷款银行等都要聘请专业咨询人员运用工程技术、经济管理和有关法律法规等多学科方面的知识和经验为项目决策和实施提供关于工程咨询活动的智力服务，有利于促进经济社会发展，咨询服务涉及了一个完整建设工程的各个方面，承担着为各级投资决策部门提供各类项目的建设战略规划、项目决策、工程设计以及全过程管理等咨询任务。

工程咨询企业主要涉及建设项目的选择，建设项目前期的开发调研，规划咨询，项目申请，项目建议书，可行性研究，方案设计、工程设计，工程规划，采购招投标，工程造价，工程建设，工程监理，生产准备以及投产运营后的总结和后评价等建设活动的整个过程。

2. 工程咨询的作用

按照西方发达国家工程咨询业发展的经验，工程咨询具有十分重要的作用，主要体现在三个方面：

（1）工程咨询水平一定程度上标志着市场配置资源的效率和水平。

（2）工程咨询是与资本、劳动等生产要素结合共同创造价值的一种重要形式。

（3）工程咨询已成为一国整体产业竞争力的重要依托，决定着具体产业竞争力中的知识含量及创新程度。

第 2 节　国内外工程咨询现状

1. 国外工程咨询现状

随着社会技术经济水平的发展，建设工程组织管理模式也在随着建设工程业主的需要不断地发展，出现了许多新型模式。由此我们可以得出国外工程管理服务行业的基本特点如下：

（1）经过了长期的发展。工程咨询是近代工业化的产物于世纪初首先出现在建筑业，至今已有上百年历史。

（2）完全市场化的发展。建设业主与建设工程管理企业完全按照提需求和满足需求的市场化规则发展演变而来，政府没有对此进程进行干预。

（3）服务内容非常灵活、多样。已经形成一个以市场需求为导向的成熟的工程咨询服务市场。

（4）已经发展到了很高的层次。无论是服务水平、服务范围和人才素质都已达到了一个相当高的层次。

2. 国内工程咨询现状

我国的工程咨询企业，通过学习国外出色咨询企业的咨询经验与程序，结合自己企业的专业优势，形成了符合我国咨询企业实际的一套服务手段、技术方法、服务模式，并不断加以改善，从单一的提供咨询报告（方案）的服务方式发展为围绕客户的问题开展各种培训、辅助实施、辅助决策、决策后的实施执行和客户委托管理等，注重观念的创新和方法的领先，注重方案的有效执行和咨询效果评价的增值服务。

工程咨询业是适应投资决策科学化和民主化的需要而产生和发展的，自 20 世纪 80 年代初国内出现第一家工程咨询公司以来，经过 20 多年的发展和完善，工程咨询业已经成为我国投资建设领域的一支重要力量。但是，应该看到国内工程咨询业的整体实力还不够强，仍然存在许多缺陷。主要表现为：

（1）市场化程度不高，独立性差，影响客观公正性和市场竞争力。

（2）市场具有行业性和区域性，集中度低，企业发展受到制约。

（3）业务比较单一，缺乏整体性和科学性，不能适应市场变化需要。

（4）总体结构不合理，资源配置不健全，整体竞争能力不强。

（5）创新能力薄弱，咨询人员素质有待提高。

（6）市场法规不健全，行业法规有待建立。

第 3 节　全过程工程咨询服务

1. 全过程工程咨询概念

全过程工程咨询，涉及建设工程全生命周期内的策划咨询、前期可研、工程设计、招标代理、造价咨询、工程监理、施工前期准备、施工过程管理、竣工验收及运营保修等各个阶段的管理服务。

全过程工程咨询的概念包含两个关键点：一是服务的时间范畴，即全过程工程咨询是对工程建设项目前期研究和决策以及工程项目实施和运营的全生命周期；二是服务范围，即全过程工程咨询提供包含设计和规划在内的涉及组织、管理、经济和技术等各有关方面的工程咨询服务。

2017 年，国家发改委发布了《工程咨询行业管理办法》（国家发展和改革委员会令第 9 号），对全过程工程咨询概念作了解释，即采用多种服务方式组合，为项目决策、实施和运营持续提供局部或整体解决方案以及管理服务。

2. 全过程工程咨询服务模式

我国目前正大力推广全过程工程咨询服务模式。对如何正确地发展全过程工程咨询服务模式，相关政府部门和企事业单位都在积极探索。学习和借鉴国外先进的全过程工程咨询服务的经验，再结合我国的国情灵活运用，这样可以加快我国全过程工程咨询服务的发展步伐，并且避免走错路和走弯路。

目前，国际通行的全生命周期的工程顾问主要有两种模式，即美国模式和欧洲模式。如 AECOM 属于美国模式，即大型工程顾问公司和业主签订全生命周期的服务合同。以德国为代表的欧洲模式，则是把全生命周期的服务分成两类，第一类是与设计紧密相关的工程项目设计类服务；第二类是跟管理紧密相关的工程项目控制与管理类服务。但是，这两类服务不是分散的，而是作为一个联合体协调统一地为甲方服务的。

在合同结构上，美国模式中业主与承担全过程工程咨询的一个企业签约。而在欧洲模式中，业主与承担全过程工程咨询的联合体或合作体签约（由设计和管理咨询组成，设计为主体），或者业主分别与承担全过程工程咨询任务的几个企业签约（分别与设计和管理咨询签约，设计为主体）。

（1）全过程工程咨询服务的采购模式。

创建于 1911 年的美国工程公司协会（American Council of Engineering Companies，ACEC），原名美国工程咨询协会，是美国最大的工程咨询行业协会，由 52 个州和地区协会组成，会员聘用的专业咨询员工总数有 60 多万人。美国工程咨询协会推动美国国会众议院在 1972 年通过了著名的布鲁克斯建筑师/工程师法案（The federal Brooks Architect-Engineer Act），对美国工程咨询业的稳定发展起到了法律保障作用。该法案规定联邦政府的工程咨询服务的采购，必须采用以服务质量为基础的选择法（Qualifications-Based Selection，QBS），而不采用以价格为唯一衡量标准的竞争招标法（Competitive Bidding）。所以，目前美国联邦政府对工程咨询服务的采购模式，一般采用需要综合考虑工程咨询公司服务质量和所报价格的 QCBS 法（Quality and Cost-Based Selection）；或者以工程咨询服务质量为唯一标准而较少考虑价格的竞争选择法（Quality-Based- Selection，QBS）。联邦政府相关部门对工程咨询服务的采购模式进行了大量研究后，认为以价格作为唯一衡量标准的采购模式不适用于工程服务采购领域，也是非常容易理解的。因为相对于整个项目建设总造价，一般工程咨询服务的费用占比不大，且在具体工作内容和范围以及工作量上不易确定，没有必要因在工程服务价格上锱铢必较而降低工程咨询服务公司的服务质量。所以美国的绝大多数州都采用了布鲁克斯法案采购模式。美国律师协会编制了一个工程服务采购合同范本，很多地方政府采用该工程服务采购合同范本进行合同的签订。

（2）全过程工程咨询服务的运作模式。

值得关注的是，工程咨询公司的全过程工程咨询服务模式需要与施工单位的工程总承包模式互相配合，才能相得益彰。美国 1972 年通过的布鲁克斯法案也对联邦政府基础设施建造模式做了规定，主要的建造采购模式为 DBB（Design-Bid-Build）。在 DBB 模式下，需要业主单位介入非常多的管理职能，联邦政府的建造管理费用也大为增加，因此美国 1996 年的"联邦采购条例"，开始允许联邦政府公共部门可以采用 DB（Design-Build）模式进行公共设施建造采购。相对于 DBB 模式，DB 模式下业主单位需要介入的管理职能少很多，DB 模式类似于我国目前推广的 EPC 工程总承包模式。不同的工程项目建设模式，造就了美国不同的全过程工程咨询服务的运作模式。目前美国工程项目建设模式主要可以分为 DBB（Design-Bid-Build）、DB（Design--Build）、CM（Construction -Management）三种模式。在非住宅市场中，三种模式在 1990 年的比例为 72：15：13，在 2000 年为 54：35：10，到 2015 年已经变成了 40：50：10。美国 DB 建设模式的快速发展，对我国的建设模式的发展也有很大的启发。

当业主采用 DBB 模式时，设计师根据与业主的合同约定，对设计进行自我监管。建筑方案初步设计得到业主认可后，设计方会指派资深建筑师担任项目经理，协调深化设计和施工图设计。在招标阶段，设计项目经理会协助业主完成招标，招标书由施工图、技术说明（Specification）和招标书组成；设计项目经理也会对投标单位的价格进行分析并提供建议。在施工阶段，设计项目经理需要定期对施工进行质量观察（Observation），审阅（Review）施工方的施工图设计和所使用的材料是否符合原定的设计要求。需要特别指出的是，设计项目经理对施工质量是观察（Observation）而不是监管（Administration）。设计项目经理是不常驻施工现场的，比如会两周去施工现场观察 1 次，每次 2h。业主方有时也会聘用另外的工程咨询公司进行施工质量监管（Administration）。这种情况对设计会有一定的监督作用，便于分清设计单位与施工单位各自的责任界限。DBB 模式下的建筑师角色，与国内目前对建筑师在全过程工程咨询服务中担任的角色预期有所不同。

当业主采用 DB 模式时，设计方和建造方是一个整体团队，团队的负责人一般由建造方担任。在这种模式下，设计和施工的管理主要依靠 DB 承包商自身的内部控制，对 DB 承包商本身的服务质量有较高的要求；业主也会雇佣另外的工程咨询公司进行设计或施工质量的监管，但不常见。美国大型工程咨询公司除了有设计和工程管理等工程咨询服务业务外，也都有建造施工业务，因此工程咨询公司需要从满足顾客需要和市场趋势的角度来配置自己的业务模块。在 DB 模式下，业主也会仅仅让承包商承担一定比例的设计任务，而非全部由承包商承担设计工作，比如除了概念设计、初步设计会由业主找另外的设计单位设计外，也有在 DB 合同中业主直接指定设计单位的情况。

一般来说，当业主采用 CM 模式的主要原因是：项目规模比较大导致工期比较长或者单纯为了缩短工期，项目需要分阶段发包，边设计边施工。CM 管理分为代理型建设管理（"Agency" CM）和风险型建设管理（"At-Risk" CM）两种。这两种模式的核心区别在于项目 CM 公司与业主的合同中是否包含施工承包工作。在代理型建设管理模式下，工程咨询公司仅提供人员，为业主提供工程咨询服务并收取工程咨询服务费；业主需要与施工单位等签订另外的合同。代理型建设管理模式与 EPCM 模式有很多的共同点，都对工程咨询公司的设计管理能力有非常高的要求。而在风险型建设管理模式下，CM 公司签订的合同中不仅包含工程服务内容，还包含施工承包内容；CM 公司选择施工分包时，需要得到业主的确认。这是与 DB 模式中施工总承包的不同点。由于 CM 公司介入项目比较早，施工内容无法确定，所以施工费用也无法具体确定，但在业主与 CM 公司的合同中会有一个包括工程服务费和施工费用的 GMP（Guaranteed Maximum Price）总价。如果最终实际发生总费用超出 GMP，超出的部分需要由 CM 公司承担；如果最终实际总费用不超出 GMP 且有结余，则根据合同规定，结余归业主或业主与 CM 单位共同享有。从而可以看出：上述模式下，CM 公司承担较大风险，风险型建设管理名副其实；这种模式有利于承包商加强工程项目的投资和成本控制。

（3）全过程工程咨询服务的费用标准。

美国的工程咨询服务费用标准一般常用的有两种。一种是项目固定工程咨询服务总价。这种费用标准方式适用于工程咨询服务内容比较明确的情况，如果服务过程中出现合同中没有的工作内容，工程咨询公司需要额外收费。另一种是以工程咨询公司工程师每小时雇佣成本的 2.5~3 倍作为工程咨询公司的收费标准，具体工作内容由双方协商确定。

德国工程师协会法定计费委员会（AHO）制定的《建筑师与工程师服务费法定标准》（HOAI），也是德国国家标准，此标准将工程项目全过程划分为 9 个阶段，对各阶段的工程咨询服务内容都有详细的规定，并且规定了相应的基本服务费用标准和相应的酬金分布比例（如表 13-1 所示）。

表 13-1 德国全过程工程咨询服务各阶段酬金分布比例

服务阶段	工程各阶段服务内容	酬金比例
1	基本数据和资料准备	3%
2	规划和初步设计	7%
3	深化设计	11%
4	审批设计	6%
5	施工图设计	25%
6	工程施工招标发包准备	10%
7	招标发包工作	4%
8	施工监控、验收和相关是的设计与施工管理工作	31%
9	保修期的工程巡查和建档，以及相关的设计与工程管理工作	3%

3.　全过程工程咨询的优势

传统的建设模式是将建筑项目中的设计、施工、监理等阶段分隔开来，各单位分别负责不同环节和不同专业的工作，这不仅增加了成本，也分割了建设工程的内在联系，在这个过程中由于缺少全产业链的整体把控，信息流被切断，很容易导致建筑项目管理过程中各种问题的出现以及带来安全和质量的隐患，使得业主难以得到完整的建筑产品和服务。

实行全过程工程咨询，其高度整合的服务内容在节约投资成本的同时也有助于缩短项目工期，提高服务质量和项目品质，有效地规避了风险，这是政策导向也是行业进步的体现。

1）节约投资成本

采用承包商单次招标的方式，使得其合同成本远低于传统模式下设计、造价、监理等参建单位多次发包的合同成本。此外，咨询服务覆盖工程建设全过程，这种高度整合各阶段的服务内容将更有利于实现全过程投资控制，通过限额设计、优化设计和精细化管理等措施提高投资收益，确保项目投资目标的是实现。

造价咨询企业由于参与到项目的各个阶段，可以发挥造价咨询的整体优势。重视过程中的造价控制，实现真正意义上工程投资的合理控制，为委托方提供一揽子投资控制方案，从根本上为委托方控制好工程造价。它是一个动态的管理过程，可以全程掌控所有信息，解决了项目决策、设计、招标、施工和竣工各阶段存在信息不对称，造价管理人员对于其他阶段的结果不甚了解等问题，且有助于缩短投资项目决算审核的工作周期。

2）有效缩短工期

一方面，可大幅减少业主日常管理工作和人力资源投入，确保信息的准确传达、优化管理界面；另一方面，不再需要传统模式冗长繁多的招标次数和期限，可有效优化项目组织和简化合同关系，有效解决了设计、造价、招标、监理等相关单位责任分离等矛盾，有利于加快工程进度，缩短工期。

3）提高服务质量

弥补了单一服务模式下可能出现的管理疏漏和缺陷，各专业工程实现无缝链接，从而提高服务质量和项目品质。此外，还有利于激发承包商的主动性、积极性和创造性，促进新技术、新工艺和新方法的应用。

4）有效规避风险

服务商作为项目的主要负责方，将发挥全过程管理优势，通过强化管控，减少生产安全事故，从而有效降低建设单位主体责任风险。同时也可避免因众多管理关系伴生的腐败风险，有利于规范建筑市场秩序。

5）提高企业管理水平

开展全过程工程咨询服务，必须要有完备的管理手段，也自然需要引入新技术来促进工程创新。通过大力开发 BIM、大数据和虚拟现实技术，可提高设计和施工的效率与精细化水平管理，提升工程设施安全性、耐久性、可建造性和维护便利性，降低全生命周期运营维护成本，增强投资效益。借助这些先进的技术手段，可为企业高效地完成全过程工程管理工作打下坚实的基础。

我国加入世贸组织以来，与国际化接轨的步伐越来越快，在这种情况下，市场中竞争主体和投资主体开始呈现多元化的方向发展，这就对工程咨询业提出了更高的要求，向全过程工程咨询业务转型，不仅是适应市场发展的需求，而且对咨询行业与国际接轨，开拓国际市场也具有极其重要的意义。

2018 年 11 月 8 日，为深化投融资体制改革，提升固定资产投资决策科学化水平，进一步完善工程建设组织模式，提高投资效益、工程建设质量和运营效率，根据中央城市工作会议精神及《关于深化投融资体制改革的意见》（中发〔2016〕18 号）、《国务院办公厅关于促进建筑业持续健康发展的意见》（国办发〔2017〕19 号）等要求，国家发展和改革委员会、和住房和城乡建设部办公厅研究起草了《关于推进全过程工程咨询服务发展的指导意见（征求意见稿）》。就当下推进全过程工程咨询服务发展提出如下意见：

（1）充分认识推进全过程工程咨询服务的意义。

（2）以综合性工程咨询促进投资决策科学化。

（3）以全过程咨询推动完善工程建设组织模式。

（4）鼓励多种形式的全过程工程咨询服务市场化发展。

（5）优化全过程工程咨询服务市场环境。

（6）强化保障措施。

建设工程监理企业主要从事施工实施阶段监理咨询工作，而施工实施阶段是调动消耗资源较多、受外界环境干扰较大、组织协同管理较为复杂的产品生产关键阶段。工程监理企业长期浸润在建筑生产活动的现场，代表业主与各个不同阶段、提供不同咨询服务的供应商发生关联，是为项目目标而服务，通过协同各方资源，管理建筑产品生产过程，确保建筑产品最终质量。

建设工程监理企业是建筑产品生产的参与者和见证者，而其他咨询单位只是某个阶段的服务者。特别是近十几年来，工程监理企业已通过提供全过程项目管理、项目代建服务，已涉足并通晓了投资咨询、市场定位、招标采购、工程造价、绿色建筑、物业运维管理等相关咨询服务领域和相关知识，工程监理企业已具备向工程咨询上下游产业延伸的能力和条件。

第 4 节　工程监理行业转型升级创新发展

建设工程监理制度的建立和实施，推动了工程建设组织实施方式的社会化、专业化，为工程质量安全提供了重要保障，是我国工程建设领域重要改革举措和改革成果。为贯彻落实中央城市工作会议精神和《关于促进建筑业持续健康发展的意见》（国办发〔2017〕19 号），完善工程监理制度，更好发挥监理作用，促进工程监理行业转型升级、创新发展，2017 年 7 月住房和城乡建设部提出《关于促进工程监理行业转型升级创新发展的意见》，意见如下：

1. 主要目标

工程监理服务多元化水平显著提升，服务模式得到有效创新，逐步形成以市场化为基础、国际化为方向、信息化为支撑的工程监理服务市场体系。行业组织结构更趋优化，形成以主要从事施工现场监理服务的企业为主体，以提供全过程工程咨询服务的综合性企业为骨干，各类工程监理企业分工合理、竞争有序、协调发展的行业布局。监理行业核心竞争力显著增强，培育一批智力密集型、技术复合型、管理集约型的大型工程建设咨询服务企业。

2. 主要任务

（1）推动监理企业依法履行职责。工程监理企业应当根据建设单位的委托，客观、公正地执行监理任务，依照法律、行政法规及有关技术标准、设计文件和建筑工程承包合同，对承包单位实施监督。建设单位应当严格按照相关法律法规要求，选择合格的监理企业，依照委托合同约定，按时足额支付监理费用，授权并支持监理企业开展监理工作，充分发挥监理的作用。施工单位应当积极配合监理企业的工作，服从监理企业的监督和管理。

（2）引导监理企业服务主体多元化。鼓励支持监理企业为建设单位做好委托服务的同时，进一步拓展服务主体范围，积极为市场各方主体提供专业化服务。适应政府加强工程质量安全管理的工作要求，按照政府购买社会服务的方式，接受政府质量安全监督机构的委托，对工程项目关键环节、关键部位进行工程质量安全检查。适应推行工程质量保险制度要求，接受保险机构的委托，开展施工过程中风险分析评估、质量安全检查等工作。

（3）创新工程监理服务模式。鼓励监理企业在立足施工阶段监理的基础上，向"上下游"拓展服务领域，提供项目咨询、招标代理、造价咨询、项目管理、现场监督等多元化的"菜单式"咨询服务。对于选择具有相应工程监理资质的企业开展全过程工程咨询服务的工程，可不再另行委托监理。适应发挥建筑师主导作用的改革要求，结合有条件的建设项目试行建筑师团队对施工质量进行指导和监督的新型管理模式，试点由建筑师委托工程监理实施驻场质量技术监督。鼓励监理企业积极探索政府和社会资本合作（PPP）等新型融资方式下的咨询服务内容、模式。

（4）提高监理企业核心竞争力。引导监理企业加大科技投入，采用先进检测工具和信息化手段，创新工程监理技术、管理、组织和流程，提升工程监理服务能力和水平。鼓励大型监理企业采取跨行业、跨地域的联合经营、并购重组等方式发展全过程工程咨询，培育一批具有国际水平的全过程工程咨询企业。支持中小监理企业、监理事务所进一步提高技术水平和服务水平，为市场提供特色化、专业化的监理服务。推进建筑信息模型（BIM）在工程监理服务中的应用，不断提高工程监理信息化水平。鼓励工程监理企业抓住"一带一路"的国家战略机遇，主动参与国际市场竞争，提升企业的国际竞争力。

（5）优化工程监理市场环境。加快以简化企业资质类别和等级设置、强化个人执业资格为核心的行政审批制度改革，推动企业资质标准与注册执业人员数量要求适度分离，健全完善注册监理工程师签章制度，强化注册监理工程师执业责任落实，推动建立监理工程师个人执业责任保险制度。加快推进监理行业诚信机制建设，完善企业、人员、项目及诚信行为数据库信息的采集和应用，建立黑名单制度，依法依规公开企业和个人信用记录。

（6）强化对工程监理的监管。工程监理企业发现安全事故隐患严重且施工单位拒不整改或者不停止施工的，应及时向政府主管部门报告。开展监理企业向政府报告质量监理情况的试点，建立健全监理报告制度。建立企业资质和人员资格电子化审查及动态核查制度，加大对重点监控企业现场人员到岗履职情况的监督检查，及时清出存在违法违规行为的企业和从业人员。对违反有关规定、造成质量安全事故的，依法给予负有责任的监理企业停业整顿、降低资质等级、吊销资质证书等行政处罚，给予负有责任的注册监理工程师暂停执业、吊销执业资格证书、一定时间内或终生不予注册等处罚。

（7）充分发挥行业协会作用。监理行业协会要加强自身建设，健全行业自律机制，提升为监理企业和从业人员服务能力，切实维护监理企业和人员的合法权益。鼓励各级监理行业协会围绕监理服务成本、服务质量、市场供求状况等进行深入调查研究，开展工程监理服务收费价格信息的收集和发布，促进公平竞争。监理行业协会应及时向政府主管部门反映企业诉求，反馈政策落实情况，为政府有关部门制订法规政策、行业发展规划及标准提出建议。

3. 组织实施

（1）加强组织领导。各级住房城乡建设主管部门要充分认识工程监理行业改革发展的重要性，按照改革的总体部署，因地制宜制定本地区改革实施方案，细化政策措施，推进工程监理行业改革不断深化。

（2）积极开展试点。坚持试点先行、样板引路，各地要在调查研究的基础上，结合本地区实际，积极开展培育全过程工程咨询服务、推动监理服务主体多元化等试点工作。要及时跟踪试点进展情况，研究解决试点中发现的问题，总结经验，完善制度，适时加以推广。

（3）营造舆论氛围。全面准确评价工程监理制度，大力宣传工程监理行业改革发展的重要意义，开展行业典型的宣传推广，同时加强舆论监督，加大对违法违规行为的曝光力度，形成有利于工程监理行业改革发展的舆论环境。

本章小结

本章介绍了工程咨询相关的概念，总结了国内外工程咨询发展现状；实行全过程工程咨询，是适应市场发展的需求，而且对咨询行业与国际接轨，开拓国际市场也具有极其重要的意义；阐述了下一步需要完善工程监理制度，更好发挥监理作用，促进工程监理行业转型升级、创新发展。

思考题

13-1　全过程工程咨询服务的内涵是什么？

13-2　工程监理企业开展全过程工程咨询服务的优势有哪些？

13-3　哪些项目适合开展全过程工程咨询？

13-4　全过程工程咨询对改进工程建设组织方式的重要作用有哪些？

13-5　工程监理行业转型升级创新发展的主要目标是什么？

参考文献

[1] Chen Yongqiang, Wang Wenqian, Zhang Shuibo, You Jingya. Understanding the multiple functions of construction contracts: The anatomy of FIDIC model contracts [J], Construction Management and Economics, 2018.

[2] CLYDE & Co., FIDIC Red Book 2017: A MENA perspective, 2017.

[3] FIDIC, Conditions of Contract for Construction (first edition) [M], 1999.

[4] FIDIC, Conditions of Contract for Construction (second edition) [M], 2017.

[5] FIDIC, Conditions of Contract for EPC/Turnkey Projects (first edition) [M], 1999.

[6] FIDIC, Conditions of Contract for EPC/Turnkey Projects (second edition) [M], 2017.

[7] FIDIC, Conditions of Contract for Plant and Design-Build (first edition) [M], 1999.

[8] FIDIC, Conditions of Contract for Plant and Design-Build (second edition) [M], 2017.

[9] Jeremy Glover, The Second Edition of the FIDIC Rainbow Suite has arrived, The Construction & Energy Law Specialists, 2018.

[10] Nael G. Bunni, The FIDIC Forms of Contract (third edition) [M], Blackwell Publishing Ltd, Oxford, 2005.

[11] Victoria Peckett, Adrian Bell, Jeremie Witt, Aidan Steensma, CMS guide to the FIDIC 2017 suite, 2018.

[12] 毕向林，丁建东. 工程监理与项目管理一体化管理服务模式研究[J]. 中国工程咨询，2017（9）：33-35.

[13] 陈克锋，王威，唐艳强. 监理，风雨前行三十年[J]. 中国公路，2017（24）：56-58.

[14] 陈思彬. 工程监理企业项目管理服务能力评价研究[D]. 南京：东南大学，2016.

[15] 陈勇强，朱星宇，石慧，谢爽，FIDIC2017 版与 1999 版施工合同条件比较分析[J]. 国际经济合作，2018（4）.

[16] 邓艳芳. 绿色建筑工程监理及控制的相关探讨[J]. 工程技术研究，2018（01）：149-150.

[17] 段富存. 工程监理企业监理人员管理体系优化及其运作研究[D]. 青岛：青岛理工大学，2018.

[18] 龚花强，苟晨. 基于全过程工程咨询的转型升级发展策略[J]. 建筑，2018（17）：35-37.

[19] 韩洋. 建设项目环境监理实施要点及问题分析[J]. 低碳世界，2018（7）：15-16.

[20] 侯志国，乔玮鹏. 建筑监理企业如何快速向咨询公司转型[J]. 居业，2018（10）：179-180.

[21] 胡小秋，孔凡彬. 关于我国传统监理模式现状与全过程工程咨询服务的探索研究[J]. 低碳世界，2018（10）：271-272.

[22] 黄健雄. 建设工程监理行业发展的影响因素分析[D]. 广州：华南理工大学，2013.

[23] 霍晓平. 建设工程监理费用支付模式研究[D]. 聊城：聊城大学，2017.

[24] 纪振洲. 现阶段我国建设工程监理存在的主要问题及解决策略研究[D]. 济南：山东大学，2014.

[25] 蒋虎. 关于完善我国建设工程监理制度若干法律问题的研究[D]. 中国社会科学院研究生院，2014.

[26] 蒋慧杰. 中国工程咨询业群落企业共生研究[D]. 天津：天津大学，2012.

[27] 雷项生. 建设工程监理安全责任之研究[D]. 北京：清华大学，2012.

[28] 李国强. 质量控制中工程监理的重要性分析[J]. 绿色科技，2018（16）：199-200.

[29] 李建军. 工程监理企业开展全过程工程咨询服务的优势与探索[J]. 建筑，2018（17）：38-41.

[30] 李景化. 建筑现场施工监理质量控制标准化策略研究[J/OL]. 建材发展导向，2018（20）：69-71

[31] 李楠楠. 我国建设工程监理法律法规体系研究[D]. 北京：北京交通大学，2010.

[32] 李小勇. 某监理企业向工程项目管理企业转型的应用研究[D]. 广州：广州大学，2016.

[33] 李晓飞. 工程监理中协调管理的研究与应用[D]. 北京：北京建筑大学，2016.

[34] 李永卿. 工程建设中寻租行为及工程监理的研究[D]. 北京：北京交通大学，2009.

[35] 李永艳. 建设工程监理工作质量评价体系研究[D]. 郑州：郑州大学，2015.

[36] 林孔达. 建筑工程监理中的材料质量控制的措施分析[J]. 四川水泥，2018（8）：246.

[37] 刘亮，祝颖慧. 基于全过程工程咨询服务的监理企业转型策略研究[J]. 价值工程，2018，37（31）：4-6.

[38] 刘雁程. 浅议取消强制监理与工程质量[J]. 建设监理，2018（03）：46-48.

[39] 刘志方. 工程监理在施工中的工作要点分析[J]. 交通世界，2018（27）：152-153.

[40] 鹿中山. 工程监理服务评价及激励机制研究[D]. 合肥：合肥工业大学，2015.

[41] 罗毅. BIM 技术在全过程工程咨询的价值与应用解析[J]. 决策咨询，2018（03）：61-66.

[42] 毛天驰，汪俊飞. 行业大变革背景下监理人员自我素质的转型升级[J]. 建设监理，2018（01）：12-14.

[43] 穆好新. BIM 技术对工程监理的影响分析及对策研究[J]. 山西建筑，2018，44（25）：200-201.

[44] 穆艳梅. 土建施工中工程监理的质量控制分析[J]. 山西建筑，2018，44（26）：205-206.

[45] 潘吉祥. 建设工程监理质量控制[J]. 建材与装饰，2018（40）：182-183.

[46] 皮德江. 全过程工程咨询组织模式研究[J]. 中国工程咨询，2018（10）：30-34.

[47] 山冲. 我国监理行业现状及对策研究[J/OL]. 现代营销（下旬刊），2018（11）：105-106

[48] 汪红蕾，孙璐. 三十载风雨兼程 工程监理再启航——与中国建设监理协会会长王早生谈行业改革与发展[J]. 建筑，2018（13）：12-18.

[49] 汪李明. 论我国建设工程监理合同[D]. 杭州：浙江大学，2011.

[50] 王芳. 工程监理与项目管理一体化管理模式的思考[J]. 四川水泥，2018（07）：201.

[51] 王瑞波. 建设工程监理的现状分析及规范化研究[D]. 郑州：郑州大学，2013.

[52] 王夕伟. 新形势下如何做好公路工程施工监理工作[J]. 公路交通科技（应用技术版），2018，14（09）：282-283.

[53] 王学久. 建设工程监理企业发展的影响因素分析[D]. 广州：华南理工大学，2012.

[54] 王岩峰. 我国建设工程监理法律问题研究[D]. 西安：西北大学，2011.

[55] 韦启立. 工程监理风险取费模式研究[D]. 武汉：华中科技大学，2016.

[56] 吴嘉昊. 监理工程师职业义务研究[D]. 南京：东南大学，2017.

[57] 吴龙飞. 新形势下做好建筑工程监理的对策研究[J]. 建材与装饰，2018（39）：189-190.

[58] 吴卫. 工程监理质量控制与管理系统的设计与实现[D]. 大连：大连理工大学，2015.

[59] 吴振全，张建圆.工程建设项目监理招标文件编审要点[J]. 招标采购管理，2018（9）：49-52.

[60] 吴正华. 建设工程监理质量责任风险因素研究[D]. 长沙：中南大学，2012.

[61] 向敏，许慧颖. BIM 数字技术推动全过程造价咨询服务应用[J]. 城市住宅，2018，25（07）：15-17.

[62] 谢新平.工程监理 BIM 技术应用方法和实践的探析[J]. 建材与装饰，2018（34）：154-155.

[63] 杨骏. 监理企业开展工程项目管理服务的实践和探索[D]. 南京：东南大学，2016.

[64] 杨荣柳. 施工监理技术保障体系的建立[J]. 工程技术研究，2018（9）：189-190.

[65] 姚琦. 新型建设咨询监理企业绩效考核体系构建研究[D]. 成都：西南交通大学，2017.

[66] 姚瑞琴.建筑施工中监理工作对工程质量的控制分析[J]. 科技风，2018（33）：101.

[67] 尹琦. 建设工程监理法律制度研究[D]. 沈阳：辽宁大学，2012.

[68] 余德宏.BIM 在剧院工程监理工作中的应用[D]. 天津：天津大学，2017.

[69] 张建.工程监理制度与建设工程项目全过程管理[J]. 中国标准化，2018（16）：107-108.

[70] 张磊. 建设工程监理单位权利义务研究[D]. 北京：北京建筑工程学院，2012.

[71] 张玲，吕文学，杨志东，吴昊. FIDIC2017 版与 1999 版生产设备与设计-建造合同条件比较分析[J]，国际经济合作，2018（4）.

[72] 张水波、吕文学、陈勇强，FIDIC 合同体系发展 60 年：1957 到 2017，全球工程经营服务号，2017.

[73] 张娓娟. 监理制度的现状及改革措施——从审计发现问题引发的思考[J]. 现代商业，2018（24）：187-188.

[74] 赵宸梓. 建设工程监理合同法律问题研究[D]. 长春：吉林财经大学，2016.

[75] 赵德芳. 施工阶段监理的投资控制探讨[J]. 绿色环保建材，2018（5）：188.

[76] 赵珊珊，张水波，阿加克布，张启航. FIDIC2017 版与 1999 版设计-采购-施工与交钥匙工程合同条件比较分析[J]. 国际经济合作，2018（5）.

[77] 仲冉. 项目监理机构沟通管理绩效评价[D]. 南京：东南大学，2017.